航空宇航先进推进技术

宁　超　岳春国　孙振生　明安波
鲁大策　周　伟　王　广　田　干　编著

U0382389

西北工业大学出版社

西安

【内容简介】 本书是关于航空宇航先进推进技术的研究生教材。全书分为 4 篇 10 章,内容包括液体火箭发动机先进技术篇(第 1~5 章)、固体火箭发动机先进技术篇(第 6~7 章)、吸气式发动机先进技术篇(第 8 章)和特种推进先进技术篇(第 9~10 章)。本书重点介绍了各类宇航发动机的基本组成、工作原理以及近年来的研究成果和关键技术。

本书可作为高等军事工程院校航空宇航科学与技术学科的研究生教材,也可供相关学科的研究人员和工程技术人员阅读、参考。

图书在版编目(CIP)数据

航空宇航先进推进技术 / 宁超等编著. — 西安：
西北工业大学出版社,2020.10
ISBN 978 - 7 - 5612 - 6713 - 4

Ⅰ.①航… Ⅱ.①宁… Ⅲ.①航天推进-研究生-教材 Ⅳ.①V43

中国版本图书馆 CIP 数据核字(2020)第 154428 号

HANGKONG YUHANG XIANJIN TUIJIN JISHU

航 空 宇 航 先 进 推 进 技 术

责任编辑：付高明		策划编辑：付高明	
责任校对：李阿盟		装帧设计：李 飞	
出版发行：西北工业大学出版社			
通信地址：西安市友谊西路 127 号		邮编：710072	
电 话：(029)88491757,88493844			
网 址：www.nwpup.com			
印 刷 者：兴平市博闻印务有限公司			
开 本：787 mm×1 092 mm		1/16	
印 张：13.5			
字 数：354 千字			
版 次：2020 年 10 月第 1 版		2020 年 10 月第 1 次印刷	
定 价：68.00 元			

前　言

　　笔者长期从事航空宇航科学与技术学科硕士研究生和博士研究生通用基础课程"先进推进技术"的教学工作，一直未能找到符合军事院校研究生特点的相应教材，因此撰写了本书。

　　本书共4篇，分别是液体火箭发动机先进技术篇、固体火箭发动机先进技术篇、吸气式发动机先进技术篇和特种推进先进技术篇，内容包括高性能推进剂液体火箭发动机技术、大范围变推力液体推进技术、可重复使用液体火箭发动机技术、低污染和预包装液体火箭发动机技术、其他先进液体火箭发动机技术、大型固体火箭发动机、固体火箭发动机关键技术、吸气式发动机技术、新型推进技术和新概念推进技术等。

　　本书是笔者在总结多年教学、科研和人才培养实践的基础上，参阅了国内外近年来相关著作和论文编著而成的。其中，第1篇由明安波、田干编著，第2篇由宁超、周伟编著，第3篇由孙振生、王广编著，第4篇由岳春国、鲁大策编著，文字录入、图表绘制由徐志高和刘新国完成。全书由宁超负责统稿。

　　编著本书曾参阅了相关文献资料，在此，谨向其作者深表谢忱。

　　由于笔者水平和经验所限，书中不妥之处，恳请读者批评指正。

编著者

2020 年 3 月

目　　录

第1篇　液体火箭发动机先进技术

第 4 篇　特种推进先进技术

第1篇 液体火箭发动机先进技术

第1章 高性能推进剂液体火箭发动机技术

1.1 引 言

在现有发动机结构基础上提高发动机性能是液体火箭发动机的重要发展方向之一。但在不改变发动机结构的同时将发动机性能提高到极限,将极大提高发动机设计、研制难度。其中,最便捷的方式是提高推进剂的性能,因此,高性能推进剂发动机技术是先进液体火箭发动机研究中最先受到重视的内容。

1.2 高能推进剂

最初的发动机采用简单的燃气发生器循环(开式循环)、泵压式或者挤压式供应系统,推进剂的化学能没有得到充分利用,而且气瓶占据了一定空间,发动机性能相对较低。随着技术的发展,突破了补燃循环技术,上面级氢氧发动机采用了闭式膨胀循环。二者均为闭式循环,经涡轮做功后的燃气进入燃烧室,进行充分燃烧,发动机性能得到提高。有的轨姿控发动机已经应用双模式系统和泵压/挤压联合供应或者柱塞泵系统。

在现有常规推进剂的基础上,通过提高推进剂的能量,可以在不改变结构的情况下提高推进系统的性能。在相同的体积下提高发动机的能量或密度均可以提高推进剂的能量,进而提高单位推进剂的能量,从而增加发动机的比冲,实现性能的提高。通常,高能推进剂的发展主要包括两方面:一是提高能量;二是提高推进剂的密度。提高推进剂的能量也分为两种形式。一种形式是向推进剂中加入金属燃料,提高推进剂的热值。这种形式主要应用于凝胶推进剂,形成金属化凝胶推进剂。另一种形式为推进剂的高能化,主要为采用能量更高的推进剂。

图 1.1 所示为加入不同成分铝粒子对推进剂比冲的影响。从图中可以看出,铝粒子的加入增加了不同推进剂的比冲,而且铝粒子的加入比例越大,比冲的增加也越大。另外,当前的高能推进剂领域,$Be - O_2/H_2$ 与 $Li - F_2/H_2$ 组合的高能推进剂理论比冲达到 7 000 m/s 左右,燃烧效率在 85%~90% 之间。但从能量的角度来看,远期最具潜力的高能推进剂要数自由原子氢,因为自由原子氢的热值可以达到 $2.19×10^5$ kJ/kg,其理论比冲可达 $2×10^4$ m/s 以上。根据只有外层电子旋向相反的氢原子才能结合形成氢分子的原理,利用粒子轰击固态氢分子,使氢分子分解为氢原子,然后用超强磁场分离出外层电子旋向相同的方法可以获得自由原子氢。自由原子氢制备与储存技术极为复杂,且长时间维持超低温极为困难。使用自由原子氢作为推进剂的高能推进剂技术离实际应用相距甚远,目前对自由原子氢的研究仅限于实验室中。

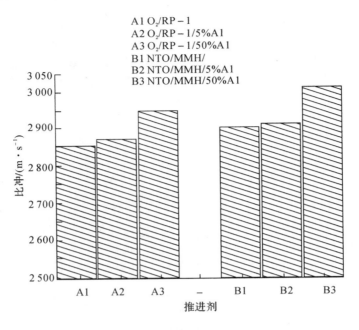

图 1.1 加入不同成分铝粒子对推进剂比冲的影响

在提高推进剂密度方面，主要的方式包括采用高密度的烃类燃料和低温推进剂致密化。高密度烃类燃料能有效提高推进剂密度，提升密度比冲，是高能推进剂研究的重要内容之一。美国高密度烃类燃料性质及其应用见表 1.1。从表中可以看出，推进剂的密度越大，对应的热值也越大，相应的导弹或火箭性能也越好。另外，采用胶氢、浆氢或者凝胶浆氢等提高推进剂的密度也是高能推进剂研究的另一个重要内容。液氢、浆氢和胶氢的主要性能对比见表 1.2，从中可以看出，浆化或胶化的液氢性能也有一定程度的提升，且不易晃动，更有利于发动机的贮存、管理与使用。

表 1.1 美国高密度烃类燃料性质及其应用

	密度 g/cm³	冰点 ℃	热值 MJ/L	应用实例
RJ-4	0.92～0.94	<−40	39	"黄铜骑士"巡航导弹；"战斧"海基巡航导弹
JP-10	0.94	<−79	39.6	"战斧"海基巡航导弹；"捕鲸叉"反舰导弹
37%JP-0+63%RJ-5(RJ-5A)	1.02	−54	42.9	先进战略空射导弹（ASALM）

续表

	密度 g/cm³	冰点 ℃	热值 MJ/L	应用实例
80%RJ－5＋20%异丁基苯(SI－80)	1.03	－62	43.3	先进远程空对空导弹 (ALRAAM)
PF－1(JP－10 和某降闪剂复配)	0.90～0.93	－65	39.0	空射"战斧"巡航导弹； 空射 ALCM 巡航导弹

表 1.2　液氢、浆氢和胶氢的主要性能对比

性　质	液氢	浆氢(含 50%固氢)	胶　氢
密度/(g·cm⁻³)	0.070 8	0.081 54	大于液氢
蒸气压/kPa	29.23	9.478	小于液氢
汽化熔变/(cal·g⁻¹)	106.8	126.8	
蒸发速度/(%)	100	84.4	50～75
在贮箱中状态	容易晃动	较液氢好	不易晃动

注：1 cal＝4.185 5 J。

1.3　甲烷火箭发动机技术

1.3.1　甲烷火箭发动机的发展与现状

未来的运载火箭推进系统需满足成本低、任务机动性高、可靠性高、稳健性高等特点，并具备良好的性能。各种推进剂组合中，高密度比冲的液氧/烃较适合航天运载器的下面级和跨大气层的飞行器。烃类推进剂包括煤油、酒精、丙烷和甲烷等，其中甲烷冷却性能较好，与液氧燃烧时基本无积碳，且沸点为 112 K，与液氧接近，便于重复使用时的操作和维护，故一直被看好。另外，甲烷(CH_4)是分子结构最简单的碳氢化合物，广泛存在于天然气、沼气及煤矿坑井气之中，来源非常丰富。甲烷的热值高，为 882 kJ/mol，对于提高单位推进剂的能量非常有利。

另外，进入 21 世纪以来，低成本和绿色环保成为了世界航天领域的两大主题。液氧/甲烷发动机因其具有低成本、无毒无污染、使用维护方便、适于重复使用、比冲较高等特点，被公认为是未来航天飞行器的理想动力选择，包括美国、俄罗斯、欧洲、日本、中国在内的多个国家及地区，目前都在开展液氧/甲烷发动机的研究工作。

1.美国的甲烷火箭发动机

美国对液氧/甲烷发动机的研究可分为三个阶段：①20 世纪 80 年代末以 STBE 计划为牵引的大推力液氧/甲烷发动机关键技术研究工作，包括传热、燃烧、积碳等基础研究和小推力发动机的研制。②21 世纪初开始以 PCAD 计划为牵引的中、小推力发动机及作用控制发动机关键技术研究工作。重返月球计划中,美国登月舱上升级动力论证中曾将液氧/甲烷发动机作为主要方案,将阿波罗计划的 RS-18 发动机改制,用液氧/甲烷推进剂进行了试车。涉及的研究计划主要包括缩比喷注器、不同喷嘴方案、缩比燃烧室、不同冷却槽尺寸、不同循环方式、不同推进剂的组合热试和推进剂传热试验。他们研究发现,对比不同的烃类燃料,甲烷的比冲和冷却性能最好,丙烷次之,煤油较差。③目前蓝源及 SpaceX 两家私有企业主导的大推力液氧/甲烷发动机(BE-4、Raptor)研制工作。

(1)BE-4 发动机。2014 年 9 月 16 日,美国联合发射联盟(ULA)与蓝源公司签订合作协议,合作研制 BE-4 液氧/甲烷发动机,总研制经费为 10 亿美元。BE-4 发动机采用富氧分级燃烧循环,其地面推力为 2 495 kN(质量为 249.5 t),推力室室压为 13.4 MPa,拟用于新研制的火神(Vulcan)运载火箭一级。2016 年该发动机完成了缩比预燃室与缩比推力室的联合热试验(见图 1.2 和图 1.3),联合热试验进行了 170 余次,单台产品完成了 51 次热试。

图 1.2　蓝源公司 LNG 发动机试车台

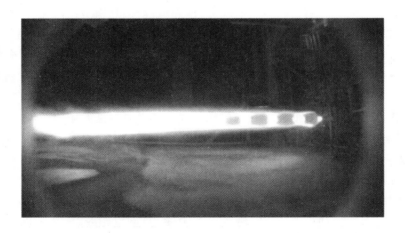

图 1.3　BE-4 缩比发动机联合试验

2017 年,蓝源公司完成了首台 BE - 4 发动机的组装工作,如图 1.4 所示,2019 年完成发射前准备。

图 1.4　BE - 4 部分发动机组件及首台发动机产品

(2)Raptor 发动机。Raptor 发动机为 SpaceX 公司最新研制的液氧/甲烷发动机,据其 CEO 埃隆·马斯克介绍,将用于火星探索及火星殖民计划。SpaceX 从 2009 年就已开始关键技术研究工作,发动机采用全流量补燃循环,发动机系统设置如图 1.5 所示。2014 年 Raptor 发动机在 NASA 的斯坦尼斯 E - 2 试车台进行了推力室缩比喷注器热试车,2015 年 4 月至 8 月又进行了富氧预燃室的热试车,所有组件热试车共 76 次。

图 1.5　Raptor 发动机系统方案及富氧预燃室试验

Raptor 发动机主要结构如图 1.6 所示,推力室室压为 30 MPa,推力调节范围为 20% ~ 100%,该发动机分为地面型和真空型。液氧和液甲烷经预先燃烧后形成两股燃气,从涡轮里排出后喷入主燃烧室进行补燃,推力室内设置气-气喷注器,不但燃烧效率高,而且燃烧稳定。推力室身部为再生冷却结构,各工况下夹套内甲烷始终保持超临界状态,换热特性稳定。

2016 年 1 月 SpaceX 与美国空军签订合同,美国空军出资 3 360 万美元,SpaceX 公司出资 6 760 万美元,共同研制一台以 Raptor 发动机为基础的上面级发动机原理样机,可用作猎鹰 9 或猎鹰重型火箭的上面级。2016 年 9 月 26 日,埃隆·马斯克在 Twitter 宣布,SpaceX 公司成功进行了 Raptor 发动机的首次热试车(见图 1.7)。

动力循环: 全流量补燃循环;
氧化剂: 液氧(过冷);
燃料: 甲烷(过冷);
室压: 30 MPa;
推力调节范围: 20%~100%。

地面型参数:
· 面积比: 40;
· 地面推力: 3 050 kN;
· 地面比冲: 334 s;
· 真空推力: 3 296 kN;
· 真空比冲: 361 s。

真空型参数:
· 面积比: 200;
· 真空推力: 3 500 kN;
· 真空比冲: 382 s。

图 1.6　Raptor 发动机结构示意图及主要参数

图 1.7　Raptor 发动机热试车

2. 欧洲的甲烷火箭发动机

2004 年,欧空局启动"未来航天运载器预发展计划(FLPP)",考虑用液体助推级取代阿里安 5 型火箭的固体助推级,方案包括液氧/甲烷发动机。开展的研究主要包括液氧/甲烷的燃烧、冷却性能试验研究,喷注器设计与试验研究,推力室铜合金内壁和耐高温镀层及耐高温材料研究等。2002 年始,法国和俄罗斯[能源机械联合体(NPO)]合作进行了高压富燃预燃室/燃气发生器研究,包括燃烧效率、温度分布、低频稳定性、高频稳定性、积碳和节流特性等。2005 年两家签署协议,合作研究发射成本比阿里安 5 型火箭低两倍的新一代运载器,计划从 2020 年开始,逐步取代阿里安 5 型火箭。内容包括研制出新型 VOLGA 液氧甲烷发动机,推力(质量)为 400 t 和 200 t。为验证液氧甲烷发动机技术方案,在合作 OURAL 计划框架内,于 2005 年 12 月使用俄罗斯的 KVD - 1 氢氧发动机进行了首次液氧甲烷的演示验证试验。2008 年金融危机之后,上述计划基本上处于停滞状态。

为了支持和推动国家航天科学和工业的发展,意大利航空航天研究中心(CIRA)目前正在开展 HYPROB 项目研究工作。该项目是意大利航天推进计划中的一部分，其研究重点为液氧/甲烷推进技术。HYPROB-BREAD 是此研究工作的第一步，目的是设计、制造并且测试 3 t 级液氧/甲烷推力室演示样机，其结构如图 1.8 所示，头部喷注器由 2 圈共 18 个同轴直流喷嘴组成，喷注器中心布置点火器，身部为再生冷却结构。

图 1.8　HYPROB-BREAD 推力室样机模型及喷注器

为了研究甲烷的超临界及跨临界传热特性，2013 年 10 月他们与普渡大学 Zucrow 实验室合作开展了甲烷热性能试验，试验件见图 1.9，获得了相关传热特性。

图 1.9　HYPROB-BREAD 甲烷热性能试验件

此外他们还完成了缩比推力室点火试验（见图 1.10），获得了相关组件特性。项目于 2016 年完成推力室演示样机点火试验，关于试验情况目前未见公开报道。

图 1.10　HYPROB-BREAD 缩比推力室点火试验

为了验证用于未来可重复使用运载器推进系统的关键技术，Airbus 公司于 2007 年开始研制 PDM（探路者）液氧/甲烷原理演示样机。通过该原理样机研制突破关键技术，并最终将相关技术用于 420 kN 液氧/甲烷发动机（ACE-42R），350 kN 液氧/甲烷发动机（ACE-35R）和 600 kN 液氧/甲烷发动机（ACE-60R）研制，图 1.11 所示为 ACE-42R 系统示意图。该系列液氧/甲烷发动机用途广泛,可用于可重复使用的小型助推器或微型运载火箭的芯级。

PDM 液氧/甲烷原理演示样机为燃气发生器循环,2013 年在德国 DLR Lampoldshausen 试验中心完成了缩尺和全尺燃气发生器点火试验。如图 1.11 所示,全尺燃气发生器喷注器布有 7 个喷注单元,外圈燃料喷嘴形成液膜冷却,可防止燃烧室壁受到高温气体的影响。在燃烧室下游安装混合格栅,目的是将冷却液膜和高温燃气进行掺混,使涡轮入口处的燃气温度分布均匀。全尺试验总共进行了 130 次,累计试验时间 4 044 s,试验所用推进剂为液氧和液化天然气,试验压力范围为 2~7 MPa,混合比范围为 0.2~0.6,试验结果表明燃气发生器结构可靠、工作稳定。

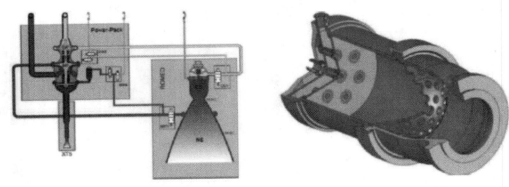

图 1.11　ACE‐42R 发动机示意图及 PDM 全尺寸燃气发生器结构示意图

2007 年完成了缩尺推力室试验,累计试验时间超过 700 s,验证了喷注单元的布局及其设计方法,考核了喷注器的耐液压性能及星型扰流器(隔板)喷嘴(见图 1.12)的冷却效果。热试车结果表明,缩尺推力室达到了预计的燃烧性能。

图 1.12　PDM 发动机缩比推力室及两种喷注器

PDM 发动机全尺寸推力室及喷注器如图 1.13 所示。喷注器由多圈同轴喷嘴组成,喷注器中心布有一氢/氧点火器。喷注单元的布局形成了一个星型扰流器(隔板),以提高燃烧稳定性。再生冷却身部为铣槽式结构,铜内壁,电铸镍外壁,燃烧室收缩比为 9∶1。

2015 年 4 月 12 日,成功进行了第一次全尺寸推力室挤压热试车,其后又进行了多次变推力研究性试验,单台推力室累计试车时间达到 787 s。此后又进行了推力室寿命试验,30 个工作循环,累计试车时间接近 1 000 s。试验台在推力室出口安装了消声降噪装置,降噪效果良好,图 1.14 所示为热试车照片。试验结果表明,PDM 全尺寸推力室变推力工作稳定,工况范围可以达到 5∶1,室压范围为 10～55,混合比范围为 3.1～3.9,如图 1.15 所示。

图 1.13　PDM 发动机全尺寸推力室及喷注器

图 1.14　PDM 全尺寸推力室热试车

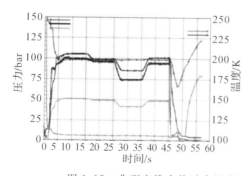
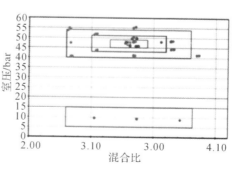

图 1.15　典型变推力热试车压力温度曲线和热试车室压混合比分布图

　　Airbus 公司与日本 IHI 公司合作研制了 PDM 涡轮泵原理样机。PDM 涡轮泵为两级涡轮的单轴涡轮泵,并于 2015 年完成了相关组合件试验。针对两种型号的轴承(不同材料和尺寸)进行了超过 8 000 s 的额定和严酷条件测试,确定了轴承的选型。为了保证有效的汽蚀极限并选取最佳的设计方案,对多方案诱导轮进行了水力试验。为了建立寿命预测模型,并验证涡轮寿命要求的可行性,对涡轮进行了叶片疲劳试验。此外,还完成了叶轮、轴承和动态密封等关键组合件的测试,如图1.16所示。

图 1.16　诱导轮水力试验和叶片疲劳试验

3. 俄罗斯的甲烷火箭发动机

20 世纪 80 年代起,苏联就开始研究液氧/甲烷发动机,开展了大量基础技术研究,提出了推力为 10～2 000 kN 的发动机方案。近年来,俄罗斯在此基础上继续开展研究,但途径主要是改制已有发动机(包括 RD-0110 和 KVD1 液氧液氢发动机),建立试验台,进行发动机试车验证关键技术。俄罗斯已拥有大量成熟的液氧/煤油发动机,液氧/甲烷发动机的需求并不迫切,因此主要是技术输出。俄罗斯设计的多种液氧/甲烷发动机,主要包括 RD-160、RD-169、RD-185、RD-190 发动机。又于 2001—2004 年成功研制了 RD-192 发动机,该发动机推力为 2 000 kN,燃烧室压力为 19.6 MPa,可用于 MRKS-1 可重复使用太空导弹的动力系统。2002—2005 年,俄罗斯与欧空局合作研制推力为 200 t 的可重复使用液氧/甲烷发动机,项目代号为"伏尔加"。2008—2012 年,在 RD-192 发动机基础上进一步演化设计了 RD-196 发动机(见图 1.17),该发动机推力为 400 kN。自 2013 年起,俄罗斯开始评估用液化天然气代替煤油改装大推力液氧/煤油发动机的可行性,液化天然气的研究主要包括两方面:①分析工作原理,气体动力学计算,热计算,确定发动机的参数;②发动机零件组件和单元的设计。

据俄罗斯塔斯社 2016 年 9 月 23 日报道,俄罗斯航天国家公司拨款 8.09 亿卢布给化学自动化设计局用于研发液氧/甲烷发动机,主要包括 85 t 级原型机方案论证,40 t 级和 7.5 t 级演示样机试验研究工作,并于 2018 年 11 月 25 日前完成相关工作。

4. 日本和韩国的甲烷火箭发动机

1999 年,日本开始研制用于 J-Ⅱ火箭第二级的 100 kN 推力的挤压式液氧/甲烷发动机。该发动机采用燃气发生器循环,真空推力为 98 kN,真空比冲为 356.1 s,室压为 5.2 MPa,喷管面积比为 150。2001 年,液氧/液化天然气(LNG)发动机(推力为 100 kN)进行了 16 次地面点火试验,累计点火时间为 683 s,最长的一次点火时间为 150 s。后来。三菱重工牵头,川崎重工和富士重工参与组成的"银河快车"财团,提出了 GX 小型运载火箭研制计划,火箭一子级采用俄罗斯 NK-33 发动机,二子级采用液化天然气发动机。自 2008 年起,日本 IHI 公司开始研制 100 kN 液氧/甲烷上面级发动机(见图 1.18),从 2010 年 12 月至 2013 年 3 月,累计进行了 27 次发动机热试车,累计工作时间为 1 800 s,单次最长工作时间为 300 s。

图 1.17　RD - 192 发动机与 RD - 196 发动机

图 1.18　IHI公司 100 kN 液氧/甲烷上面级发动机

为了将液氧/甲烷发动机技术拓展应用到多种空间运输系统,2010 年 JAXA 在 LE - 8 液氧/甲烷上面级发动机的基础上,研制了 30 kN 级液氧/甲烷上面级发动机。2011—2012 年,30 kN 级发动机进行了多次地面热试车(见图 1.19)和高空模拟试车,发动机真空比冲达到 3 350 m/s。

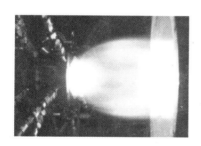

图 1.19　日本 30 kN 级液氧/甲烷上面级发动机热试车

韩国与俄罗斯合作,研制可重复使用的 CHASE-10 液氧/甲烷发动机,并在 2006 年成功进行了热试车。发动机地面推力为 100 kN,计划用于海神号(Proteus)亚轨道重复使用运载器。

5.中国的甲烷火箭发动机

早在 20 世纪 80 年代,我国就开展了液氧/甲烷发动机的预先研究工作,先后进行了甲烷、丙烷的电传热试验和推力室点火试验,取得了初步的研究成果。进入 21 世纪,液氧/甲烷发动机成为了世界航天领域的研究热点,在此背景下我国液氧/甲烷推进技术也迎来了研制的春天。近年来北京航天动力研究所开展"60 t 级液氧/甲烷发动机关键技术研究""液氧/甲烷上面级发动机研究""多次启动变推力液氧甲烷发动机技术研究""液氧/甲烷姿轨控发动机关键技术研究"的相关工作。

"十一五"期间,北京航天动力研究所开展"60 t 级液氧/甲烷发动机关键技术研究"工作,初步突破了液氧/甲烷发动机传热、燃烧、起动等关键技术,研制出液氧/甲烷发动机原理样机,并成功地进行了 4 次全系统试验。

"十二五"期间,北京航天动力研究所以重复使用亚轨道飞行器为应用背景,进一步开展了"60 吨级液氧/甲烷发动机组件性能和长寿命、重复使用关键技术研究";实现了单台发动机 13 次启动,10 次长程试车,累计试验时间达 2 103 s。

对于上面级液氧/甲烷发动机,依据我国对未来上面级发动机低成本、绿色环保、长期在轨、可多次起动和适应多任务的应用需求,"十二五"期间北京航天动力研究所开展了"液氧/甲烷上面级发动机技术研究"工作(见图 1.20):研制了气氧/气甲烷火炬式电点火器,累计点火试验 85 次,获得了点火器工作特性及工作边界;完成了缩比喷注器对比研究,累计点火试验 12 次,试车时间共计 600 s;通过缩比喷注器对比研究,确定了全尺寸喷注器方案,此外还考核了天然气与纯甲烷的性能差异;开展了钎焊和 3D 打印全尺寸喷注器工艺攻关,完成了再生冷却身部成型工艺技术研究,加工了电铸、扩散焊、3D 打印三种全尺再生冷却身部,完成多种工艺技术贮备;进行了两次全尺寸推力室额定工况挤压热试车,获得了推力室相关工作特性,燃烧效率达到 0.99,燃烧效率高,推力室工作稳定。

图 1.20　上面极液氧/甲烷发动机推力室额定工况挤压试车

依据系统对涡轮泵的技术要求,对涡轮泵进行了方案设计,目前已完成相关产品生产,装配完成后将进行相关介质试验。此外,北京航空航天大学蔡国飙等,针对 2 t 推力液氧/甲烷重复使用发动机开展了结构设计、寿命指标分配方法等研究,以及相关喷嘴机理研究。

在多次起动变推力液氧/甲烷发动机方面,我国是在载人登月项目背景下开始发展的。北京航天动力研究所开展了"多次启动变推力发动机技术研究"工作。2013 年 10 月,北京航天动力研究所在长征五号火箭芯二级氢氧膨胀循环发动机的基础上,进行了液氧/甲烷膨胀循环发动机首次研究性点火试验(见图 1.21),获得了液氧/甲烷膨胀循环发动机预冷、点火和启动特性,验证了甲烷推进剂用于中小推力膨胀循环发动机系统的可行性。

图 1.21　氢氧膨胀循环发动机换液氧/甲烷首次研究性点火试验

2016 年完成了两个方案缩比喷注器对比研究,累计点火试验 10 次,试车时间共计 500 s,获取了 10∶1 变工况下喷注器的燃烧特性。目前已完成液氧/甲烷膨胀循环发动机推力室及涡轮泵相关设计工作,2017 年完成全尺寸推力室额定工况挤压热试车。

在液氧/甲烷姿轨控发动机方面,2013 年北京航天动力研究所开展了"天地往返能力验证飞行器 OMS 和 RCS 液氧/甲烷一体化方案的研究"工作,完成了动力系统方案论证、关键技术和解决途径分析、对贮箱推进剂管理方案、低温推进剂长期在轨贮存方案、姿轨控推力室方案的研究。2017 年,上海航天动力研究所成功进行了液氧/甲烷姿轨控推力室点火试验,获得了相关工作特性。

1.3.2　甲烷火箭发动机涉及的主要技术

液氧/甲烷性能介于液氧/液氢和液氧/煤油之间,且甲烷比热高、黏度小、结焦温度高,是推力室良好的冷却剂;富燃燃烧时基本无积碳,可以采用富燃燃气发生器或富燃预燃室,非常适用于可重复使用发动机。同时甲烷与液氧沸点接近,两种贮箱的绝热问题较小,可以采用共底贮箱,减小贮箱结构质量和长度。目前,液氧/甲烷发动机的研究成果被世界各国重视。涉及的关键技术主要如下:

(1)先进的循环方案。方案取决于用途,方案决定关键技术,方案十分重要。到目前为止,液氧/甲烷发动机共研究了挤压式系统、燃气发生器循环系统、补燃循环系统及膨胀循环系统。其中补燃循环系统包括富氧补燃循环系统、富燃补燃循环系统和全流量补燃循环系统。不同发动机系统方案的特点对比情况见表 1.3。

表 1.3　不同发动机系统方案的特点对比

循环方式	优　点	缺　点
燃气发生器循环	①系统配置简单、发动机质量轻; ②生产成本低; ③系统压力低,涡轮泵功率小; ④重复使用性好; ⑤对材料要求低	①比冲较低。 ②推力室为液-液燃烧,燃烧效率较低,可能存在稳定性问题
富氧补燃循环	①比冲高; ②便于涡轮泵功率配置; ③推力室采用气液燃烧组织形式,燃烧效率较高	①系统配置较复杂,结构质量较大; ②高压富氧燃气对材料要求高,重复使用性受到限制; ③系统压力较高,涡轮泵功率大; ④故障发展速率快
富燃补燃循环 (全部甲烷冷却推力室)	①比冲高; ②燃气温度较低; ③推力室采用气液燃烧组织形式,燃烧效率较高	①系统配置较复杂,结构质量较大; ②燃料泵扬程高,功率大; ③系统压力较高,涡轮泵功率大; ④推力室冷却套压力损失大
富燃补燃循环 (部分甲烷冷却推力室)	①燃料泵扬程低、功率小; ②推力室冷却套压力低; ③推力室采用气液燃烧组织形式,燃烧效率较高; ④燃气发生器流量较小	①系统配置较复杂,结构质量较大; ②系统压力较高,涡轮泵功率较大; ③比冲相对较低
全流量补燃循环	①发生器燃气温度低; ②推力室为气-气燃烧,燃烧效率高; ③对涡轮泵密封要求低; ④性能高	①系统压力较高,涡轮泵功率大; ②富氧燃气对材料要求高; ③系统配置复杂,结构质量大; ④高压富氧燃气对材料要求高,重复使用性受到限制

(2)液氧/甲烷发生器喷注器技术。喷注器组织推进剂的混合和燃烧,很大程度上决定了发动机的性能和可靠性,也是影响发动机燃烧稳定性的关键。高效的发生器要求工作稳定、结构可靠,振动小,燃气温度场均匀,并具备工况调节的能力,富燃条件下燃烧积碳少,便于使用维护。

(3)液氧/甲烷推力室高效稳定燃烧技术。高效稳定燃烧技术要求液氧/甲烷双低温推进剂高效掺混、稳定燃烧;混合比、喷注器设计技术、冷却方案、材料等。

(4)甲烷冷却技术。推力室工作时燃气温度高、热流密度大,采用合适的热防护措施,防止室壁过热、冲刷和侵蚀,保证发动机的可靠工作是发动机的关键技术之一。

(5)单喷嘴燃烧高频稳定性试验模拟技术。在低压条件下进行单喷嘴高频燃烧稳定性热模拟试验,以获得喷嘴结构尺寸和工况变化对稳定性的影响趋势,从而确定一组高频燃烧稳定性好的喷嘴设计参数。

(6)涡轮泵、调节器等推进剂供应与控制技术。涡轮泵是液体火箭发动机的核心部件,对整个系统的性能和可靠性影响重大。大推力的发动机涡轮泵具有两个显著特点：①超大比功率。涡轮泵比功率为涡轮输出功率与涡轮泵结构质量之比，表征了涡轮泵的功率密度。比功率越大，说明在同样的面积上涡轮泵部件要承受的载荷越大。②高温区与低温区相邻并存。由于空间和质量的限制，涡轮和泵必须是一体化紧凑设计，高温区的涡轮燃气路和低温区的增压泵流路紧密相连，热应力的影响十分突出。

降低泵进口压力和提高转速都有助于减少发动机结构质量，从而增加发射的有效载荷。但这要求泵具有更优秀的抗气蚀性能。同时，由于发动机载荷密度大幅度提出，以及复杂的温度场影响，涡轮泵必须采用多学科优化设计，以同时满足性能与结构可靠性的要求。对于补燃发动机系统，为了降低或消除泵和驱动涡轮压力差产生的不平衡轴向力，大多采用轴向力平衡系统。这样，不仅要考虑各种工况下系统的稳态性能，而且要预估系统的动态特性。

对于可重复使用的运载器，要求发动机的推力可变化，相应的涡轮泵需在更宽的工况范围中高效、可靠、稳定地运行。涡轮转子需要工作在高转速、重载荷、低温工况下，其可靠性是影响涡轮泵系统稳定的关键，涉及的关键技术包括转子的动平衡、密封间隙中流体激振引起的振动、动静叶片匹配不适合等。

液氧/甲烷火箭发动机是目前航天领域的研究热点，包括中国、美国、俄罗斯、欧洲、日本在内的多个国家及地区的研究机构都在开展相关研究工作。北京航天动力研究所自"十一五"以来，开展了大量液氧/甲烷发动机关键技术研究工作，发动机种类包括主推级、上面级及姿轨控发动机，工作方式包括定推力和变推力工作，循环方式包括燃气发生器循环和膨胀循环，积累了一定的研制经验，为我国液氧/甲烷发动机技术的探索提供了必要的借鉴和参考。

1.4　凝胶推进剂发动机技术

常规推进剂贮存性能良好，推进剂能够自发燃烧，因此广泛地应用在运载火箭的主发动机、上面级发动机等领域，比如我国的长征系列运载火箭推进剂为四氧化二氮/偏二甲肼。美国的大力神Ⅳ火箭采用四氧化二氮/混肼-50作为推进剂，阿里安5运载火箭上面级采用四氧化二氮/甲基肼作为推进剂。但是常规推进剂的比冲性能一般。为了解决液体推进剂大多易燃易爆，有毒且密度较低，使用维护性和安全性较差和固体火箭发动机比冲较低，难以实现推力调节和多次启动等问题，国内外一直探索新型推进剂。例如：在甲基肼中添加铝粉，当含量达到 50% 时，密度能够从 0.87 g/mL 增加到 1.32 g/mL，提高密度比冲的同时改善了使用性能。TRW 公司已对大力神Ⅳ运载器中使用添加铝粉的四氧化二氮/肼类凝胶推进剂进行了考察研究。同时，他们也对抑制性红色发烟硝酸的凝胶化开展了铝合金相容性的研究工作。这些工作都推进了推进剂凝胶化的研究。

凝胶推进剂是直径为 0.001～0.1 μm 的固体填料微粒分散在液体推进剂中所形成的一种触变悬浮体系，静止放置时黏性大，具有固体推进剂使用性能良好的优点。当受剪切力作用时黏性迅速降低，也具有液体推进剂性能较高，推力可调以及发动机能长时间工作的特点。因此，凝胶推进剂能够兼顾液体和固体推进剂的优点，是化学推进剂的重要发展方向。

采用凝胶推进的动力系统为凝胶动力系统，与传统的液体动力系统相比，工作原理和系统构成接近，解决了液体推进剂贮存和使用维护性等问题。此外，由于凝胶推进为悬浮体系，增加铝粉等高能金属颗粒，使其能均匀分散，从而显著提高推进剂的比冲性能。作为非牛顿流体,常温常压条件下贮存不易流动,具有良好的安全性,加压后具有较好的流动性,应用在火箭发动机中可以获得良好的性能,经过多年的研究,推进技术已经获得较大的突破,进入工程应用阶段。

1.4.1 凝胶推进剂特点

凝胶是固体填相在具有三维网格结构的液体连续相中形成的一种触变悬浮体系,如图1.22所示,属于非牛顿流体范畴,用幂定律模型(power-law model)描述为

$$\tau = K\dot{\gamma}^n \quad \text{或} \quad \eta = K\dot{\gamma}^{n-1}$$

式中,τ 为剪切力;$\dot{\gamma}$ 为剪切速率;k 为稠度系数;n 为流动指数。作为非牛顿流体,凝胶推进剂具有与牛顿流体不同的流变特性:剪切变稀、爬杆、不稳定流动、无管虹吸效应、流阻变化。

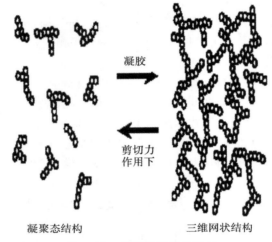

凝聚态结构　　　　　　三维网状结构

图 1.22　凝胶推进剂的特点

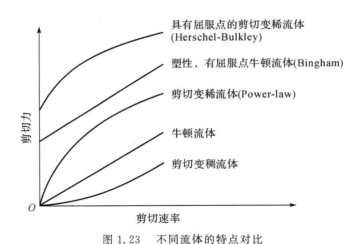

图 1.23　不同流体的特点对比

当 $0 < n < 1$ 时,凝胶推进剂为假塑性流体(剪切变稀,流体黏性随剪切速率的增大而减小);

当 $n=1$ 时,凝胶推进剂为牛顿流体;

当 $n>1$ 时,凝胶推进剂为真塑性流体(剪切变稠,流体黏性随剪切速率的增大而增大)。

不同流体的特点对比具体如图 1.23 ～ 图 1.26 所示,并见表 1.4。

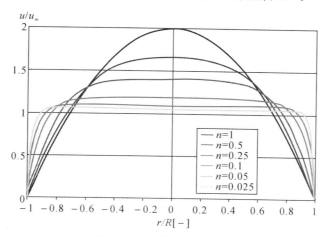

图 1.24 n 值变化的影响

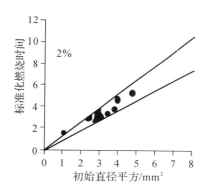
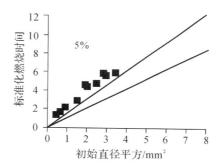

图 1.25 初始直径、凝胶剂含量对非金属凝胶煤油燃尽时间的影响

(胶凝剂含量增加、初始直径增加、燃尽时间增加)

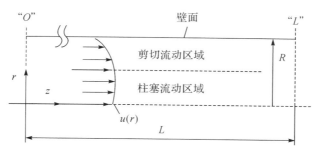

图 1.26 凝胶推进剂的流动示意图

表 1.4　牛顿流体与非牛顿流体的特点对比

流动特性	牛顿流体	非牛顿流体
本构方程 （确定流体内部结构,与流动方程联立解决动量/热量/质量传递问题）	牛顿黏性定律 （线性方程）	本构关系式不统一（不同类型有不同的 n、k）
流动雷诺数 （动力系统非常重要的参数、涉及到泵、阀、管路、喷注器等设计准则）	$Re_{cr}=2\ 100$ （基本不变）	随流动指数 n 变化 $$(Re)_c=\dfrac{6\ 464n}{(1+3n)^2\left(\dfrac{1}{2+n}\right)^{\left(\frac{2+n}{1+n}\right)}}$$
流动现象	基本由层流或湍流决定	剪切变稀、爬杆、不稳定流动、壁面滑移触变性等 高黏性增加供应压力;壁面滑移会使系统流阻突减,对层流状态传热影响;突变截面处的堆积;启动过程、水击等

凝胶推进剂的优点:相对于液体推进剂高密度;相对于固体推进剂易控制调节;用于武器动力系统能长期贮存、可快速度发射、推力可调;用于运载系统高密度比冲,易使用,可提高有效载荷。研究表明:金属凝胶推进剂比冲可以提高 $10\%\sim30\%$,有效负载能力可以提高 $20\%\sim35\%$。但是,对于采用凝胶推进剂的发动机来说,由于推进剂形态的改变,设计基础发生根本性的变化。例如:凝胶推进剂量的雾化、混合技术与液体状态的推进剂的雾化与混合过程就具有非常大的差别。图 1.27 所示为凝胶推进剂的雾化照片及微观状态,从图中可知,凝胶推进剂的雾化不再是小液滴状态。图 1.28 所示为凝胶推进剂的着火过程,其着火燃烧机理也与液体推进剂的着火燃烧不一样。因此,原本液体火箭发动机设计方法、准则不再适用,需研究相关的基础问题。主要的研究内容包括:

1)流变特性对动力系统设计的影响;

2)触变性和黏弹性对射流破碎影响;

3)粘度、表面张力等对雾化混合影响;

4)燃烧的滞止时间及燃烧速率;

5)高效雾化与混合的新方法;

6)高效燃烧的新技术。

1.4.2　推进剂的制备

针对武器系统常用的可贮存推进剂,肼类燃料和硝基氧化剂,分别根据自身的特点分析成胶机理和成胶过程,选择合适的凝胶剂成分和制备工艺,实现推进剂的快速稳定成胶。

1.胶凝剂的选择

用于液体推进剂的胶凝剂。主要是一些在水和氧化剂水溶液中能够溶胀和水合的物质,用于液体推进剂的胶凝剂品种,主要是由纤维素,天然胶及其改性物,人工合成高聚物和无机物微粒四类组成,依据氧化剂和燃料不同的特点进行合理的选择。

　　氧化剂的胶黏剂选择常规可贮存的硝基氧化剂以四氧化二氮和硝酸为代表,与肼类推进剂接触,可自燃,具有强氧化性,在胶凝剂选择时应结合推进剂特性进行分析,四氧化二氮具有强氧化性和强腐蚀性,在常温下是四氧化氮和二氧化氮的混合物,决定了四氧化二氮/二氧化碳混合物具有一定的极性,根据相似相容的原理,这就要求胶凝剂分子也具有一定的极性,同时,要求胶凝剂具有抗强氧化和强腐蚀的性能。

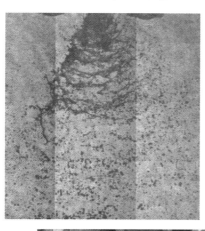
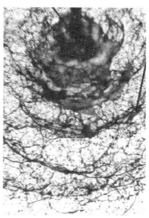
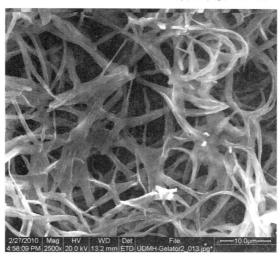
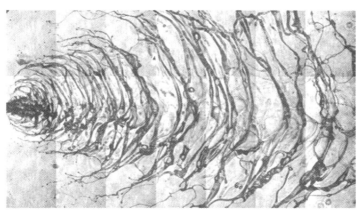

图 1.27　凝胶推进剂的雾化照片及微观状态

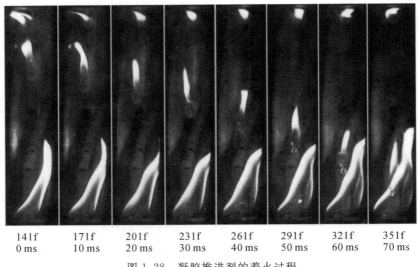

| 141f | 171f | 201f | 231f | 261f | 291f | 321f | 351f |
| 0 ms | 10 ms | 20 ms | 30 ms | 40 ms | 50 ms | 60 ms | 70 ms |

图 1.28 凝胶推进剂的着火过程

分析四氧化二氮凝胶的成胶机理时发现,四氧化二氮凝胶结构是由胶凝剂超分子聚集体通过范德华力连接而成的空间网络结构,因此适用于氧化剂的胶凝剂结构一般具有三部分。①能与氧化剂介质相作用,形成稳定超分子体系的极性片段;②能够在介质中发生自身簇集作用的疏水片段;③具有足够长的分子链。根据以上分析确定可供选择的具有高稳定性的胶凝剂基团,从而选择制备原料、合成方法和工序,完成提纯等工作,开展性能测试,胶凝能力试验等研究工作。

2. 燃料的胶凝剂选择

常规可贮存的肼类燃料包括无水肼、甲基肼和偏二甲肼等,广泛应用在运载火箭,导弹武器和卫星推进等动力系统中。在胶凝剂机理上,高分子主链和侧链上的亲水基团或其他基团通过交联作用形成三维网络结构,使溶剂丧失流动性,从而形成凝胶。分析认为,能够使肼类燃料胶凝的高分子化合物本身必须在肼类燃料中具有一定的溶解度,对肼类燃料的分子结构进行分析后认为,由于肼类燃料中含有按—N—H 键,能够与—OH,—NH 等基团形成氢键,根据相似相溶的原理,在肼类燃料中有一定溶解度的物质需要含有—OH 或—NH 等与—N—H 能够形成氢键的基团,因此,选用含有大量—OH 基团的高分子物质作为胶凝剂。

3. 制备工艺的确定

确定胶凝剂配方后,需要选择合适的制备工艺,将胶凝剂均匀地分散在推进剂中,从而形成稳定的凝胶推进剂,选择合适的分散方法,对制备凝胶推进剂非常重要。研究推进剂制备时,随着胶凝剂的逐渐加入,体系粘度逐渐升高,从而造成胶凝剂分散困难,为了确保胶凝剂均匀地分散在推进剂中。必须研究合理的胶凝剂分散工艺和特殊的制备装置,一般来讲,微小颗粒材料在液相中的分散调控途径主要有:介质调控,分散剂调控,机械搅拌调控和超声调控四种,由于氧化剂具有强氧化性和腐蚀性,介质调控和分散剂调控不适合。超声分散仪器也极易被腐蚀,机械搅拌式具有操作简便,分散效果好等优点,比较适用于凝胶氧化剂的制备,同时也适用于凝胶燃料的制备。选定机械搅拌作为分散方式后,需要分别根据氧化剂和燃料特性的不同,确定搅拌速度,搅拌时间等参数。在制备四氧化二氮凝胶时,胶凝剂溶解较慢,高剪切和高分散不能显著地降低胶凝剂的溶解时间,并且如果高分散使用时间较长,会产生较大热量,从而使四氧化二氮挥发,因此只采用普通搅拌的方式控制,搅拌速度不能过高。在制备偏二甲肼等凝胶时,胶凝剂吸附、溶胀速度较快,因此其成胶速度较快,并且在成胶过程中,胶凝剂会结团,因此需要采用高速搅拌方式提高成胶速度。

1.4.3　推进剂的贮存与供应

凝胶推进剂供应系统一般包括气瓶、贮箱、管路及各种阀门。泵压式系统,还有涡轮泵等组件,主要作用是按照要求供应一定压力和流量的推进剂。

火箭发动机一般应用在运载火箭,导弹武器等航天器中,能够在大气层外无重力条件下工作,贮箱作为推进剂贮存和供应的主要组件,必须满足无重力条件下的推进剂供应,液体火箭发动机的贮箱采用管理装置,以实现贮箱内挤压气体和推进剂的气液隔离、推进剂稳定供应等功能。而凝胶推进剂自身的高黏性决定了一些现有的管理装置无法使用(如表面张力管理装置等),可以采用活塞式和隔膜式贮箱。推进剂的黏性较大,造成推进剂加注和泄出的难度较大,此外在贮箱表面附着的流体较多从而引起残留的推进剂较多,造成性能损失。

推进剂供应系统包括泵、流量调节器、过滤器、阀门和管路等组件,凝胶推进剂所具有的剪切变稀、爬杆现象、不稳定流动、壁面滑移和触变性等流变特性直接影响其在上述组件中的流动特性。高黏性将增加供应压力,壁面滑移会使系统流阻突减。在调节发动机系统,氧化剂流量和燃料流量的混合比时,如果两者存在不同的流变特性,则必须解决系统的流变学匹配问题。管路的几何形状会对凝胶推进剂的流动产生很大的影响,在设计中必须考虑如何消除停滞以防止凝胶积聚。以管路设计为例,需要考虑管路的流阻特性,才能按要求实现推进剂的供应量。对于牛顿流体,管路流阻与流量近似成平方关系,而凝胶推进剂的配方不同,导致本构方程变化较大,在管路的流阻关系也不同,尤其管路走向的变化,过滤器及阀门等复杂流道的影响,很难准确获得管路的流阻。

综上所述,对于凝胶推进剂供应系统,需要解决贮箱管理装置,推进剂稳定供应,推进剂残留、管路流阻计算以及凝胶推进剂流动特性等问题。

1.4.4　凝胶双组元推力室

凝胶双组元推力室以凝胶推进剂为工作介质,将两种推进剂合理地组织燃烧,从而获得推力,从而达到高性能,高可靠性的目的。凝胶推进剂的高效稳定燃烧取决于推进剂的雾化、混合效果。凝胶推进作为非牛顿流体,其特性与传统牛顿流体有很大的差异,这些差异会严重影响推进剂的雾化、混合和燃烧过程。

推进剂雾化需要经过喷注器的喷射过程,从影响雾化质量的因素看,除了喷嘴形式、尺寸、喷嘴压降、燃烧室压力和温度等因素外,推进剂的物性参数如密度,黏度以及表面张力等对雾化均有直接影响,推进剂黏度增加会导致射流破碎的长度增加,雾化形成的液滴尺寸增大,雾化后液滴可能重新聚集,液滴尺寸增大将导致燃烧效率降低,从而影响推力室的性能。

推力室的性能,稳定性和相容性与推进剂的燃烧过程有着密切的关系,在推力室中,推进剂组元是以一定的质量比进行燃烧的,氧化剂和燃料的混合质量主要取决于雾化尺寸及其分布、推进剂组元蒸发和扩散能力以及混合比的分布。燃烧过程主要取决于雾化、蒸发、扩散和混合过程。在这个燃烧过程中,蒸发、扩散、混合、传热和化学反应是相互作用的。凝胶推进剂的特性对蒸发扩散及混合均产生影响,从而影响推力时的燃烧效率和稳定性。此外,为了保证推力室工作的可靠性,需要进行冷却设计,常用的冷却方式由膜冷却和再生冷却两种,由于凝胶推进与牛顿型推进剂的物理性质不同,在膜冷却方式中导致冷却射流,液膜在燃烧时作用的长度,初始厚度及薄膜的热稳定性等均出现差异,在再生冷却方式中影响推进的流速、对流换热系数及推进剂的热稳定性等。因此,凝胶推剂的特性均影响膜冷却和再生冷却效果。

1.4.5　凝胶推进剂发动机涉及的关键技术

凝胶推进剂发动机能够运用在运载器和导弹的主动力系统,上面级动力系统,导弹和拦截器的姿轨控动力系统等,在这些用途中,凝胶推进剂发动机必须工作可靠,能够按要求提供所需的推力推进剂供应稳定,推力室易实现变工况等,由于凝胶推进具有非牛顿流体特点,为以上功能的实现带来难度。涉及的关键技术包括:

(1)生成技术;

(2)物性及其测量技术;

(3)催化剂及床的设计技术

(4)雾化技术;

(5)高效燃烧技术;

(6)燃烧室的冷却技术;

(7)推进剂输送技术;

(8)推进剂的储存及处理技术。

凝胶推进剂发动机的主要目的是综合液体火箭发动机和固体火箭发动机的优点,保持液体发动机推力随意可调,多次工作能力及后效冲量可控等优点,同时解决推进剂晃动,泄漏等安全隐患,提高推进剂密度,结合高能物质提高推进剂比冲性能,从而在运载火箭,导弹武器和空间飞行器等领域具有广泛的应用前景。

美国研究凝胶推进剂的一个重要应用背景是运载火箭。开展含金属胶体推进器研究,提高推进剂密度和发动机的性能,从而有效提高运载能力。液氢和液氧组合用在火箭发动机中比冲性能很高,清洁无污染,但是液氢密度低、蒸发速率高等缺点为使用带来困难,但液氢中加入胶凝剂,使液氢经凝胶化制成胶氢,并添加铝粉等高能粉末,能够解决密度低,易蒸发的缺点,同时能够提高安全性,进一步提比冲性能。

随着胶氢的制备、流动及燃烧等方面的突破,高密度、高性能胶氢推进剂能够应用在运载火箭的芯级、上面级等发动机中,从而有效地提高运载能力。

1.5 乙炔氨发动机技术

2012年2月21日,俄罗斯"能源机械"科研生产集团宣布,该企业专家研制出一种名为"阿采塔姆"(高浓度乙炔氨溶液)的新型燃料,可大幅提高火箭运载量。与俄罗斯科尔德什中心联合进行的弹道计算结果表明,用液氧/乙炔氨代替液氧/煤油上面级发动机可以提高有效载荷30%～40%[3]。因此,乙炔氨作为一种新型高效无毒火箭推进剂逐渐进入液体推进剂研究者的视野。

我国推进剂研究工作者对乙炔氨的特性进行了分析[4],表明乙炔氨推进剂有五大优点:①乙炔氨推进剂原料易得,不依赖石油工业;②乙炔氨推进剂的理论比冲高,可显著提高有效载荷;③乙炔氨推进剂冷却性能好,燃烧清洁无结焦;④乙炔氨贮存和运输性能好;⑤乙炔氨与现有型号发动机结合性强。本节主要介绍俄罗斯与我国在乙炔氨推进剂方面的研究进展情况,并指出乙炔氨推进剂后续发展前景,为新型乙炔氨发动机的设计提供参考。

1.5.1 乙炔氨推进剂与其他推进剂的初步比较

乙炔氨具有低相对分子质量、高密度等优点,在常压、-50℃或1.7 MPa,25℃时均可以液态存在,相对于甲烷具有较好的地面和空间液态贮存温度范围,在实际应用中可简化甚至省去推进剂保温和加温装置,提高有效载荷。表1.5为煤油、甲烷、乙烷、丙烷、乙炔氨的基本参数和部分理化性能对比。表1.6为不同推进剂组合的参数对比。从表中可知,乙炔氨推进剂比甲烷的沸点、冰点、饱和蒸气压、临界温度等都高出很多,更有利用于使用与维护。同时,理论比冲和理论特征速度都更高,更有利于提高发动机的性能,因此,是更理想的高性能推进剂。

第1篇 液体火箭发动机先进技术

表 1.5 煤油、甲烷、乙烷、丙烷、乙炔氨的基本参数和部分理化性能

推进剂	分子式	相对分子质量	密度 $g \cdot cm^{-3}$	沸点 ℃	冰点 ℃	黏度 $mPa \cdot s$	饱和蒸气压 kPa	临界温度 ℃	临界压力 MPa	比热容 $J \cdot (kg \cdot K)^{-1}$	结焦温度 ℃	闪点 ℃
煤油			0.830~0.836 (20℃)	188~270	≤-60	1.6 (20℃)		389	2.17	1 980	287	43
甲烷	CH_4	16.04	0.42 (-161℃)	-161.6	-182.5	0.123 (-162℃)	26.664 (-175.55℃)	-83	4.6	3 480	676.8	-188
乙烷	C_2H_6	30.07	0.55 (-88℃)	-88.63	-183.03	0.009 15 (20℃)	101.325 (-88.6℃)	32.3	4.82			-135
丙烷	C_3H_8	44.10	0.58 (-44.5℃)	-42.1	-187.6	0.211 (沸点)	53.32 (-55.6℃)	96.8	4.25			-104
乙炔氨	$C_{0.4778}H_{2.7611}N_{0.7611}$	19.16	0.68 (-44.5℃)	-33	-79	0.137 8 (20℃)	1 722.5 (25.0℃)	111.06	11.16	3 645.3		

· 25 ·

表 1.6　不同推进剂组合的参数对比

名　称	混合比	余氧系数	理论真空比冲	理论特征速度	燃气温度
单位	—	—	m/s	m/s	K
N_2O+CH_4	9.9	0.9	3 106	1 618	3 036
	8.8	0.8	3 079	1 629	3 005
	7.7	0.7	3 035	1 629	2 897
$N_2O+C_3H_8$	9	0.9	3 106	1 609	3 092
	8	0.8	3 082	1 622	3 077
	7	0.7	3 042	1 625	3 001
N_2O+乙炔氨	4.824	0.9	3 175	1 655	3 083
	4.288	0.8	3 160	1 670	3 063
	3.752	0.7	3 134	1 677	2 989

1.5.2　乙炔氨发动机技术的发展

1. 俄罗斯的俄罗斯发动机技术

俄罗斯动力机械科研生产联合体通过大量计算和分析,证实液氨的高吸热性和乙炔的高动力性是该新型推进剂备受关注的理论基础。

在乙炔氨制备及性能研究方面,俄罗斯专家取得了重大突破,完成了乙炔氨液体推进剂的实验室制备、相关理化性能测试以及爆炸和安全特性检测,突破了工业化生产关键技术并生产两批次乙炔氨试样,完全满足推进剂研制所提出的指标要求。

2013 年俄罗斯动力科研生产联合体的报告[5]表明:俄罗斯已设计了乙炔氨发动机样机试验的涡轮泵供应系统,就涡轮泵设计编制了一系列技术文件,并公布了乙炔氨发动机涡轮泵设计的情况。采用 20 世纪 70 年代研制的液氨-液氟发动机 РД301 进行试验,为乙炔氨的使用积累了经验。

(1) 用发动机模型验证涡轮泵组件的工作参数。泵入口参数有:乙炔氨的密度,600 kg/m³;乙炔氨的温度,(−40±10)℃;入口压力,(392±98)kPa((4±1) kgf/cm²)。泵入口的乙炔氨基本参数与航天六院 165 所研究的乙炔氨参数基本相同,这表明我国在乙炔氨推进剂研究方面与俄罗斯基本保持了同步。

(2) 选择了涡轮泵转速的 3 种工况,即 20 000,30 000 和 40 000 r/min。叶片的直径相应为 142,102 及 72 mm,轮毂与 РД120 发动机相同。

在俄罗斯 2015 年导弹与科研生产联合体的报告中指出:本年度将建造用于乙炔氨发动机试验的试验台。这也从侧面说明俄罗斯正有条不紊地进行乙炔氨推进剂及发动机研制。

2. 国内乙炔氨发动机技术研究进展

国内航天六院 165 所在总装运载专业组支持下,完成了乙炔氨能量特性理论计算,确定了不同温度下乙炔氨的饱和蒸气压,完成了乙炔氨安全性能评估、理化性能测试、初步点火试验等工作。

根据乙炔氨推进剂的物理及化学性质,分析其静电点火能(点火电压)较低,同时该推进剂在管道输送流动过程中存在静电积累的可能性,在使用、运输过程中也存在撞击、振动等外界刺激的可能。因此,需要系统开展该推进剂的危险性评估。

静电点火能试验用于表征被测样品生产、使用过程中在静电刺激作用下的敏感程度。测试结果表明:在空气中,气相乙炔氨在 180 mJ 有燃烧现象;液相乙炔氨在敞开体系实验过程中最小点火能 320 mJ。按照推进剂在纯氧中最小点火能一般减小至敞开体系的 1/10～1/5 的规律,液氧/乙炔氨最小点火能应在 32～64 mJ 之间。这些测试结果为后续乙炔氨热点火试验提供了基础数据保障。

乙炔氨的冲击敏感性研究是在落锤冲击机上进行测定的,以火光、爆炸声和烧焦作为冲击敏感的判断标准,用最小冲击能、特性冲击能、爆炸几率、上下限高度和特性落高等不同方法表示。测试结果表明乙炔氨在最苛刻条件 98.00 N 落锤、50 cm 落高、49 J 能量的爆发百分数均为 0,说明乙炔氨对冲击不敏感。

同时该所按 GJB 150.16A—2009《军用设备环境试验方法振动试验》的要求完成了乙炔氨的运输振动试验,试验过程满足 GJB 150.16A—2009 中随机振动试验的要求。试验共进行 2 h,相当于高速公路卡车运输 3 200 km,运输振动试验过程中无液体泄漏、无燃烧或爆炸等现象,未出现安全问题。

另外,该所分别测试不同温度下乙炔氨的导热系数、比热容、密度、黏度、表面张力等参数。根据测试数据,计算其换热系数,初步评估其传热性能。由传热系数公式比较了 20℃ 和 0℃ 下乙炔氨与煤油的传热性能,当冷却通道及其流经推进剂量一定时,传热系数只与推进剂的动力黏度、比定压热容、导热系数有关。在点火试验方面,开展了液氧/乙炔氨初步点火试验研究,设计制作了液氧/乙炔氨试车采用的点火器试验件和电点火技术方案,考核了乙炔氨采用电火花(电火花能量 1 J)点火的实际点火特性。试验全部实现成功点火,燃烧稳定,启动关机正常,为进一步工程应用奠定坚实基础。

1.5.3　乙炔氨应用前景分析

液氧/乙炔氨属于空间可贮存推进剂,比 CZ-3 系列上面级发动机所使用的液氢/液氧推进剂在轨时间更长。热力学计算表明:相同条件下,液氧/乙炔氨相对于 CZ-4 系列上面级发动机所使用的四氧化二氮/偏二甲肼推进剂比冲高 10%,可提高有效载荷;液氧/乙炔氨比液氧/煤油真空比冲提高约 3.8%。若经过进一步推进剂工程化应用研究,乙炔氨将可应用于无毒无污染新型火箭上面级发动机,应用成功后将可替代煤油,进一步用于主动力,从而提高航天运载领域动力系统的有效载荷,提升天地往返运输动力系统的能力,增强我国在国际空间运载市场的竞争力。乙炔氨作为一种新型工业可再生推进剂,对我国新型推进剂的后续发展将起到引领和示范作用,将进一步推动液体推进剂产业化发展,从而产生巨大的经济效益。

1.6　离子液体推进剂

离子液体双组元推进剂能量高、毒性小,既可以用作单组元推进剂也可以用作双组元推进剂。目前美国成功进行了高能离子液体燃料双组元推力室试验。2008 年,美国海、陆、空三军把高能离子液体燃料作为重点列入技术创新计划。

参 考 文 献

[1]　EMANUELA D'AVERSA,JEAN – MARC RUAULT,CHIARA MANFLETTI. International Space Exploration Coordination Group Assessment of Technology Gaps for LOx/Methane Propulsion Systems for the Global Exploration Roadmap[R]:AIAA 2016 – 5280,2016.

[2]　FRANCESCO BATTISTA, VITO SALVATORE, DANIELE RICCI. New Achievements in the Hyprob – Bread LOX/LCH4 Demonstrator Development[C]:67th International Astronautical Congress,Guadalajara,2016.

[3]　PIERRE VINET,SONIA MAGNIANT,BLASI ROLAND. Airbus Defence And Space LOx/Methane Propulsion Demonstrators[C]. 65th International Astronautical Congress,Toronto,2014.

[4]　VLADIMIR SUDAKOV,IGOR FATUEV, ANATOLY LIKHVANTSEV. Modernization of Powerful Lox – Kerosene Lpre of Npo Energomash by Change of Fuel Kerosene on Methane[C]. 65th International Astronautical Congress,Toronto,2014.

[5]　TAYA KOHEI,ISHIKAWA YASUHIRO, SAKAGUCHI HIROYUKI. Development and Test of the LOX/LNG Regenerative Cooled Rocket Engine[C]. 13th International Space Conference of Pacific – Basin Societies,Kyoto,2012.

[6]　戚亚群,李家文,蔡国飙.2 吨推力液氧甲烷发动机寿命指标分配方法研究[C].中国航天第三专业信息网第三十七届技术交流会暨第一届空天动力联合会议,西安,2016.

[7]　王艳,戚亚群,蔡国飙.2 吨推力液氧甲烷重复使用发动机推力室设计[C].中国航天第三专业信息网第三十七届技术交流会暨第一届空天动力联合会议,西安,2016.

[8]　王新德.化学推进剂及相关重要原材料发展回顾与展望[J].化学推进剂与高分子材料,2010,8(3):1 – 8.

[9]　刘昌波,兰晓辉,李福云.载人登月舱下降发动机技术研究[J].火箭推进,2011,37(2):8 – 13.

[10]　ЛИХВАНЦЕВ А А. АЦЕТАМ:Новоеракетное – горючее[J]. Труды НПО Энергомаш,2012,29:132 – 134.

[11]　韩伟,单世群,杜宗罡,等.新型乙炔氨推进剂热力性能计算分析[J].含能材料,2014,22(2):161 – 164.

第 2 章　大范围变推力液体推进技术

2.1　引　　言

变推力发动机技术是火箭发动机领域的一项高难度、高技术含量的关键技术。变推力发动机可以使飞行器在飞行过程中优化弹道和巡航速度,减少阻力损失,有效地提高飞行器的机动能力和运载能力,并满足飞行器机动变轨、对接交会和星球软着陆等特殊技术要求。而随着民用航天和现代武器的发展,需要研制更为先进的大范围变推力发动机技术,以达到质量轻、性能高和经济性更好的目标。通常,大范围变推力一般指推力变比大于 5。研制的目标主要是用于满足航天器轨道机动控制、空间交会对接、星球软着陆等需求,也是导弹武器机动飞行必须的。随着发射需求的多样化,变推力发动机用途日益广泛,是当今液体火箭推进技术发展的重要领域。不同任务对变推力发动机推力变化范围的需求情况见表 2.1。从表中可以看出,飞行器的高性能表现对推力变化需求非常大,因此,大力开展变推力发动机技术研究是提高飞行器性能的重要内容。

表 2.1　不同任务对变推力发动机推力变化范围的需求

应　用	变推形式	推力变比
月球轨道下降修正	连续	1.1 : 1
月球轨道转移	台阶	6 : 1
月球垂直下降	台阶	10 : 1
地面发射(载人)	台阶	1 : 3 : 1
低轨道武器	连续	20 : 1
弹道导弹	台阶	50 : 1 ~ 100 : 1
轨道机动	连续	100 : 1

2.2　推力调节方案与实现

推力调节是大范围变推力发动机研制的核心。实现液体火箭发动机推力调节的方法可以有多种,最简单的方法是系统节流,设置节流阀,通过推力室供应压力的变化而达到推力调节的目的。但如果推力室的喷注器采用固定面积,那么就存在一个问题:在小推力时喷注压降过低,系统性能较低,而且还可能增加系统低频燃烧不稳定性的可能,因而很难实现大范围推力调节,一般推力变比只能小于3∶1。

但自从针栓式喷注器发动机问世以来,变推力发动机开始了一个新的局面。可变面积针栓式喷注器加上流量可调的气蚀管,不仅可以保证推力(流量)的大范围变化,而且可以做到在推力大幅度变化的同时喷注器压降和混合比大致保持不变。基于这一原理,变推力发动机的推力变化范围不断增加,从5∶1到10∶1,甚至20∶1,直到100∶1。表2.2为美国早期设计研发的多类型的变推力发动机。其中最著名的变推力发动机是美国阿波罗登月舱下降发动机,推力变比10∶1。MIRA5000发动机的推力范围变化甚至已达到35∶1。

表 2.2 典型变推力发动机相关信息

	MIRA 500变推力发动机	MIRA 5 000变推力发动机	勘测者机动发动机(MIRAI50)	月球跳跃者发动机	登月舱下降发动机	8K发动机	先进调节凝胶发动机(ATSE)	哨兵发动机	轨道机动发动机(VTE)
变比能力	20∶1	35∶1	5∶1	15∶1	10∶1	15∶1	7∶1	19∶1	10∶1
推力范围kN	2.22~0.11	23.15~0.67	0.67~0.13	0.8~0.05	44.52~4.45	36.73~2.46	22.26~3.12	36.21~19.14	0.58~0.06
推进剂	N_2O_4/A-50 N_2O_4/N_2H_4	N_2O_4/A-50 N_2O_4/MMH	MON-10/MMH	MON-10/MMH	N_2O_4/A-50	N_2O_4/A-50	CLF3/NOTSGEL-A	N_2O_4/MMH	N_2O_4/MMH
研制单位	TRW IR&D	TRW IR&D	NASA/JPL	HASA/MSFC	NASA/Grumman	USAF/LTV	Navy/NWC	USAmmy/Bel	NASA/MSFC
研制时间	1961—1963	1962—1963	1963—1965	1965	1963—1972	1967—1968	1967—1968	1981—1984	1986—1989
发动机数量	1	1	16	1	84	2	1	4	2

2.2.1 推力调节原理

对于给定的液体火箭发动机,推力和发动机流量之间具有如下关系

$$F = q_m I_{sp}$$

式中,F 为发动机的推力,N;q_m 为推进剂的流量,kg/s;I_{sp} 为发动机的比冲,m/s。对于特定的发动机,当推进剂量的混合比、燃烧效率变化不大时,比冲不会有明显的变化,因此,发动机的推力主要取决于推进剂的流量。可见,变推力通常通过流量的调节来实现。

对于挤压式发动机而言,流量的调节主要包括:改变供应系统的流阻;改变推进剂的喷注面积;改变推进剂的密度等。本节主要简述改变供应系统的流阻的“单调”方案和改变供应系统的流阻与喷注面积的“双调”方案。

2.2.2　"单调"方案

改变供应系统的流阻通常采用流量调节阀来实现,流量调节阀通常采用可变面积的节流圈或可变面积的汽蚀管。这是变比较小的变推力发动机最常用的变推力方案。

改变推进剂的喷注面积包括改变喷嘴的数量和采用可变面积喷注器两种方案。改变喷嘴数量的方案思想来源朴素、直观,即将推力室喷注器分为几个区域,当需要改变推力时,打开或关闭其中的一些区域,从而改变喷注面积,实现发动机流量及推力的调节。这种方案不需要在喷注器上游设置流量调节阀,同时喷注器压降不随工况变化,发动机变工况时的性能容易保证。但对于双组元推力室,不工作区域喷注器面冷却的组织十分困难,应用难度非常大。对于采用可变面积喷注器的流量调节方案,也包括两种情况。一种是直接将喷注器作为流量调节元件,另一种是另外设置流量调节元件。将可变面积喷注器直接作为流量调节元件的方案中,喷注器采用可移动的套筒,套筒沿轴向移动,同时改变氧化剂和燃料的喷注面积及喷注压降,其工作原理如图 2.1 所示。当需要减小推力时,驱动元件(如步进电机、伺服阀等)驱动可移动套筒,减小喷注面积,同时增大喷注压降,导致氧化剂和燃料的流量同时减小,室压降低及推力减小。习惯上,这种方案也称为"单调"方案。

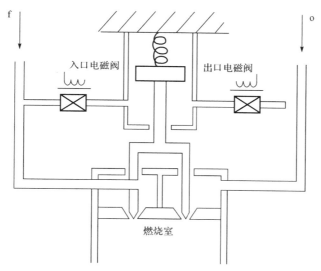

图 2.1　"单调"变推力发动机系统原理

理论上这种方案在挤压式系统中可使推力调节到任意小,即推力变比可以做到无穷大,此时,室压和喷注面积接近无穷小,喷注压降接近贮箱压力。但这种方案也存在一些问题,第一,燃烧的组织与流量的控制均集中喷注器上,制约了诸多性能改进措施的应用,发动机性能与冷却的优化困难。第二,喷注器的设计也制约了流量的精确调节。例如,喷注器可移动套筒的开度较小,难以实现复杂型面设计,流量和混合比的精确控制很困难,尤其是小工况下。第三,小工况下喷注面积迅速减小,零件加工精度与表面质量对推进剂喷注均匀性的影响十分显著,可以导致小工况喷雾性能急剧恶化。

2.2.3 "双调"方案

为了解决"单调"流量调节方案的问题,流量调节阀控制流量和可变面积喷注器相结合的"双调"方案也应运而生。其工作原理如图 2.2 所示。在这种方案中,喷注器可移动套筒的开度与推力成正比。这种"双调"方案解决了采用固定面积喷注器时小工况喷注器压降过低(或高工况压降过高)的问题,同时也解决了单调方案小工况可移动套筒开度过小造成的流量和混合比难以控制的问题,减轻了对加工质量的敏感程度,并使各工况的喷注压降均能保持在最佳值附近,易于在全工况范围获得良好的性能和稳定性。

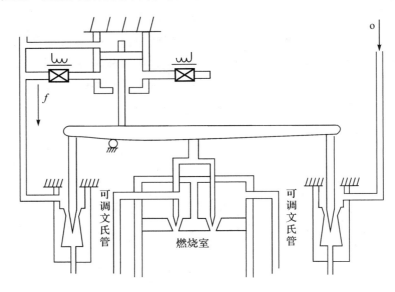

图 2.2 "双调"变推力发动机系统原理

该方案的杰出代表是美国的阿波罗登月舱下降发动机,如图 2.3 所示。该发动机名为弗莱威特发动机,采用了汽蚀文氏管流量调节阀和高压流量定位针栓式喷注器组合的系统结构是典型的"双调"方案。该发动机是诺·格公司从 1981 年开始研制的,具有高室压、可连续(或阶跃)变推和脉冲响应的特性。为获得极快的响应特性,采用了一个快速动作的伺服阀和一个专用的阀作动器。为了能紧凑地装入通常为圆柱形的弹体内,该发动机采用了转折喷管,气流从燃烧室轴线转折 110°。

相对于其他变推力发动机,弗莱威特发动机具有以下特点(见表 2.3):①能够实现喷注器的面关机;②在行程调节为 14:1 的范围内,推进剂流量与针阀行程呈线性;③快速动作的阀作动器带有"硬的"或"软的"阀座;④针栓式喷注器能精确控制推进剂的喷注速度;⑤推力变比大、推进剂适用种类多,不会产生燃烧不稳定 。

图 2.3　弗莱威特发动机

表 2.3　弗莱威特发动机性能参数

参　　数	指　　标	单　　位	备　　注
推进剂	N_2O_4/MMH	—	可贮存推进剂
推力	36.5	kN	8 200lbf
变比	19：1	—	—
燃烧室压力	15.16	MPa	2 200psia
质量	<5.9	kg	—
脉冲宽度	8	ms	90%稳态室压

　　诺·格公司生产的大变比针栓式发动机为双模式大变比发动机,采用 NTO/N_2H_4,H_2O_2/煤油等推进剂组合能够进行双模式变推力工作,实现 100：1 量级的连续推力变化。美国新研制的 MR-80B 发动机,采用单组元肼推进剂,推力调节范围 3 873～31N(推力变比约

125∶1),2009年火星科学试验室探测器的终端下降发动机。

2.3 变推力发动机关键技术

(1)大范围流量调节技术。

(2)高性能针栓式喷注器设计技术。

(3)大范围变工况下的可靠冷却技术。

(4)快速响应与发动机小型化技术。

(5)大变比的流量定位变截面针拴式同轴喷注器技术。

(6)双组元推进剂的高精度、快响应流量同步调节技术。

(7)同轴栓式喷注器燃烧和冷却的组织技术。

(8)推力室高响应点火技术。

(9)长寿命、轻质、复合材料烧蚀冷却身部。

(10)高精度、快响应数字控制器技术。

2.4 应用前景

变推力发动机在飞行器的速度控制、轨道优化方面具有得天独厚的优势,主要的应用:

(1)星球探测着陆器的软着陆动力装置。在着陆过程中,需要实施飞行器的制动、减速、悬停及软着陆等机动飞行,变推力发动机是目前惟一可以使用的动力装置。

(2)导弹武器的机动与突防。对于导弹武器来说,机动能力是提高突防效果的基础,往往决定了最终的结果。机动能力越强,越有可能是最终的胜利一方,因此,提高机动能力是导弹武器的重要发展方向之一。高性能、大变比推力发动机的使用能够极大地提高飞行器的机动性能,突破敌方的防御体系,提高飞行器捕捉、拦截的成功率。

(3)临近空间高速飞行器。临近空间高速飞行器为了保持航速,需要一定的动力抵消空间的阻力,随着推进剂的不断消耗,飞行器质量越来越小,所需的动力也越来越小。因此,需要一种缓变推力的发动机,随着飞行器的飞行时间变化推力不断变化。

参 考 文 献

[1] S J SCHNEIDER, J W JOHN, J G ZOECKLER, Design, Fabrication, and Test of a LOX/LCH4 RCS Igniter at NASA, NASA/TM - 2007 - 215038, Nov. 2007.

[2] D DELONG, J GREASON, K R MCKEE. Liquid Oxygen/Liquid Methane Rocket Engine Development, SAE 2007 - 01 - 3876.

[3] C M JOHN, K A JENNIFER. Liquid Oxygen/Liquid Methane Test Results of the RS - 18 Lunar Ascent Engine at Simulated Altitude Conditions at NASA White Sands Test Facility, AIAA 2011 - 2324.

[4] R T COOK, F M KIRBY. Methane Heat Transfer Investigation, NASA - CR - 171051, June 1984.

［5］　"NASA 一体化空间技术发展路线图（草案）"，中国载人航天工程办公室译，2011.7

［6］　M D KLEM，T D SMITH，Propulsion and Cryogenics Advanced Development (PCAD) Project Propulsion Technologies for the Lunar Lander，NASA Glenn Research Center，2010.

［7］　T D SMITH，M D KLEM，K. L. FISHER，Propulsion Risk Reduction Activities for Nontoxic Cryogenic Propulsion，AIAA - 2010 - 8680.

［8］　M C DEANS，S J Schneider. Development and Testing of a Methane/Oxygen Catalytic Microtube IgnitionSystem for Rocket Propulsion，AIAA - 2012 - 4133.

［9］　M J BEDARD，T W FELDMAN，A. RETTENMAIER，et al. Student Design/Build/Test of a throttleableLOX - LCH4 Thrust Chamber，AIAA - 2012 - 3883.

［10］　J KLEINHENZ，C SARMIENTO，W. MARSHALL. Spark Ignition Characteristics of a LO2/LCH4 Engine at AltitudeConditions，AIAA - 2012 - 4129.

［11］　EMANUELA D'AVERSA，JEAN - MARC RUAULT，CHIARA MANFLETTI. International Space Exploration Coordination Group Assessment of Technology Gaps for LOx/Methane Propulsion Systems forthe Global Exploration Roadmap［R］：AIAA 2016 - 5280，2016.

［12］　FRANCESCO BATTISTA，VITO SALVATORE，DANIELE RICCI. New Achievements in the Hyprob - Bread LOX/LCH4 Demonstrator Development ［C］：67th International Astronautical Congress ，Guadalajara，2016.

［13］　PIERRE VINET，SONIA MAGNIANT，BLASI ROLAND. Airbus Defence And Space LOx/Methane Propulsion Demonstrators［C］：65th International Astronautical Congress，Toronto，2014.

［14］　VLADIMIR SUDAKOV，IGOR FATUEV，ANATOLY LIKHVANTSEV. Modernization of PowerfulLox - Kerosene Lpre of Npo Energomash by Change of Fuel Kerosene on Methane［C］：65th International Astronautical Congress，Toronto，2014.

［15］　TAYA KOHEI，ISHIKAWA YASUHIRO，SAKAGUCHI HIROYUKI. Development and Test of the LOX/LNGRegenerative Cooled Rocket Engine［C］：13th International Space Conference of Pacific - Basin Societies，Kyoto，2012.

［16］　戚亚群，李家文，蔡国飙. 2 吨推力液氧甲烷发动机寿命指标分配方法研究［C］：中国航天第三专业信息网第三十七届技术交流会暨第一届空天动力联合会议. 西安，2016.

［17］　王艳，戚亚群，蔡国飙. 2 吨推力液氧甲烷重复使用发动机推力室设计［C］：中国航天第三专业信息网第三十七届技术交流会暨第一届空天动力联合会议. 西安，2016.

第3章　可重复使用液体火箭发动机技术

3.1　引　　言

　　航天技术的成就给人类带来极大的利益,但是高昂的发射费用使人们望而却步,阻碍了人类航天活动的快速发展,降低发射费用——降低进入太空的费用一直是人们的期望。而可重复使用运载器是降低成本和应对高密度发射的有效途径。20世纪70年代开始提出研制重复使用运载器(Reusable launch Vehicle,RLV)的计划,其目标是通过重复使用技术来降低发射费用,如英国的HOTOL、德国的桑格尔等。20世纪80年代美国研制成航天飞机,但航天飞机的实际结果正好与预期的相反,美国航天飞机在技术上虽然获得了重大的突破,但在经济运作上没有达到预期目标。单位有效载荷重量的发射价格反而超过常规一次使用的运载火箭。其主要问题是航天飞机大量使用新技术,使发射操作过于复杂,助推器和防热结构没有达到预期的重复使用率,以及载人载货混合等一系列问题,结果使发射费用大幅上升。美国在吸取研制航天飞机教训的基础上,试图用单级入轨方式的重复使用运载器来解决航天飞机存在的问题,他们认为单级入轨的重复使用运载器操作可以像飞机一样简单,自由起飞降落。

　　随着航天活动的开展,人们不仅希望能利用火箭把卫星、飞船等有效载荷送入太空,而且希望能将飞行器的某些关键部件、关键设备、实验结果从太空返回到地面。航天飞机的问世给了人们重复使用运载火箭的启发,运载火箭技术的发展也使得研制重复使用的运载火箭成为可能,商业发射服务的低成本要求也使得重复使用运载火箭的需要越来越迫切。因此,当前世界各主要航天国家都积极地投入到重复使用运载火箭的研究和验证工作中[4]。

　　除了航天飞机外,目前所有的航天运载器都是以运载火箭为代表的一次性使用运载器,若运载火箭能像航天飞机一样实现可重复使用,通过控制可重复使用的关键技术,势必会降低火箭发射的成本。因此运载火箭的可重复使用技术目前成为国际航天重点研究方向之一。美国基斯特勒宇航公司(Kistler)的K-1、空间探索技术公司(SpaceX)的Falcon9火箭先后开始研制基于多级入轨的完全可重复使用运载火箭[5]。

　　可重复使用发动机根据不同的分类方法可以划分出很多类型,按重复使用程度可分为部分重复使用和完全重复使用,按入轨级数可以分为单级入轨(SSTO)和两级入轨(TSTO),按动力类型分为火箭动力和吸气式组合动力,按起降模式可分为垂直起降、水平起降和垂直起飞/水平降落,按外形可分为带翼构型(含翼身融合体、升力体、乘波体)和火箭构型。

3.2　可重复使用发动机发展

　　实现运载火箭重复使用技术从总体上讲,可分为部分重复使用和完全重复使用两大类,完全重复使用技术又包括单级入轨和多级入轨技术。当前国外正在积极发展的部分重复使用技术主要包括采用降落伞减速装置(或反推火箭)和带翼飞回式结构回收火箭的关键部件。典型型号是美国的航天飞机及先进运载系统（Advanced Launch System，ALS）。航天飞机最初设想是通过部分重复使用技术来大幅度降低运输成本，但实际上这一目的远远没有达到，主要原因是航天飞机规模过大、结构过于复杂、维修量过大、发射操作不够灵活、飞行次数与发射频率太低等，从而造成很高的操作费用。尽管如此，美国航天飞机第 1 次采用升力式返回和使用弹道式气动减速装置回收了固体火箭助推器（Solid Rocket Booster，SRB），为运载火箭的重复使用开创了先例。美国通用动力公司基本飞行器 ALS 由一个组合式芯级飞行器和一个助推器组成。ALS 全部采用液氢/液氧发动机，助推器有 7 个发动机，芯级有 3 个发动机，可以运送 54 468 kg 载荷到达低地球轨道。该火箭可以通过安放在助推器回收舱内的回收系统回收 7 个发动机以供重新使用。ALS 只有助推器回收舱能够重复使用，其他部分及芯级仍是一次性使用的。部分重复使用的运载火箭虽然能够降低发射成本，但终归有限，因此人们一直希望能发展一种可完全重复使用的运载火箭来进一步降低发射成本。随着结构、材料、工艺、发动机和电子技术的进步，这个设想实现的可能性越来越大了。

完全重复使用的运载火箭不仅可以通过完全重复使用技术来降低运载火箭的硬件成本，而且还可以大大简化地面操作与设备，以减少地面操作费用，提高发射频率，因而是比较理想的航天运输工具，是未来运载火箭的发展方向。这种运载火箭的技术难度很大，研制费用也昂贵，但使用成本很低。当前国外正在积极研究的完全重复使用运载火箭主要分为单级入轨和多级入轨两类。根据美国航宇局正在实施的先进运载技术计划，单级入轨（SSTO）火箭的方案有 3 种，即垂直起降方案、垂直起飞水平降落的翼身组合体方案和垂直起飞水平降落的升力体方案。

虽然单级入轨的方案是未来运载火箭的发展方向，但由于其采用了很多的先进技术，技术风险高，需投入的资金也很多，在近期内实施起来比较困难。而多级入轨方案可以采用现有的成熟技术，研制风险小，能够在较短的时间内获得成功。因此，西方的一些国家也同样地重视多级入轨技术。很典型的是美国 Kistler 宇航公司研制的保温瓶状的两级型、全部重复使用的 K - 1 运载火箭。

完全重复使用两级入轨（TSTO）技术除了像 K - 1 火箭一样采用两级液体火箭的方案外，还有一种助推级（驮运助推飞机）加轨道级的方案，如西德的空天飞机。它是以冲压发动机及火箭发动机为动力的两级方案，由两架飞机分别构成其助推级和轨道级，这种方案利用驮运助推飞机把轨道级加速并升到一定高度，从而减少轨道级所需的推进剂消耗量。但是，这种方案的运载能力要受到驮运助推飞机的限制。由于驮运助推飞机运载能力有限，轨道级的尺寸、运载能力就不能搞得很大。实现这种方案的主要关键技术是研制大尺寸、大运载能力、高马赫数飞行的驮运助推飞机。但就目前的技术水平来看，它需要高马赫数的冲压发动机技术及大型飞机的制造试验技术，所需研制经费多，研制周期长，在近期内不容易实现。

综上所述可知，运载火箭总的发展趋势是由一次性使用过渡到部分重复使用，最终实现完全重复使用。虽在各个阶段都有多种实现形式和途径，但总的目标都是通过重复使用来降低发射成本。必须指出，重复使用并不等于降低发射成本，关键的问题是要尽可能降低为重复使用而付出的研制费用等。我国运载火箭发展至今已有 40 余年的历史了，为了保证能在世界空间市场上占有一席之地，应该紧跟运载火箭的发展趋势，跟踪国外重复使用运载火箭的发展状况,通过借鉴国外的研制经验,分析其经验教训,来探讨研究重复使用运载火箭的技术途径及规划今后的研制步骤。

当前,已经完成航天器发射任务的各种火箭都是一次性的,完成任务后就变成了残骸掉落到地面上。一次航天发射任务,火箭的开销就会花费数千万元人民币。然而,按照现在的设计,火箭回收要加装隔热设施、降落控制器、缓降设备。就算这样,火箭在经过穿越大气层的高温灼烧和降落到地面的冲击之后,火箭发动机不可能毫发无损,维修又是一大笔费用。根据以往的研究,回收利用火箭的费用比新造火箭还要大,这就是各国放弃回收利用火箭的原因。然而,美国的太空探索公司还是认为不对火箭重新利用真是太可惜了。于是,他们开始研制可以像航天飞机那样可以重复利用的火箭。现在,他们已经初步获得成功,研制出一款名为"蚂蚱"的可重复利用火箭。之所以取名"蚂蚱",是希望新的火箭能像蚂蚱那样随意起降而不会损伤自己。

2012年11月,太空探索公司完成了第一次测试,这架火箭飞了5.4 m高,飞行距离为1.8 m,飞行过程历时8 s。按照这个高度和距离来看,"蚂蚱"似乎更像一款玩具,它甚至比不上节日烟花飞行的高度和距离。不过,"蚂蚱"并非玩具,它是一架真正的火箭,有40 m的"身高",这个高度并不输给其他火箭[6]。在2012年12月中旬的一次测试中,它飞了40 m高,历时29 s。更加令人兴奋的是,它又返回来了,稳稳当当地降落在发射台上,没有出任何差错。这次发射再次验证了"蚂蚱"的垂直起降技术和飞行控制技术已经比较成熟。为了在空中完成盘旋和降落等动作,"蚂蚱"采用了闭环矢量推力和油门控制技术。为了让人们对"蚂蚱"有一个更直观的认识,太空探索公司把一个2 m高的牛仔造型假人装在火箭的起落架上。

"蚂蚱"的起落架支撑范围较大,在飞行期间可被折叠起来,并有技术十分先进的隔热设施,避免起落架在穿越大气层时因高温而损坏。起落架有4条起落腿,在即将降落的时候,"蚂蚱"才像飞机那样把起落腿慢慢伸出来。由于采用了液压减震器和钢支撑结构,"蚂蚱"可以安全稳定地垂直降落,并不需要飞机那样的滑行过程。

根据国家技术经济风险承受能力和火箭技术优于飞机技术的实际情况,提出一种垂直起降两级入轨的方案设想:即采用成熟的两级火箭技术,将2 t重的有效载荷送入预定的200 km圆轨道。设想中的未来可完全重复使用运载火箭为两级液体火箭,全长35.2 m,最大直径5 m,起飞总质量370 t,起飞总推力为4 782.72 kN。它使用5台1 195.68 kN的液氧/煤油发动机,其中一级有4台,二级有1台。此外二级还有4台推力为19.928 kN的液氧/煤油发动机作为游动发动机。该火箭的一、二级全部回收,都将返回到距发射场10 km的范围内。其一级回收系统由1顶引导伞、2顶减速伞、7顶主伞和8个气囊组成;二级回收系统由1顶引导伞、1顶减速伞、3顶主伞和4个气囊组成。其中单顶减速伞的面积为100 m²,单顶主伞的面积为1200 m²。在箭体落地前气囊充气,依靠气囊排出气体来缓冲着陆冲击能量,最终的着陆速度限制在2 m/s以下。整个飞行任务剖面划分为7个阶段,即上升段、入轨段、轨道运行段、制动离轨段、再入段、缓冲着陆段及转场准备再发射段。该火箭的一、二级能分别回收,均飞回发射场。二级火箭在把有效载荷送入轨道之后,在轨道上飞行一周,然后再制动离轨,像飞船那样制动返回;一级火箭在级间分离之后,就点燃游动发动机,利用推力作用使其调头转弯,尾部朝前返回发射场,这条返回轨道的设计比较复杂,但从理论上说是可以找到这样的一条返回轨道的。一、二级火箭的回收程序基本上相同,当下降高度在 10 km 左右时回收系统开始工作,先拉出一个引导伞,开引导伞的速度约为 0.6~0.8 Ma,然后在 5 km 左右高度处打开稳定减速伞,在 1.5 km 高度处打开主伞,开主伞速度约为 80~90 m/s,最后以 7.5 m/s 的速度降落。在落地前气囊充气,依靠气囊排出气体来缓冲着陆冲击能量,最后的着陆速度限制在 2 m/s 以下。回收后的火箭经过维修后又能供再次发射使用。

在上述方案设想中基本采用现有的设备和技术,但有几点需要考虑:

(1)方案中所有的发动机推进剂均选为液氧/煤油。

(2)常规的整流罩是两半结构,用完后就抛掉了,而完全重复使用运载火箭的整流罩也需要回收,因而需要设计一种整体式整流罩,整流罩与箭体可以用铰接装置连接,在有效载荷分离后,又能自动合上。如果整流罩太长则影响火箭的稳定性,故希望在合上后,整流罩的上半段能缩入下半段内,这样既保证了火箭的稳定性,又保证了再入时火箭有良好的气动外形。同时整流罩的重量要严格限制,因若整流罩太重,则相同推力下能发射入轨的有效载荷的重量就减少了。

(3)常规的火箭用完后就抛掉了,故可以不考虑其在大气层中的烧蚀问题,但要回收后重复使用,就不能忽视这个问题了。美国的航天飞机上用的防热瓦、防热毡技术可供参考,总的要求是希望可靠性高而又质量轻。

(4)为了使运载火箭的重量不至于过大而又能有重复使用性,应加紧新材料的研制,新材料包括高温防热结构材料、轻型结构材料和低温贮箱材料。采用此方案可以将造价昂贵的发动机系统、低温推进剂贮箱和控制系统及其他组成部分全部回收,且基本上均采用现有的成熟技术,同单级入轨方案相比,避开了一时难以攻克的材料工艺、仪器设备小型化等技术难关,减小了技术、经济风险,使之在不久的将来有实现的可能。

按照近、中、远期的目标确定 3 条技术途径,同步开展工作,梯次形成能力。航天六院也已将重复使用航天液体动力作为重点,按照规划的路径整体推动研究工作。

(1)基于现役火箭构型,开展主发动机重复使用技术研究及适应性改进工作,近期完成回收验证工作,解决落区安全问题,2025 年前后实现落区可控回收、部分重复使用等目标。

(2)基于新研火箭构型,开展重复使用液氧烃类发动机研究,支撑垂直、水平等多种回收方案,中期具备一、二级火箭重复使用能力,推动两级入轨航天运输产业形成,2030 年实现完全重复使用两级运输系统的工程应用。

(3)基于水平起降重复使用运载器构型,开展吸气式组合发动机研究,远期形成单级入轨运载器的工程应用。

此外,航天六院还瞄准更遥远的未来,开展了组合循环动力技术的研究和地面集成试验。组合循环动力如果研发成功,可支持水平起降天地往返重复使用飞行器的服役,将提高快速进出空间的能力。

"该技术拟将航空发动机、冲压发动机和火箭发动机结合,在大气层内外不同环境下各展所长。"刘志让说,3 种动力形式都在不断发展,如果能组合在一起将是极大的创新,但要实现整个结构效益最大化、飞行轨道最优化以及良好的经济效益,还面临多重难关。

3.3　可重复使用发动机关键技术

3.3.1　精确返回飞行与安全着陆控制技术

RLV 一、二级分离后,一子级实施返回着陆飞行,经历从亚轨道高度逐渐下降到地面的过程,飞行环境复杂且存在较多随机性的扰动因素。在此过程中,发动机多次工作,使用推力矢量控制(TVC)、RCS、气动栅格舵面等多种控制机构,克服各种内外部干扰,进行姿态、位置、减速机动控制,精确返回并安全着陆至指定着陆场。为达到精确返回、安全着陆目标,必须对运载器自身特性、飞行环境与扰动进行精确数学描述,进行多轮 GNC 控制算法仿真和原理性飞行试验,实现控制算法和执行机构之间的优化匹配。精确返回飞行与安全着陆控制技术可以转化应用于现役火箭残骸飞行控制,解决落区安全问题;或者应用于航天器地外天体定点软着陆。NASA 喷气推进实验室研究了一套燃料优化转移制导算法(G - FOLD),为 RLV 返回着陆、月球/火星定点软着陆提供技术储备。我国在探月工程嫦娥三号任务中成功实施了月面软着陆,初步掌握了控制方法。RLV 返回着陆还涉及轨迹最优规划问题,主要研究 RCS 系统何时工作及持续时间、发动机工作时间和推力大小、不同飞行阶段分段控制时如何确定每段起点与终点的速度与位置约束,以及栅格舵和着陆缓冲机构打开时间的确定等。轨迹优化的目的是使推进剂消耗最少,同时减弱气动加热影响,并保证实现高精度着陆。在多种约束条件下,轨迹最优规划采用传统的理论和方法会遇到无法收敛或者收敛到一个次优解的问题。SpaceX 公司 GNC 首席工程师 Lars Blackmore 和德克萨斯大学 Acikmese 提出了一种无损凸优化理论,具有快速收敛、对初值不敏感、所得解即为全局最优解等优点。Masten 公司的 Xombie 飞行器在垂直返回制导控制上采用无损凸优化方面的研究成果,取得了 NASA 发起的"月球着陆器挑战计划"大奖赛的第一名。SpaceX 公司未公开一子级回收相关技术细节,据推测可能也使用了无损凸优化的研究成果。

3.3.2　变推力可重复使用发动机技术

实现 RLV 返回着陆要求发动机具备多次启动能力;同时返回过程中贮箱推进剂剩余量不足 10%,贮箱压力降低,发动机点火启动条件(入口压力、温度条件)也偏离正常范围,要求发动机必须具备在宽入口条件下的点火启动能力。在着陆段,要求通过发动机推力调节,使速度降低到着陆所允许的条件。发动机大范围变推力需要通过多个调节元件来实现,调节控制规律复杂,同时喷注器、再生冷却身部、涡轮泵等关键组件也要具备相应条件下可靠工作的能力,需要开展大量研究、试验工作。另外,传统液体火箭发动机均为一次性使用,无需考虑重复使用相关的健康监测与剩余寿命评估问题。而垂直起降提出的重复使用技术要求,需要开展发动机健康监测与剩余寿命评估技术,涉及到发动机数据采集处理、故障诊断与控制、智能减损和寿命评估等相关技术。例如蓝源公司新谢帕德号火箭助推级采用了 50 t 级推力的 BE - 3 液氢液氧发动机,该发动机能够在 18%~98% 范围内进行连续推力调节,并具备多次重复使用能力。该公司正在研制性能更优异的 250 t 级推力的 BE - 4 发动机,采用分级燃烧、液氧甲烷推进剂,已经进行热试车试验。

3.3.3　高可靠着陆缓冲机构技术

在火箭回收过程中,必须使用高可靠的着陆缓冲机构减缓着陆瞬间冲击过载,使箭体平稳着陆。着陆缓冲机构要有较好的强度和缓冲功能以及对倾斜姿态、残余速度的适应能力,从而保证着陆的稳定性。由于着陆支架靠近火箭发动机,还需具有承受反侵热流的热防护能力。着陆缓冲机构采用支腿式软着陆机构,具有可收放、可重复使用、缓冲效率高、着陆稳定性好、占用空间少等优点。目前地外行星探测器软着陆探测时广泛采用支腿式探测器,其中最为关键的吸收着陆冲击载荷的缓冲器技术已得到工程验证。RLV 回收所使用的着陆缓冲机构需要承受箭体几吨甚至十几吨的着陆质量,技术难度远远超过几百千克的探测器所采用的着陆缓冲机构。

3.3.4　返场快速检测与维护技术

RLV 回收后只需经过简单维修和加注燃料就能再次使用是降低成本、提高快速响应能力的关键。返场后需要在短时间内对箭体状态进行检测分析与维修,但传统手段主要通过拆卸箭上产品进行逐个检测,出现故障主要通过依靠人力进行故障分析定位,且通常为了复现问题需要做大量的重复试验,对发射周期与成本造成较大影响。为了缩短发射周期和降低成本,RLV 的返回复测需要按快速、智能、高效的原则,采用无拆卸快速检测与维护技术。通过结合箭上专家系统快速复测,对运载器的全箭健康状态和预期寿命进行自动评估分析,并对出现故障或寿命预期较低的部件进行及时维修或更换,在短期内给出箭体可再次发射的结论。箭上各系统在设计中需要融入健康管理的理念,统筹设计。

3.4　未来发展趋势

(1)可重复使用运载火箭是航天运输发展的重要方向。经过半个多世纪的发展,运载火箭的功能特点、运载能力、成本效益、技术途径、研发模式等已完成了多次跃升与革新,经历了由进入空间向天地往返、由高污染向无污染、由高成本向低成本、由一次性使用向可重复使用、由政府研发向企业研发的转变。虽然传统一次性运载火箭在功能性、安全性和可靠性等方面基本能满足目前发射任务的需求,但随着航天运输技术要求日益复杂、市场竞争日益激烈、太空探索任务的拓展以及商业发射任务的剧增,对发射成本、发射周期、机动性、可靠性及运载能力都提出新的要求,发展响应速度更快、成本更低、更安全可靠的 RLV 成为必然选择。

(2)可重复使用运载火箭研究难度高、风险大。与一次性火箭相比,RLV 的技术难度要大得多,涉及气动、热防护、动力和导航制导与控制(GNC)等方面的关键技术,且成本高,例如 NASP 项目因吸气式动力技术难以克服,最终在研制八年、消耗数十亿美元经费的情况下中止。数十年来,RLV 项目多达上百个,发展道路跌宕起伏,从 NASP,X - 33,DC - X,RBS 到 XS-1,随着发展目标不断调整,各国更加认识到,发展目标和方案必须与关键技术的发展水平相适应,目标制定得过高、技术指标过于先进就会增加关键技术的难度,同时难以降低成本、提高可靠性,并且直接影响目标的可实现性,增加了研制风险。

(3)市场需求和技术创新共同驱动可重复使用运载火箭发展。快速响应、宽适应性、经济性是航天运输系统追求的主要目标。运载火箭技术经过几十年的发展,逐渐成熟并趋向于产业化发展,航天动力、电子元器件、新材料、先进制造工艺等多个领域获得突破,技术创新使运载火箭能够像飞机返回发射场(航天港)一样往返空间,并在加注燃料和简单维护后再次发射成为可能。另外,为构建和维持体系化稳定运行的航天系统,需要降低进入空间的成本,将一次性火箭发射单位载荷价格由目前的 6 000 美元/kg 降到 2 000 美元/kg 以下,以"轨道革命"的形式促进发射需求呈指数级增长。这种大幅度降低入轨价格的运载器是一次性火箭无法做到的,必须采用 RLV 技术。因此,RLV 的技术发展是由航天技术创新的内在要求、用户与市场的外部需求共同驱动的。

(4)火箭动力是现实选择,吸气式组合动力是未来方向。在 RLV 的研制过程中,世界各国一般采取两条主线发展模式:一是火箭动力,另一条主线是吸气式组合动力。火箭发动机技术经过数十年发展已经相对成熟,并成功运用于一次性火箭和部分重复使用的航天飞机上,因而比较容易在短期内实现。与火箭动力相比,吸气式组合动力可以在不同的飞行高度和马赫数条件下启用最优的工作模式,达到最佳的加速和巡航要求,能够充分利用大气中的氧减轻自身的起飞重量,成为未来最有前途的动力系统。在 20 世纪 90 年代各国吸气式动力的单级入轨空天飞机计划因技术难度较大而夭折后,各国都采取了比较务实的做法,RLV 先发展较为成熟的火箭动力,后发展技术难度更大的吸气式组合动力。

(5)两级入轨是近期重点,单级入轨是终极目标。单级入轨 RLV 具有系统简单、高性能等潜在优势,但技术跨度较大,需攻克新型动力、轻质高效材料等瓶颈技术,短期内难以实现。在单级入轨 RLV 的发展史上,重点方案都因技术或资金问题而搁浅,遭遇了重大挫折,目前仅有 Skylon 空天飞机在进行相关研究,主要集中在"佩刀"发动机的关键技术攻关上。从主要航天国家的发展历程看,美国单级入轨项目 X - 30 计划和 X - 33 计划相继下马,预算花费超过 40 亿美元,使得各国发展 RLV 的策略上采取更加务实和慎重的态度,近期多以综合考虑了系统复杂程度和技术攻关难度的两级入轨 RLV 为发展重点。美国的试验性太空飞机(XS - 1)、俄罗斯的"可重复使用太空火箭第一级系统"(MRKS - 1)等,都是两级入轨 RLV 的典型代表。

(6)垂直起飞/水平返回是主流方向,垂直起降是有益补充。在目前条件下,垂直起飞/水平返回和垂直起降是火箭动力两级入轨方案中的两大主要研究方向。对于火箭动力的两级入轨 RLV 而言,采用垂直发射方式,起飞和飞行时主要承受轴向载荷,结构设计简单,同时垂直起飞能够快速穿越大气层,气动阻力损失小。返回方式根据不同的气动外形,可以选择垂直降落或者水平降落:火箭外形采用垂直降落,结构设计简单,用于着陆的结构附加重量较小,但是要求发动机具备大范围推力调节能力;带翼外形可采用水平降落的模式,利用大气阻力进行着陆前减速,但是飞行中气动阻力和气动加热比垂直降落大,需要在机翼和机身部位采取防热措施,另外水平着陆还需较长的跑道进行滑跑减速。水平返回的带翼重复使用运载器具备优异的高超声速飞行能力和快速响应能力,可发展成为具有战略威慑性的军用空间飞机,因而成为各航天大国和集团研究的主流方向;技术难度小、具备低成本特征的垂直起降则受到私营航天公司青睐,重点开发适应廉价商业发射需求的重复使用运载器。

参 考 文 献

［1］　总编委会.国防科技名词大典［M］.北京:航空工业出版社,2002.

［2］　徐大富,张哲,吴克,等.垂直起降重复使用运载火箭发展趋势与关键技术研究进展［J］.科学通报,2006.

［3］　余梦伦.两级入轨重复使用运载器的方案探讨［J］.装备指挥技术学院学报,2006.

［4］　果琳丽,刘竹生,朱维增,等.未来运载火箭重复使用的途径选择及方案设想［J］.导弹与航天运载技术,1998.

［5］　冯韶伟,马忠辉,吴义田,等.国外运载火箭可重复使用关键技术综述［J］.导弹与航天运载技术,2014.

［6］　杨先碧.第一款可重复利用的火箭［J］.科学启蒙,2013.

第4章 低污染和预包装液体火箭发动机技术

4.1 引 言

低污染液体火箭发动机技术主要包括"环保"或者"绿色"两方面。而低污染的影响主要体现在对环境物体,包括植物、动物、水质、人类有机体等的影响。通常推进剂都是根据它们的环保级别来划分的。因此,要考虑推进剂在整个任务运行阶段即运输、贮存、燃料的加注和排出、地面试验,以及推进系统可能出现故障的过程中对人类和环境的影响。因此,采用对环境和人类影响最小的推进剂是低污染发动机研究的核心追求。

4.2 低污染发动机技术

液体推进剂对生态的影响和危害主要是不同的工作阶段发生意外时产生的,并不是在日常管理和运输时产生的,总之,液体火箭发动机用的环保型推进剂如下:氧化剂为液态氧和过氧化氢,燃料为液化天然气和纯甲烷,以及酒精(甲醇和乙醇)。

液态氧是火箭技术中使用的第一种氧化剂,它在广泛的操作温度范围内,具有的黏度和高气化率可以与燃料很好地结合。氧是无毒的,且对大多数结构材料没有腐蚀性。在液体火箭发动机技术中,只有含最少量杂质的液态氧可以使用,因此安全条例中规定不含石油和乙炔。液态氧为透明的浅蓝色液体,固态氧为浅蓝色晶体。除了惰性气体以外,氧可以与其他所有化学元素形成化合物,在室温下,其氧化反应速率适中,但是随着温度升高和催化剂的使用,其氧化反应速率急剧增高,低温时金属的氧化相当缓慢,液态氧几乎不会对贮箱产生任何腐蚀。液态氧沸点低、汽化热适中,因此即使很小的热量也可使液态氧气化。最普通的结构材料合金钢,铝和铝合金用于液态氧的贮存和运输,它们在受到冲击时仍保持弹性(冲击是指低温时在适当的范围内)。有色金属和合金的力学性能随着温度下降而提高,尤其是铜及其合金广泛地和铝、铝合金在低温下一起使用,也可使用塑性聚合物,它们具有密度小、热导率低、抗腐蚀性高的特点。随着温度的下降,大多数聚合物的黏性和塑性也会下降,而其强度和硬度增大。

20 世纪 30 年代首次建议在液体火箭发动机中使用过氧化氢,高浓度(>65%)的过氧化氢水溶液被用作液体单组元推进剂或蒸汽源和气体源,用来驱动飞机、导弹和鱼雷推进系统的涡轮泵。过氧化氢是一种不稳定化合物,可以自行分解为水和氧气,其分解速度取决于温度,温度每提高 10℃,其分解速度几乎增加一倍,分解过程还可借助推进剂——一般为固体——产生蒸汽和气体,用于驱动液体火箭发动机涡轮泵。在火箭技术中浓缩的过氧化氢为标准规格,不同浓度的过氧化氢用处不一。

过氧化氢的密度随着水溶液浓度的增大而增大,随着温度升高而降低,当温度降低到固化温度以下,晶体从浓度为 90%~95% 的过氧化氢中沉淀并分离出来,因此在低温下使用过氧化氢将变得很复杂,要求使用绝热材料。存放在钝性材料容器中的高纯度过氧化氢为高稳定,产品在浓度为 90%～95% 时,过氧化氢保存在温度低于 30℃ 的容器中时,每年的分解速度约为 0.5%。要提高过氧化氢的抗分解性,一般是添加稳定剂,实际上有些材料会因为含有杂质而遭受腐蚀,如在生产过程中参杂到过氧化氢中的氯化物和硫酸盐,这些杂质和在过程产生的物质都会导致过氧化物分解。因此,高浓度过氧化氢要与稳定剂一起存放,且容器必要经过特殊处理,这些都是能确保过氧化氢贮存稳定性的必要条件,过氧化氢的兼容性随着不同的结构材料而变化。对于过氧化氢来说,最钝化的金属之一是含铜量最低的高纯度铝。含铜量大于 0.06% 的铝合金不适合制造高浓度过氧化氢的储罐。铝合金、镉镍钢、锡和聚乙烯都不能使用,短时间接触除外。石英、硼硅玻璃以及特氟隆相对于过氧化氢为惰性。银、铂、铜、铁和铅都是过氧化氢分解的强催化剂浓缩的过氧化氢与易燃物接触容易引起火灾,尤其是易燃物被灰尘、铁锈和水泥等污染,或者它本身就是过氧化氢分解的一种催化剂,在有机液体混合物中,过氧化氢是爆炸物,这些混合物对爆轰和快速加热很敏感。过氧化氢的室内浓度高于 26% 则会爆炸,但是只要遵循操作规程,过氧化氢还是相对安全的产品。

碳氢化合物燃料具有高放热特性、原材料来源广、具有一定的工业基础、成本较低且毒性小等特点,并且有在其他类型发动机中的使用经验,这些都增加了其作为液体火箭发动机燃料的可能。煤油是典型的碳氢化合物。随着温度的升高,其密度、黏度、表面张力及热传导都会减小,而饱和汽压和热容量都会增加。

俄罗斯的联盟号和闪电号运载火箭的主液体火箭发动机在蒸汽-气体发生系统中采用了高浓度氢氧化合物。其用途是产生并供给驱动涡轮装置工作的流体。工作流体即蒸汽和气体(水蒸汽和气态氧的混合物),是在催化剂作用下,由过氧化氢分解而形成的。涡轮装置驱动燃料泵和过氧化氢离心泵,发动机控制是由不同的压强和用于涡轮驱动的蒸汽流速来实现。

蒸汽发生系统由以下几部分组成:

(1)过氧化氢泵。

(2)液压减压器安装在泵出口的扩散段上,在发动机工作过程中用于维持反应器入口处必要的过氧化物压强。

(3)反应器过氧化氢在催化剂作用下,在反应器内发生分解。

(4)计量阀门,计量过氧化氢流入反应器的流量。

关闭过氧化氢线路上的阀门就可以关闭蒸汽发生系统。另外,联盟号和联盟-T号飞船在再入大气层和下降段的姿态控制和稳定性控制都是由反应控制系统来执行的,液体火箭发动机的伺服机构采用过氧化氢。

近年来,无污染火箭发动机燃料研究重点是基于低分子气态烃类的碳氢火箭燃料,例如甲烷含量不超过 96% 的液化天然气,常规纯甲烷(甲烷含量为 99%)。目前已提出将这种燃料与液态氧组合用于未来的液体火箭发动机,以便减少其研发和制造成本。全球 40% 的天然气储量集中在俄罗斯,目前天然气液化应不成问题,初步估计表明,对于已开发的技术基础来说,甲烷火箭燃料应该比煤油便宜一半。从计算和设计研究可知,甲烷燃料与氧组合在比冲方面稍微超过了煤油。根据热动力分析,在相同燃烧室压强下理想比冲的差额达到 100 m/s。另外,液化甲烷具有很好的冷却性能,可用于燃烧时再生冷却,然而,液体火箭发动机喷管冷却套中,甲烷的温度不应超过 760℃,在这个温度下,甲烷分解倾向于形成碳沉积覆盖在冷却套的通道上。

对于运载火箭,各国运载火箭主动力系统均已过渡到无毒无污染推进剂,见表 4.1,当前新型运载器主动力系统均以液氧/煤油或氢/氧推进剂组合为主。

表 4.1　几种运载火箭采用的推进剂组合情况

火箭类型	推进剂组合
Delta 4 系列运载火箭	芯级:RS - 68,LOX/LH$_2$ 上面级:RL10B - 2,LOX/LH$_2$
Atlas 5 系列运载火箭	芯级:RD - 180,LOX/RP - 1 上面级:RL10A - 4 - 2,LOX/LH$_2$
Ares 5 运载火箭	一级:RS - 68,LOX/LH$_2$ 二级:J - 2X,LOX/LH$_2$
阿里安 5E 系列运载火箭	芯级:火神 2,LOX/LH$_2$ 上面级:HM - 7B 或 VINCI,LOX/LH$_2$
安加拉系列运载火箭	芯级:RD - 191M,LOX/RP - 1 二级:RD - 0124,LOX/RP - 1

不同的上面级发动机(见图 4.1),各国都已转向采用 LOX/RP - 1,LOX/LH$_2$,LOX/LCH$_4$ 等无毒推进剂。低温推进剂组合需要低温深冷并有汽化现象,难以适应长时间和需要轨道机动的任务,H$_2$O$_2$/烃类、N$_2$O/烃类发动机等可贮存、无毒推进剂组合成为研究重点。

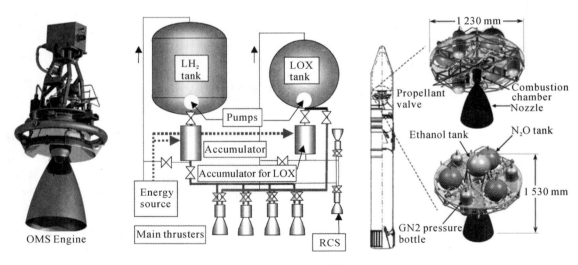

图 4.1　不同的上面级液氧煤油发动机

在航天飞行器轨姿控发动机无毒化方面,高能量、高密度、液态范围宽的 HAN、AND 等是无毒单组元推进剂研究热点。NASA 基本完成 HAN 单元推进系统的设计和评价,密度为肼的 1.4 倍,冰点 -35℃;2007 年,Aerojet 公司和雷神公司对以 HAN 为燃料的先进推进系统进行了飞行验证试验。图 4.2 所示为 HAN 基推进剂推进系统试验照片。但催化分解预热温度过高是制约 HAN 基推进剂应用的主要瓶颈之一。AND 比冲(3000 m/s 左右)高于 HAN,

密度比冲高于肼,主要以卫星上的姿轨控系统为应用目标。但燃烧温度比较高(接近 1 727℃),预热温度为 300~450℃。

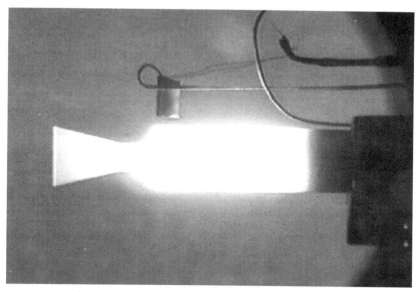

图 4.2　HAN 基推进剂推进系统试验

　　无毒的轨道机动系统/反应控制系统将为未来很多的计划提供实质性的好处,能够实现未来的成本空间、飞行器的生产并降低成本风险,因此,建议在初步阶段先进行无毒轨道机动系统/反应控制系统的可行性证明,第二阶段将开发一个技术成熟度为主的系统。最后的任务是将这一技术应用到各种飞行器和飞行任务中,而不是仅限于轨道机动系统/反应控制系统。最后还应牢记,在这个领域中存在着一些潜在的适用于推进和非推进领域的商业用途和优势。优势是燃料性能较高、燃料安全性较高、涂层寿命较长、涂层温度高、隔振、低温贮存寿命较长,而且更便宜地把有效载荷送到轨道。商业用途包括粒子的形成,涂料添加剂,赛车燃料添加剂、低温液态和固态存储系统,低温冷却器,固液组合气流量系统以及火箭推进剂配方。

4.3　预包装发动机技术

　　目前使用的多数液体火箭燃料对结构材料的剧毒和腐蚀性,使火箭的战斗准备过程大大复杂化,并使它的日常维护变得不安全。这就需要给技术人员穿戴上专门的抗酸保护衣和防毒面具,要有复杂的和昂贵的地面加注设备,广泛采用消防和中和设备。由于高的化学腐蚀性(在使用冷却组分时的高挥发性),液体火箭发动机通常在储存时不加注。在使用前直接把液体组分装填到燃料箱中。这些都大大地降低了液体火箭发动机导弹的战斗效能。

　　为克服上述缺点,近年来出现了预包装液体火箭发动机的动力装置。尽管在制造预包装发动机各个组件时采用的结构方案有很大的不同,但它们的共同点是燃料组分在生产厂中就已经事先加注在燃料箱中。燃料加注之后,加注口通常被焊死,于是就得到了独特的封闭体。

　　这种加注自燃燃料(呈化合物形式)组分的发动机使火箭的应急使用期保持 10 - 15 年。因此,适用于能量效率最佳、但毒性大的液体燃料组分上。

预包装发动机可以是可拆卸的,也可以是不拆卸的。生产预包装发动机各组件和部件的工艺与通常的液体火箭发动机相同。这样便于部件生产的标准化,降低生产成本。

在预包装发动机中,既可使用泵系统,也可使用把燃料组分送到发动机燃烧室的挤压式系统。但通常在预包装发动机中使用挤压式系统比较理想,因为在这种情况下,结构相对简化,送往燃烧室的燃料组分的供应平衡更易改善,更有利于减少发动机工作结束后的残留燃料的数量。但是这样的系统工作时间却受到从箱中挤压燃料的工质——气体储量的限制。

为了避免在弹上使用重量上不能满足要求的空气蓄压器,通常可以采用固体燃料气体发生器。在气体发生器中,通常采用沟槽式燃烧的单块装药。它是慢速燃烧固体装药。根据发动机所要完成任务的不同,或者采用递增面燃烧燃料,或者采用中性燃烧燃料。在采用递增面燃烧情况下,进气压力是随着时间而增加的。燃料组分的消耗和发动机的推力也相应地随之增加,在工作结束时压力达到最大值。

在中性燃烧情况下,进气压力、燃料组分的消耗和推力,在预包装发动机工作的大部分时间内大体上保持为常数。固体燃料气体挤压系统的优势是在发动机的工作过程中具有反复关车和启动的能力。但是,这类气体发生器的缺点也很明显:固体燃料对装药的起始温度变化很敏感,固体燃料成份不均匀也会引起的燃烧的不稳定,还有火箭长期保存和其他原因可能引起燃料装药中出现小裂缝。除此之外,结构元件特别是燃烧室和发动机喷管的热防护是复杂的课题。在许多情况下,这个问题是这样解决的:把火箭发动机燃烧室整个地或部分地放置在某一个推进剂箱之中,通过冷却剂组分流过冷却通道的办法,实现燃烧室和喷管的对流再生冷却。该冷却通道是由火箭发动机的燃烧室的外层和保护套形成的。

为了防止冷却剂组分在发动机工作之前进入冷却通道和燃烧室头部,可使用轻的爆炸薄膜盖住冷却通道的入口。该爆炸薄膜在发动机起动时会在推进剂舱增压过程中被燃料组分的压力冲破。燃烧室的这种热防护系统还能降低燃烧室和喷管壁上的燃烧产物过大的剩余压力,因此能使发动机的结构更轻。

燃料可以在发生器气体对液体组分液面的直接作用下从推进剂箱中挤出去。如果气体由于热力学参数或化学反应方面的原因,而不能用来直接作用到哪怕是一个组分的液面时,那么,就使用挤压活塞或塑料袋。在下述具体条件下,即液体发动机燃烧室在推进剂箱的配置位置使结构变得复杂时,则把它置于隔舱之外,而燃烧室和喷管的冷却设备按一般方法配置。在国外,最简单的预包装发动机中,通常都没有任何调节发动机工作状态的自动器。在这种情况下,用膜片控制燃烧剂和氧化剂流量,甚至由气体发生器向燃料箱供应的工质也是用膜片控制的。

目前,单双组元轨姿控发动机预包装的关键技术——贮箱、全位置焊接、高可靠密封、无损检测等技术已经突破。但是,由于长期受运载火箭发动机思维模式的影响,潜射弹道导弹轨姿控发动机在推进剂贮存系统接口、总装方案优化设计、系统使用流程优化等方面亟待完善,使得预包装技术更好地实用化。

当前推进剂预包装贮存系统在应用中突出的问题是系统可能泄漏的接口多,贮存系统的安全性设计不够健全,不能给用户预包装贮存推进剂的足够信心。特别是易燃易爆的推进剂在贮箱内没有被独立地封闭,管路接头和系统接口均给用户留下了不安全的印象,需要对系统进行充分的安全性设计和使用流程设计。

　　解决的办法是推进剂贮存系统设计成独立全焊接系统,推进剂预装填后交付部队使用。推进剂预包装后的推进剂贮存系统为模块式、可检测全焊接整体,具有极强的抗环境影响甚至严重意外事故能力,可独立贮运的推进剂贮存系统采用类似电池和火工品的形式挂弹,安全性可以保证。

　　图 4.3 为推进剂贮存系统的模块化方案。高压气贮存系统可以采用类似的方案,一次充气可保压数年。液体轨姿控发动机的预包装技术 20 世纪 80 年代就已经在铁路机动的 MX 导弹上得到应用。

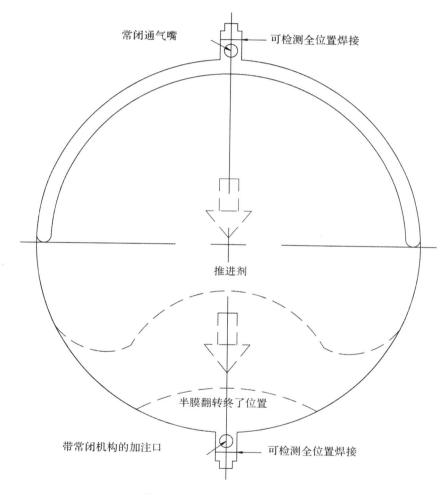

常闭通气嘴　　　　　　　　　　可检测全位置焊接

推进剂

半膜翻转终了位置

带常闭机构的加注口　　　　　　可检测全位置焊接

图 4.3　推进剂预包装模块方案

　　液体和凝胶发动机推进剂虽然可以采用预包装贮存,但是高压气的充气工作仍然给作战使用带来了不便。预包装技术的全面的、最好的解决方案是进一步采用固体热气发生器增压。

　　热气挤压技术实际上已经在大型运载火箭贮箱上得到应用,而民用的汽车安全气囊增压也采用了固体氮气发生器。轨姿控发动机增压压力高,热气增压存在一定的技术难度。热气挤压技术的关键是推进剂热防护。乌克兰研制的膏体发动机的推进剂供应就采用了长程耗气的燃气发生器挤压技术,完全免除了使用维护操作。美国高空拦截弹头液体和凝胶双组元轨姿控发动机也正在研究热气发生器挤压技术代替原有的氦气和氮气挤压供应方案,简化使用维护操作,其挤压压力高达 12 MPa 以上。常用的可贮存推进剂是 NTO 和肼类,氧化剂 NTO 的爆燃温度很高,实现燃气挤压不存在问题。肼类燃料中,UDMH 爆燃温度高达 345℃,采用热气挤压也比较容易实现;而 MMH 和 N_2H_4 热爆燃温度为 290℃ 和 252℃,实现热气挤压供应的难度依次增加。因此,单组元肼采用热气发生器增压还需要在推进剂上采取一定的技术措施。

考虑推进剂、贮箱、气瓶承受能力,热气挤压系统可选择发气量很低的低温热气发生剂。由于热气温度远高于冷气,且密度较低,增压气体需求量并不增加,同时热气温度相对很低,采用热气增压,对气瓶、减压阀和贮箱重量影响均不大,但给使用维护带来的优点非常明显。保守的热气增压系统方案如图 4.4 所示。液体单、双组元和凝胶轨姿控发动机系统如果在推进剂预包装基础上实现热气发生器挤压供应技术的突破,将对导弹武器液体轨姿控发动机的使用维护性能带来革命性的影响。其最低要求是实现 NTO/UDMH 双组元姿控发动机推进剂的热气挤压供应,最终目标是实现肼基单组元推进剂的热气挤压供应。

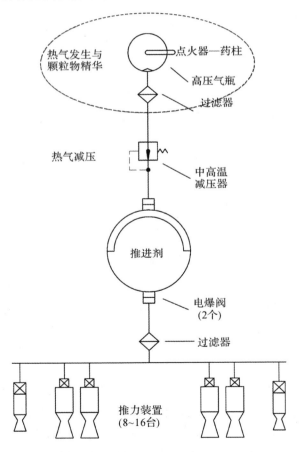

图 4.4 热气挤压供应推进剂的单组元系统

参 考 文 献

[1]　张海燕. "绿色"火箭推进剂及其制造新工艺[J]. 推进技术，DOI：10. 16338/j. issn. 1009 − 1319. 2001. 12. 017.

[2]　R S HAMILTON. Energetic Oxetane Thermoplastic Elastomer Birders. AD − A278307.

[3]　HAMILTON，R SCOTT. A Fully Recyclable Oxetane TPE Rocket Propellant. Int. Annu. Conf. ICT 1999，401 − 406.

第5章 其他先进液体火箭发动机技术

5.1 引 言

在液体火箭发动机技术不断创新过程中,先进的喷管技术及其材料技术也是发动机研制过程中的重要内容。这些内容和前面几章密不可分。但相对而言,喷管及其材料技术研究具有更广泛的意义。因此,本章单独对这些内容进行介绍。

5.2 新型喷管

对于飞行动力系统来说,其设计状态是针对特定工况的,对于低空和高空状态效率是不一样的。尤其是对于单级入轨发射运载器确保火箭发动机在海平面、高低空都能高效地工作是非常大的技术挑战。当火箭发动机排放的燃气在喷管出口处压力等于环境背压时(此即设计状态),其性能达到最佳值。而运载器上升过程中高程变化导致的环境背压巨大差异会严重地影响发动机的效能。图 5.1(a)(b)给出采用钟型喷管的常规火箭在不同高程处的运行特点,对于几何形状固定的钟型喷管,只能针对一个特定的高度进行设计。这样,当火箭在低于设计高程的低空工作时,喷管出口处燃气是过膨胀的,它会从喷管壁面分离(见图 5.1(c)),这不仅造成推力下降而且可能引起强烈的振动和应力。当火箭在高于设计高程的高空工作时,喷管出口处燃气是欠膨胀的,它离开喷管后继续膨胀(见图 5.1(d)),这同样造成推力的不足而且浪费了大量的燃气化学能。显然,过膨胀和欠膨胀都会造成喷管性能损失。因此,对于固定形状的钟型喷管,最佳面积比的设计原则是要使得时间平均比冲最高,而实际中人们宁愿将面积比选得低些,以免低空运行时出现流动分离。总体来说,目前使用的钟型喷管火箭发动机技术已经较为成熟,很难找到从根本上大幅度提高其性能的途径。

因此,常规火箭发动机只能采用固定喷管的多级火箭或可调喷管的单级火箭来解决高程补偿问题,但它们都会增加发动机的重量并降低运行的可靠性。因此,探索能够适应环境压力变化的高度补偿喷管对提高发动机性能具有重要意义。本节主要介绍当前发展较好的双钟形喷管和塞式喷管技术。

5.2.1 双钟型喷管

双钟型喷管包括基喷管和延伸段喷管两部分,在壁面转折点的控制下能够随环境压强的变化调整工作模式来实现高度补偿,低空工作模式时基喷管完全膨胀,延伸段气流呈现大尺度分离,高空工作模式时基喷管出口流压强高于环境压强,气流完全附着延伸段壁面,性能接近大面积比钟型喷管,避免了传统钟型喷管在不同高度工作所带来的过膨胀或欠膨胀损失。20世纪后期,高度补偿喷管受到了许多国家的关注,美国、欧洲、日本开展了大量的数值模拟和冷热试验研究,我国也开展了塞式喷管型面设计和性能优化计算,进行了不同结构型式塞式喷管(瓦状和二维)的计算和冷吹风试验,对双钟型喷管开展了型面设计、流场结构的数值模拟和冷吹风试验。不论是塞式喷管,还是双钟形喷管(见图5.2),都希望在现有氢氧火箭上作有限的改动来大幅度提高发动机的性能。

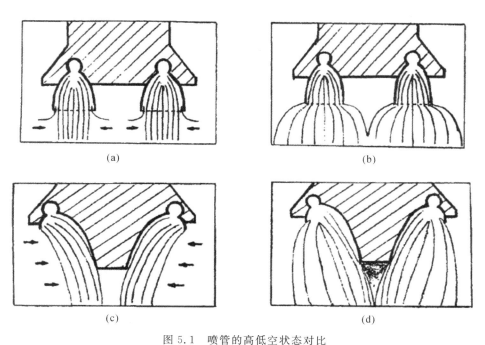

图 5.1 喷管的高低空状态对比

(a)钟型喷管低空运行; (b)钟型喷管高空运行; (c)塞式喷管低空运行; (d)塞式喷管高空运行

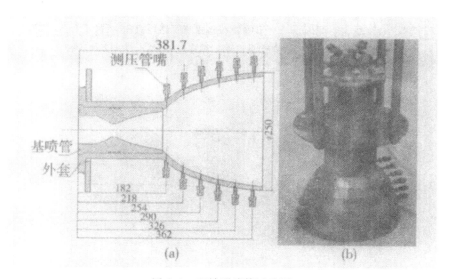

图 5.2 双钟形喷管试验图

5.2.2 塞式喷管

塞式喷管和双钟型喷管都具有很好的高度补偿能力,塞式喷管的半开放流场结构,能够自动适应外界环境压强变化,在整个飞行高度均具有较高的性能;单级入轨使得某种形式的高程补偿成为一种必需,塞式喷管发动机则是能够对高程变化进行自动调节的新颖设计。它在结构上的突出特点是没有常规的钟型喷管,而代之为一个中心柱塞。发动机排放的燃气外侧直接暴露于环境大气中可以自由膨胀,内侧则作用于柱塞上产生推力。这样,燃气的膨胀程度是受大气环境制约的(见图 5.3(b)(c)),在其自由边界上总是达到当时的环境背压,因此在所有高程上都运行在最佳性能点处附近。这样,塞式喷管仅凭借自身结构的巧妙布置便获得了对环境的自适应能力。

在塞式喷管发动机中心柱塞的末端处,壁面压力和投影面积均为最小,因此该部分对发动机推力的贡献最小。这样,将中心柱塞截短并不会显著损失推力等性能,却能使发动机的长度大幅度减小,从而重量大大下降。例如,一个理想等熵柱塞的长度约为 150 锥的 1.5 倍,而根据喷管性能与重量的折中考虑,一般可选取柱塞长度为 150 锥的 20% 以下,中心柱塞的截短在喷管底部区和尾迹区形成了两种不同形态的流动。

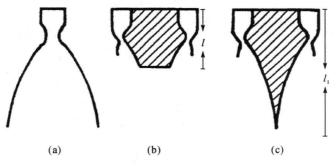

图 5.3　钟形喷管与塞式喷管结构对比
(a)钟型喷管;　(b)气动塞(截短塞式)喷管;　(c)塞式(全长等熵)喷管

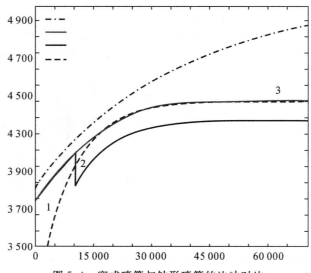

图 5.4　塞式喷管与钟形喷管的比冲对比

　　图 5.5 给出了气动塞喷管的流场示意图。燃气主流从燃烧室排放出来膨胀并形成"半受限"射流,其外侧发展为自由边界,而内侧受柱塞壁面约束;当燃气射流越过柱塞底部拐角后,在射流内边界和底部流之间形成自由剪切层;燃气主射流在下游中心轴线处再附并通过一个尾激波再压缩;燃气从底部端缘拐角处分离的自由剪切层将底部区低速回流包围在其中,从底部引射的二次流还会使该"分离气泡"进一步伸长,形成一个类似于被截掉部分柱塞的"气动"型面。这就是"气动力塞"或"气动塞"名称的由来。

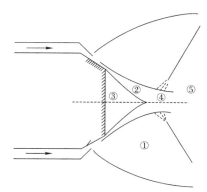

图 5.5　"气动塞"喷管流场示意图
①无黏流;　②剪切层;　③底部流;　④再附区;　⑤尾流

　　气动塞发动机的主要优点为:①能够采用大面积比的短喷管来产生优异的高空性能,这点对于大部分时间运行在高空段的火箭发动机来说尤为重要。冷流实验结果表明:面积比为150、轴向长度为 10% 的型面气动塞喷管,在有二次流条件下喷管效率最高可达 98.6%。②可以同时确保海平面运行正常和低空性能良好。对上述气动塞喷管的冷流实验结果还表明:在低空运行时的低压比情况下,效率亦可达到 95% 以上。因此,气动塞喷管发动机的整体性能明显高于相应的钟型喷管发动机。③高程补偿能力允许气动塞发动机采用气体发生器循环,这种循环不仅系统最简单、技术最成熟,而且可以进一步降低发动机的尺寸和造价。④作用在喷管底部的压力可以补偿柱塞截短造成的性能损失,引入少量二次流可以进一步改善喷管性能,并提供了一个利用涡轮排气的方法。

　　气动塞喷管中主要气动力学过程涉及到无黏主流场、黏性剪切层、底部核心回流区、再附区和尾迹区等基本的流动区域。气动塞喷管的性能取决于喷管的几何参数、二次流的引进方式与数量以及燃气主流与二次流之间的相对能量等。下面的讨论将进一步揭示(除了前面已经阐述过的燃气射流外边界的自由膨胀机制外)气动塞喷管高程补偿的气体动力学机制。

　　当喷管在高空运行时,燃烧室压力与环境背压之比(即"落压比"或简称"压比")很高,尾迹是闭合的,底部压力为常数,它不受外界环境的影响,而且往往是高于相应高度处的环境背压,从而产生一个作用于喷管底部的正推力。在"闭尾迹"流动状态下,控制底部压力的主要机制是流动再附。

　　将少量二次流引入底部区时,底部压力增加,主流内边界的碰撞角减小;当二次流量增加到使主流内边界不再撞在尾迹轴线上时,由底部泄放的二次流体便会通过核心区进入到尾迹中。在"闭尾迹"工况下,喷管底部压力不变,便于性能计算;而在"开尾迹"工况下,可能出现流动的振荡并导致结构的振动。因此人们希望气动塞喷管有尽可能长的"闭尾迹"运行期。一般而言,塞式喷管的面积比越小或者中心柱塞的长度越短,便可在较低的高程处达到"闭尾迹"工况。这也是人们宁愿使用短柱塞(或气动塞)的一个原因。

气动塞喷管流动的另一个特点是:超声速燃气流的膨胀——压缩过程使得流场内形成了十分复杂的波系结构,除了膨胀波和压缩波外,还出现了悬挂激波(亦称包络激波、内激波等)、唇激波、尾激波及马赫盘等各种激波。对于气动塞喷管,可以这样来选择其长度:使得在所有流动条件下在中心喷管侧壁上保持设计的压力分布。在"闭尾迹"工况下,高程补偿是靠进入分离区和近尾迹的膨胀波和激波的相互作用下的底部压力的改变来实现的。随着喷管压比的显著下降,流动图像将发生本质的变化。其原因是悬挂激波和燃气射流内边界的相交点随着压比下降向上游移动,当达到再附点(尾迹颈部)时,尾迹开启,此时喷管底部区开始感受环境背压的影响。在"开尾迹"工况下,底部压力不再恒定而且随着背压的增加而增加,它大体上等于环境背压(一般亦稍高于环境背压)。进一步减小压比时,悬挂激波还可以前移与喷管型面相交,造成主流的再压缩,增加壁面压力(可以大大高于环境背压和底部压力),这样可使常规的大面积比喷管在低空运行时出现的过膨胀损失减小一个数量级。这两点便是低空"开尾迹"运行期中高程补偿的机制。由于尾迹的开启和闭合,气动塞发动机在中等压比时性能有所下降。

相对传统火箭发动机,塞式喷管发动机体积小、重量轻,在整个飞行高度均具有高性能并且易于与运载器底部相配合,可望成为未来先进运载器的动力装置。塞式喷管用于现有火箭发动机系统,可望仅作有限的改动便可大幅度提高发动机的性能。

20 世纪 70 年代,塞式喷管发动机曾一度计划用于航天飞机主发动机,20 世纪 90 年代以来,塞式喷管技术在美国、欧洲、日本和中国受到广泛关注和研究。虽然由于液氢燃料储箱超重和研究经费短缺等原因,美国以塞式喷管发动机为动力的"X-33"运载器计划被终止(见表5.1),但塞式喷管发动机成功进行了地面热试车。截至目前,国内外对塞式喷管技术的小规模研究仍在继续进行。

从 1997 年起,中国也开展了塞式喷管的理论和实验研究工作。在实验研究方面,先后进行了固体推进剂热试车、气氧/酒精推进剂热试车、大量冷流试验和气氢/气氧推进剂热试车。研究的塞式喷管也包括了直排、环排、一单元、多单元、平板塞锥、瓦状塞锥、轴对称内喷管及圆转方内喷管等多种结构形式,获得了大量有价值的实验数据。热试车实验主要经历了两个阶段,第一阶段是塞式喷管概念探索研究,主要是初步验证塞式喷管的高度补偿特性,此时还没有成熟的型面设计方法,喷管的性能较低。经过理论研究和大量的冷流实验后,塞式喷管型面设计和优化方法逐渐成熟,经过型面优化设计的塞式喷管在热试实验中获得了较高的喷管效率。

表 5.1　X-33 及 VentureStar 运载器的直排型气动塞发动机性能

	XRS-2 200	RS-2 200
推力/kN		
海平面	920	1 920
真空	1 190	2 200

续表

	XRS-2 200	RS-2 200
比冲/s		
海平面	339	347
真空	439	455
推力室个数/个	20	14
推进剂	O_2/H_2	O_2/H_2
混合比(O/H)	5.5	6.0
燃烧室压力/kPa	5 900	15 500
循环	气体发生器	气体发生器
面积比	58	173
推力调节/(%)	40~120	18~109
推重比	35	83
差分节流	±15%	
尺寸/cm		
前端	338(宽)×224(长)	640(宽)×236(长)
后端	117(宽)×224(长)	236(宽)×236(长)
高度(前至后)	201	432

多模块组合式结构还导致一种新的推力矢量控制(TV)C方式(见图5.6),即可以通过对不同模块的节流来实现运载器上升阶段中的俯仰、偏航和滚转以及加速度控制等。这样就无需常规火箭发动机的机械常平架。由于没有作动器、液压装置和柔性推进剂馈送管道等系统,发动机的重量进一步大幅度下降,其运行可靠性亦有所增加。

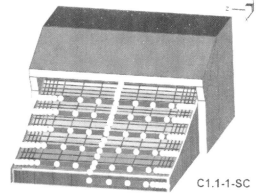

C1.1-1-SC

图 5.6 塞式喷管试验结构与仿真模型

5.3　新　材　料

对于液体火箭发动机来说,提高性能意味着壁面温度提高,热防护困难,需要使用新材料技术。卫星和航天器的推进系统装上了使用高性能四氧化二氮和一甲基肼双元推进剂的火箭发动机已取得成功,其原因之一是其燃烧室和出口喷管使用了高熔点的材料体系。使用一甲基肼和四氧化二氮推进剂组元的小型辐射冷却地面可贮火箭发动机,因为使用了以钼作为燃烧室材料,在 20 世纪 60 年代有了很大发展。钼的熔点接近 2 600℃,但在 450℃ 以下时易氧化。二硅化钼扩散连接涂层能防止母体材料的氧化,对这种涂层的研究提供了一种方法,使发动机在 1 650℃ 的燃烧室温度下工作。阿波罗反作用控制系统上所使用的是典型的钼燃烧室。这一材料的缺点在于它不能和不锈钢及钛合金喷管进行焊接,特别是在点火时碰到的较低温度下其延展性很差。对于每一种情况下,钼燃烧室随机出现的冷凝相点火(尖峰信号)可能不能包括在内。但是此种材料确实表现出了它在高温下的使用寿命很好。在使用其他组合推进剂时,它将仍然是一种有价值的材料。

5.3.1　铌(钶)合金材料

由于钼的力学性能(延展性)不好,引起了对铌(钶)合金材料的研究,铌(钶)合金可与钛合金进行焊接,在低温下表现出极好的延展特性。虽然铌的熔点也很高,但在低温(60℃ 以下)下呈现很高的氧化速率。已开发出能提供解决这一低温氧化问题的氧化防护涂层。含有硅、铬、钛成份的熔融的 R-512A 涂层能解决 1 550～1 600℃ 温度下的氧化防护,这一温度比钼基材料稍低,但它足可满足小型发动机所用喷管系统的需求。这类材料看来为 21 世纪的卫星提供了所需的工作能力。使用这一涂层进行的试验表明,铌的寿命超过了 15～30 h,但是要受到喷管结构和飞行任务周期的影响。可供卫星和载人飞行器所用的典型的铌合金燃烧室/喷管的合金成分为 C-103:89%铌、10%铬、1%钛。

一种 22 N 小推力发动机的铌燃烧室喷管是小型姿控发动机所需的典型产品,这一构件的结构加工较为简单,能与钛合金(或铌合金)喷管界面进行焊接,保证防漏密封,另一种 890 N 的铌燃烧室/喷管结构稍为复杂,因为在铌燃烧室/喷管上焊上了一个钛合金喷管延伸段。

航天飞机用反作用控制系统的小推力发动机燃烧室喷管结构代表了加工技术的顶点,这一结构的设计是为了能装在航天飞机轨道器机身内部,该机身要求有一个三维喷管型面,并且带有多个大于 90°的弯曲。

材料系统的延展性,使得再无必要把工作状态限制在短的电脉冲宽度和潜在的点火过压下。按惯例应在不加载荷循环条件下承受 3～5 ms 宽度的电脉冲。由于 R-512A 涂层和铌的热膨胀系数不相匹配,在受到多次热循环时(点火的延续使燃烧室材料超过了 500～600℃),

这种材料系统的寿命潜力是有限的。热瞬变过程中 R-512 涂层的龟裂和破裂引起了在前一个循环过程中产生的裂纹的氧化,最终导致涂层的剥落和暴露出底材。

为寻求具有高性能、高寿命的能力,促成了对新的材料系统的研究,以便使材料提高抗氧化能力,并能在更高温度下工作。看来具有这一能力的材料系统是碳化硅/碳化硅蒸汽沉积系统、铼/铱系统和金属基陶瓷。

在过去 30 年里已经研究了多种高温材料系统,与这些材料系统有关的问题是在低温下较高的氧化速率。

具有优良结构和加工特性的材料的氧化通常似乎要比低温下可使用的材料的氧化要快得多,而氧化性能较差的材料偏又缺乏合适的结构特性(脆性),并且生产价格昂贵。

显然,材料和独特的加工技术的组合有可能产生一种材料系统,该系统能在高温下工作且保持最低的氧化速率,与此同时又能表现燃烧室在经受热循环和高速率压力循环的条件下所需要的结构特性。

有两种材料体系目前正在玛夸特公司研究之中,这两种材料体系有可能满足上述要求,这两种材料体系是:①碳化硅陶瓷基类复合材料。②铼/锆氧化物层压金属陶瓷基复合材料。对这两种材料所做的试验都已完成,这两种材料系统都显示了很大的潜力,今后可以用到要求高性能和高寿命的系统之中。

5.3.2　碳化硅陶瓷基复合材料

20 世纪 60 年代曾对碳化硅和其他类似的陶瓷类材料就它们在液体火箭发动机中的应用作了研究,对一系列用烧结的碳化硅和在石墨基底上蒸汽沉积的碳化硅制作的火箭发动机燃烧室喷管喉道做了评定。虽然该材料系统在接近 1 700℃(此时碳化硅已被氧化成氧化硅)的温度下,显示了优异的抗氧化性能,但以这种镶嵌方式用于火箭发动机却因其抗热振性能不佳而被取消。

玛夸特公司的蒸汽沉积研究工作由于热振现象基本上已被废除,但欧洲推进协会在碳基复合材料方面的研究工作正在继续进行。

这一工作的完成开创了新复合材料系统的研究,此种新材料体系将把复合材料多向织物的力学上的优越性与陶瓷的耐热化学性能结合在一起。

上述开发工作的成果便是可直接适用于液体火箭发动机的 CERASEP,它是由碳化硅蒸汽浸渍的碳化硅纤维制成的。

虽然 SiC/SiC 基复合材料在 SEP 公司一直是一个受到广泛研究的课题,但它的某些特性仍未完全弄明白。一个重要的问题是 SCI 纤维(Nioalon 及其类似材料)与蒸汽沉积碳化硅之间的相互作用。Nioalon 纤维是一种比较纯的碳化硅纤维,但是纤维中小量的杂质在 1 200～1 500℃温度范围内和存在纯蒸汽沉积碳化硅的条件下能起到促使纤维解聚的催化剂的作用。

最终复合材料基体便退化变成具有低热振特性的纯 SiC。

参 考 文 献

［1］ 王长辉. 塞式喷管气动特性的实验和数值模拟研究［D］. 北京:北京航空航天大学,2005.

［2］ JOHN MG, ERIC B. A status report on the development of a nanosat launch vehicle and associated launch vehicle technologies［R］. AIAA 2004 - 7003.

［3］ MORI H, TANIGUCHI M, NISHIHIRA R, et al. Experimental analyses of linear - type aerospike nozzles with and without sidewalls［R］. AIAA 2005 - 1350.

［4］ ERIC B, JOHN G. Aerospike engines for nanosat and small launch vehicles (NLV/SLV)［R］. AIAA 2004 - 6005.

[5] 丘哲明，陈明义，杨传荣，等. 导弹与航天丛书固体火箭发动机材料与工艺[M]. 北京：宇航出版社，1995.

[6] 王长辉，刘宇. 主要结构参数对直排塞式喷管性能的影响[J]. 推进技术，2004，25(5)：439-443.

[7] 郭宏杰，梁国柱，马彬. 爆震波多管点火特性实验[J]. 航空动力学报，2005，20(5)：895-899.

[8] 王长辉，刘宇. 塞式喷管热试试验研究[J]. 火箭推进，2007，33(4)：1-7.

[9] 黄伟钢. 塞式喷管火箭发动机的研制[J]. 火箭推进，2003，29(5)：33-38.

[10] 王长辉，刘宇. 塞式喷管冷流试验研究[J]. 火箭推进，2006，33(3)：6-13.

第 2 篇　固体火箭发动机先进技术

第6章　大型固体火箭发动机

6.1　固体火箭发动机组成

固体火箭发动机是一种采用固体推进剂的化学火箭发动机。固体火箭发动机一般由安全点火装置、推进剂药柱、燃烧室、喷管组成，这是固体火箭发动机的基本组成部件，如图6.1所示。各组成部分通过螺栓或螺纹连接形式装配在一起，组成固体火箭发动机整体结构。

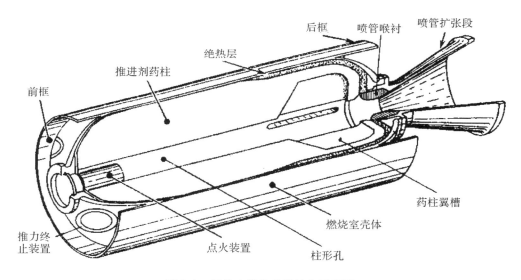

图6.1　固体火箭发动机结构示意图

1.固体火箭发动机安全点火装置

安全点火装置是固体火箭发动机的重要组成部分，它通常由点火装置和安全机构组成。点火装置能在极短时间内点燃主燃烧室内装药，使发动机正常工作。安全机构则能用来防止点火装置的意外发火，从而保证发动机不被意外点燃。

2.固体火箭发动机推进剂药柱

固体推进剂既是固体火箭发动机的能源，又是工质源。它在燃烧室中燃烧，将推进剂的化学能释放出来，转换为热能，以供进一步的能量转换。同时，燃烧生成的燃烧产物又是能量转换过程的工质。它作为能量载体，携带热能，在流经喷管的过程当中膨胀加速，将热能转换为燃气流动的动能，使燃气以很高的速度喷出喷管，形成反作用力，就是推动火箭飞行的推力。

为满足火箭发动机的技术要求，推进剂需要按一定的规律燃烧。为此，推进剂必须按一定的尺寸制成特定几何尺寸形状的药柱,装填到固体火箭发动机中。

3.固体火箭发动机燃烧室

固体火箭发动机的燃烧室是推进剂贮存和燃烧的场所,也是导弹结构的重要组成部分(其外壳是导弹外壳的一段),经受导弹贮存、运输、发射和飞行时的各种载荷作用。对于采用贴壁浇注的发动机,其燃烧室通常由壳体(金属壳体或复合材料壳体)、内绝热层和衬层组成。壳体承受内压和外载荷作用,内绝热层对壳体内壁进行热防护,衬层使药柱与内绝热层的粘结更牢固,并缓和药柱与内绝热层的应力传递。

(1)金属材料壳体。金属壳体材料多为合金钢,常用的合金钢有 32SiMnMoV,406 钢和马氏体时效钢等。金属壳体的强度高,但质量较大,一般用于导弹的下面级。图 6.2 所示为固体火箭发动机典型的金属壳体结构。

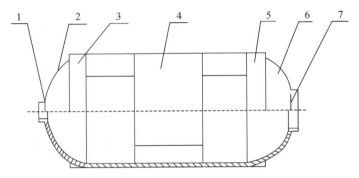

图 6.2　典型金属壳体结构

1-前接头；　2-前封头；　3-前裙；　4-筒体；　5-后裙；　6-后封头；　7-后接头

(2)纤维增强复合材料壳体。纤维增强复合材料由于具有很高的比强度,已成为制造高性能固体火箭发动机壳体的重要原材料。纤维增强复合材料的使用,可以大大减轻固体火箭发动机的结构质量。按强度设计的圆筒段,高强度玻璃纤维复合材料的质量要比钢的轻 $30\%\sim40\%$,有机纤维要比钢的轻 $60\%\sim70\%$,所以纤维壳体一般用于导弹的上面级。目前常用的纤维复合材料有玻璃纤维复合材料、有机纤维复合材料和碳纤维复合材料。图 6.3 所示为玻璃纤维缠绕壳体结构。

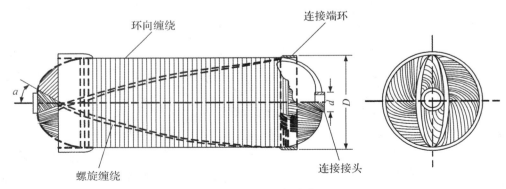

图 6.3　玻璃纤维缠绕壳体

4.固体火箭发动机喷管

固体火箭发动机喷管位于燃烧室尾部,通常由收敛段、喉部和扩张段三部分组成,是发动机能量转换装置。

喷管的主要功用:

(1)通过控制喉部面积的大小来保证燃烧室具有一定的工作压强,进而保证稳定燃烧;

(2)将燃烧产生的高温高压气体的热能转换成动能,燃气以高速从喷口排出,从而产生推力;

(3)改变推力方向,控制导弹的飞行姿态。

6.2　固体火箭发动机的发展及应用

我国是固体火箭发动机和固体火箭的发源地。早在公元 7 世纪的唐代就有了黑火药的配方,这是最早的固体火箭推进剂。公元 10 世纪的宋代出现了用火药作为动力的火箭。

1926 年,戈达德成功研制并发射了世界上第一枚用液氧/煤油作为推进剂的液体火箭发动机。而将液体火箭发动机应用于实战的是第二次世界大战期间的德国,以液氧/酒精作为推进剂的德国 V2 导弹是现代导弹的先驱。

火箭技术的发展总是伴随军事的进展。长期以来,固体推进剂的发展比较缓慢,直至 1932 年才发明了无烟火药(双基推进剂)。双基推进剂的出现,对于各种近程、小型的战术火箭武器的发展起着巨大的作用。双基推进剂的能量虽比过去的黑火药或单基推进剂的能量有所提高,却仍然不能满足远射程和宇宙航行的要求。从 20 世纪 50 年代以来,由于固体高能复合推进剂的研制成功与壳体相黏结的浇铸型内燃装药技术的应用,以及高性能壳体材料的采用,使固体火箭发动机向大尺寸、长时间工作的方向发展,加上它固有的结构简单、操作方便等特点,使得它在实现战略军事目标和完成宇航任务方面能与液体发动机相竞争,并越来越处于优势地位。美国于 1960 年开始将固体火箭发动机用于"北极星"AI 潜地中程导弹。苏联在 1982 年服役的 SS-N-20 潜地洲际弹道导弹和中国在 1982 年发射的潜地导弹用的也是固体火箭发动机。

当前,美国、俄罗斯、法国以及印度等国家服役的路基、潜基弹道导弹大多是采用了固体火箭发动机的固体导弹。并且空地、地空、空空、岸舰等战术导弹也基本是固体导弹。

固体火箭发动机除过作为军用导弹的动力装置外,在其他领域也的得到了广泛的使用,例如固体火箭发动机可以作为大型运载火箭的助推器、卫星变轨的修正发动机、飞行器降落时的制动发动机以及探空火箭的发动机等。

目前火箭技术比较先进的国家,在运载能力强的重型运载火箭所采用的高运载能力固体火箭发动机研发方面都做了比较大的投入,新材料、高能推进剂在固体火箭发动机中也得到了大量的应用。

6.3　高运载能力固体火箭发动机

重型运载火箭是指起飞质量在 2 000 t 以上,或者近地轨道(200 km 圆轨道)运载能力达到 90~100 t 以上的运载火箭,用于实现载人登月、发射大型有效载荷。高运载能力固体火箭发动机作为助推器是重型运载火箭首选。

6.3.1 高运载能力固体火箭发动机

1. SRMU 固体火箭发动机

SRMU 固体火箭发动机(见表 6.1)是美国"大力神 4"(Titan4)运载火箭的改进型捆绑助推发动机,由美国赫克里斯公司于 1987 年开始研制,代替联合技术公司研制的钢壳体 7 段式固体助推发动机,可使"大力神 4"火箭的有效载荷能力增加 25% 以上,即地球同步转移轨道运载能力增加 25% 以上,运载能力从 4 580 kg 增加到 5 810 kg。该火箭 1991 年 4 月进行首次全尺寸发动机静态试车,发生爆炸。经改进设计后,4 次试车全部成功。1997 年投入实际飞行,每次发射捆绑 2 台助推发动机。

表 6.1　SRMU 发动机主要性能与结构参数

参　数	单　位	性　能	参　数	单　位	性　能
直径	mm	3 200	总冲	kN·s	1 059 000
长度	mm	34 140	燃烧时间	s	128
总质量	kg	350 630	工作时间	s	140
质量比	/	0.890	推进剂类型		端羟基聚丁二烯(HTPB)
推力(平均,真空)	kN	7 560.43	喷管数量	/	1
推力(最大)	kN	8 451.58	喷管喉径	mm	812.8
燃烧室压力(最大)	MPa	12.47	喷管扩张比	/	15.7
比冲(最大)	N·s/kg	2 804	推力矢量控制	/	柔性喷管

(1)SRMU 发动机结构。SRMU 发动机的结构由燃烧室、喷管和点火装置组成。

SRMU 发动机燃烧室分三段,前段长 6.10 m,后两段各长 12.19 m,壳体材料为 IM-7 石墨纤维/环氧,安全系数要求 1.25~1.3。这种复合材料已经在"侏儒"导弹三级固体发动机、"飞马座"火箭三级固体发动机以及"三叉戟 2"(D-5)导弹发动机上成功应用。IM-7 石墨纤维是赫克里斯公司 20 世纪 80 年代初研制的一种较先进纤维,并且与树脂的界面性能很好,其拉伸强度为 5.5 GPa,拉伸模量 303 GPa,密度 1.77 g/cm³。环氧树脂系统为 HBRF-55A 双酚 A 环氧树脂,断裂伸长率 6.7%,密度 1.22 g/cm³,固化温度 121℃,玻璃化温度 138℃。这种树脂曾用于前面所述的各种发动机上。发动机分段之间用"U"形接头连接,接头用 D6AC钢制造,有一个定位闩,设两个 O 型圈,用 240 个销钉固定。壳体筒段和前封头由石墨纤维/环氧复合材料制成,后封头由 D6AC 钢制成。内绝热层由两种不同含量凯夫拉充填的三元乙丙橡胶制成。凯夫拉含量高的绝热层(代号为 122B)用在接头连接附近和钢制后封头内,凯夫拉含量低的绝热层(代号为 178A)用在其余部位。采用自动化缠绕工艺(WEI)成型。发动机前极孔附近有长度为 152.4 mm 的人工脱黏层,中间段两个对接端都有人工脱粘结构,而后段只有前对接端有人工脱黏层。发动机衬层为 HTPB。SRMU 的推进剂与 MX 导弹第一级发动机相似。SRMU 发动机由赫克里斯公司的巴丘斯(Bacchus)工厂浇注,混合机每锅混合推进剂量为 6 765 L,总量 11.79 t,每个发动机段需 11 锅。发动机前段药型是带 10 个翼槽的翼柱形药型,提供 40% 的初始燃面,中、后段为内锥孔圆柱型。前段和中段药柱之间的间隙为

63.5 mm,中段和后段药柱之间的间隙为 76.2 mm。推进剂固体含量 88%,Al 含量 19%,AP 含量 69%,黏合剂为 R45AS 型 HTPB,燃速为 8.1 mm/s(p=6.8 MPa),抗拉强度 0.6 MPa,最大伸长率 37%。

SRMU 发动机的喷管喉衬材料为三维碳/碳,推力矢量控制由柔性接头来完成,摆角±6°。柔性接头由 13 层弹性层和 12 层玻璃纤维/环氧增强层组成,防热栅由碳/酚醛制成。喷管固定体材料为 D6AC 钢,喉部绝热层为碳/酚醛,出口锥为石墨/环氧结构,出口锥绝热层为碳/酚醛。SRMU 发动机的点火装置中点火器为小火箭式,安装在发动机头部,质量为 27 kg,点火药为 HTPB 推进剂,燃烧时间 0.4 s,点火后峰值压力为 19.2 MPa。结构为单喷嘴式。

(2)SRMU 发动机的改进与发展。1989 年 2 月,SRMU 发动机的壳体与药柱发生了严重脱粘,不能进行试车。1989 年 3 月,大型混合机在混合 SRMU 的推进剂时发生爆炸,被迫推迟了 SRMU 研制计划。1990 年秋季,在转运一台 SRMU 时,因大型吊车失去平衡,使发动机从吊车上摔下来,引起大火,死亡 1 人,伤 9 人。1991 年 4 月 1 日,在进行首次全尺寸发动机(PQM-1)试车时,点火后 1.6s 发生爆炸,试车台被炸毁。试车台修复历时 10 个月,对这次试车失败原因的分析认为,设计人员未对气流雍塞作深入分析。在药柱中段和后段连接处,两段药柱端面间隙 76.2 mm,发动机点火初期,间隙中药柱燃烧产生的高速燃气向中心通道汇集,使间隙处药柱端部推进剂变形,并局部向内收缩,从而缩小了通道有效截面积,头部压力从 0.4 s 开始上升直至 12.64 MPa,即在点火后约 1.6 s 时壳体发生爆炸。壳体额定工作压力为 8.69 MPa,过压超过了壳体承载能力。SRMU 试车失败后,赫克里斯公司提出了事故分析模型,同时考虑气流相互作用和推进剂结构变化,采取的改进措施是将中间段和后段的前端面内孔药柱尖角改成圆角,这样中间段削去推进剂 567.5 kg,后段削去推进剂 649.7 kg,共削去 1 217.2 kg推进剂,共耗资 40 万美元进行了缩比(7%)发动机点火试验,获得成功,修改后进行的 4 次全尺寸静态试车也都获得了成功。

2.航天飞机 SRB(Space Shuttle SRB)

"航天飞机 SRB"是美国"航天飞机固体火箭助推发动机"(Space Shuttle SRB),由美国锡奥科尔(Thiokol)公司于 1974 年开始研制,是首次用于载人航天的大型分段式固体火箭发动机,也是世界上第一个可重复使用的固体发动机,一般金属部件最多可重复使用 20 次,柔性接头橡胶件重复使用 10 次。航天飞机固体火箭助推发动机于 1978 年首次地面试车,1981 年进行第一次飞行,它的研制情况可分为三个阶段,第一阶段成为标准型固体火箭发动机(SRM),共生产发动机 21 台,7 台用于地面研制试车,3 台鉴定试车,其余 14 台用于"航天飞机"前 7 次飞行。第二阶段称为"高性能发动机"(HPM),共进行 2 次地面鉴定试车,于 1983 年开始直到"挑战者"号事故,共飞行了 18 次,使用 38 台发动机。第三阶段在"挑战者"号失事后对助推器进行重新设计,称为"重新设计的固体发动机"(RSRM),1989 年首次飞行,至 1992 年共飞行 35 次,使用 70 台助推器,全部成功。

(1)SRB 发动机机构。"航天飞机 SRB"发动机由燃烧室、喷管、点火装置、推力矢量控制装置组成。发动机燃烧室的绝热层材料为填充石棉和硅的丁腈橡胶,含石棉 28.2%,氧化硅 11.3%,每个分段端部的人工脱粘层也采用这种材料。发动机衬层为填充石棉的端羧基聚丁二烯(CTPB)配方,含 CTPB83.42%,固化剂(MAPO 和环氧)4.5%,石棉 10.3%,其他组分 1.8%。发动机推进剂质量 503 560 kg,整个药柱分为 4 段,分别进行浇注,前段前部药型为 11

角星孔,后部为柱孔型,前后部之间有一过渡段,中段和后段均为略带锥度的中孔圆柱型,体积装填分数为80.5%,药厚分数57.6%,残药分数3.5%,固体含量86%,PBAN14%(包括固化剂),Al 16%,AP 69.7%,Fe$_2$O$_3$ 0.3%。真空浇注,固化时间96 h。发动机喷管采用潜入式后支点柔性喷管,可作±8°全轴摆动。喷管长3.96 m,质量9.98 t,潜入深度20.4%(见表6.2)。发动机采用小火箭式点火器,可较好地控制点火压力平稳地增长,整个点火系统包括三部分。

表6.2 SRB发动机主要性能与结构参数

参数	单位	性能	参数	单位	性能
直径	mm	3 710	总冲(真空,15℃)	kN·s	1 318 000
长度	mm	38 430	燃烧时间(15℃)	s	111.7
总质量	kg	569 600	工作时间(15℃)	s	123
质量比	/	0.884	推进剂类型		聚丁二烯丙烯酸丙烯腈(PBAN)
推力(最大,真空,15℃)	kN	14 730	喷管数量	/	1
推力(平均,真空,15℃)	kN	11 530	喷管喉径	mm	1 384
燃烧室压力(最大,15℃)	MPa	6.33	喷管扩张比	/	7.16
燃烧室压力(平均,15℃)	MPa	4.56	推力矢量控制	/	柔性喷管
比冲(真空,15℃)	N·s/kg	2 622			

(2)五段式RSRB地面试验。五段式RSRB用于战神1第一级。这种发动机用于巨型战神系列火箭,具体参数见表6.3。

表6.3 战神系列火箭参数

高度:47 m	直径:3.71 m	重量:635.32 t
燃烧时间:126 s	推进剂:APCP(高氯酸铵组合推进剂)	
推力标称:1 500 t	海平面比冲:2 370 N·s/kg	真空比冲:2 690 N·s/kg

2009年到2011年,ATK公司的五段式固体火箭助推器分别在常温、高温、低温环境下进行了三次点火试验,以验证不同温度下固体火箭发动机的性能,结果都达到了预期效果。具体如下:

1)五段式RSRB地面试验。2009年9月10日,在环境温度下,美国首次进行了全尺寸、全周期的战神Ⅰ型火箭发动机(研制型发动机DM-1)的静态点火试验,产生的推力达到16 017 kN。点火持续了大约123 s,通过650套仪器设备对46个设计目标展开监控。

2)五段式RSRB飞行试验。2009年10月28日,在佛罗里达州达纳维拉尔角,战神Ⅰ-X火箭在肯尼迪航天中心的39B发射复合体首次成功升空发射,进行一次6 min的亚轨道飞行。发射升空大约2 min后,NASA新的战神Ⅰ-X试验航天器进入第一级/上级分离阶段。两分钟后,100 m长的火箭主要部分依照计划坠落到大西洋。

3)五段式RSRB低温试验DM-2。2010年8月31日,ATK公司的DM-2发动机进行了低温试验。DM-2 被冷却至华氏 40°,以采集火箭在其正常的 40～90℃ 运行范围下的性能数据。通过 760 多个仪器测试了总体 53 个设计目标。该 3.7 m 宽、46.9 m 长的推进器点火持续了 125 s,推力达 16 330 kN。

4)五段式 RSRB 试验 DM-3。2011 年 9 月 8 日,NASA 和 ATK 公司成功地进行 DM-3 的全尺寸试验。这是研制性发动机系列的第三次试验,是 NASA 有史以来装有测量仪器最多的固体发动机试验,通过 970 多个仪器测试总共 37 个试验目标。DM-3 综合了对前 2 个研制性发动机设计的性能方面的改进,点火试车验证高温下的发动机性能。

5)SLS 运载火箭助推器 QM-1。2015 年 3 月 11 日下午 3 时 30 分测试了“航天发射系统 SLS”运载火箭助推器的验证发动机 QM-1。在犹他州的一个专用试验台上由 NASA 与 ATK 公司共同组装完成。整个静态点火测试过程持续 126 s,试验过程进展顺利。QM-1 为五段式固体火箭发动机,是迄今为止为航天飞行建造的最大的固体火箭发动机,有助于为未来的载人深空探索任务进一步完善该助推器,如图 6.4 所示。

图 6.4　QM-1 发动机地面试车

6.3.2　欧洲阿里安火箭

“织女星”(Vega)火箭主要源自意大利设计,是阿里安-5 重型火箭和联盟号中型火箭的补充,用于将小型卫星送入近地轨道的轻型运载火箭。其主要承包商为意大利欧洲运载火箭(ELV)S.P.A 公司。2004 年,将“织女星”的最终结构定为四级火箭,2010 年完成了发射系统鉴定试验。2012年2月13日,阿里安公司首次使用"织女星"火箭在法属圭亚那库鲁航天中心成功一箭多星发射一颗"LARES"卫星、一颗"AlmaSat-1"卫星和7颗立方体卫星。

"织女星"由阿里安航天公司进行运营管理,拥有4级发动机,能将1 500 kg的有效载荷发射到700 km高的轨道上。"织女星"火箭是迄今为止最大的固体动力运载火箭,高30 m,最大直径3 m,重量137 t。它采用三级式固体火箭加末端修正级液体火箭构型,第一级为P80固体发动机(Vega-C火箭采用P120C固体发动机作为第一级),具有较高的性能,发动机高约11.2 m,直径3 m,装有88 t固体推进剂,质量比大于0.92。P80固体发动机经改进后作为阿里安-5改进型火箭的固体助推器,在它的姊妹发动机P120C固体发动机诞生前,是最大的单段式整体纤维缠绕壳体固体火箭发动机。第二级为契法罗23(Zefiro 23)发动机;第三级为契法罗9火箭(Zefiro 9)发动机;末级液体火箭为AVUM发动机(姿态顶级微调舱)。

2013年,欧洲就阿里安-5ME和阿里安-6的研制基本达成一致。作为现役阿里安火箭的替代方案,德国和法国分别提出了阿里安-5ME和阿里安-6。欧洲已经开始在阿里安-5的基础上研制阿里安-5ME。阿里安5ME与阿里安5相比采用了新的上面级。该上面级安装了斯奈克玛发动机公司研制的可重复启动的"芬奇"液氧/液氢发动机。火箭整流罩也将延长3 m,可将质量12 t的有效载荷运送入地球同步转移轨道,比目前的阿里安-5ECA型火箭的运载能力提高20%。

阿里安-6火箭地球同步转移轨道运载能力为3~6.5 t,成本比阿里安-5ECA降低40%。阿里安-6火箭研制计划是在2014年12月欧空局部长级会议上得到一致确认的。火箭将采用现有火神2主发动机和新型芬奇上面级发动机,捆绑2枚或4枚固体火箭发动机作为助推器,形成GTO运载能力5 t和11 t的两种构型。欧洲正在改进现有发射设施,以满足阿里安-6新型上面级"芬奇"发动机的试验要求。

2018年7月16日,世界上最大的单段固体火箭发动机——P120C固体火箭发动机在法属圭亚那航天中心点火成功!

尽管此前有比P120C更大的固体火箭发动机,但这些发动机都是分段式的,而P120C是单段式的,在单段式固体火箭发动机中,P120C是世界上最大的,如图6.5所示。

P120C的点火成功,为欧洲织女星系列运载火箭的最新改进型以及阿里安-6火箭扫清了最大的技术障碍,前景非常美好。

P120C固体火箭发动机,全长13.501 m,直径3.4 m,总重161.3 t,推进剂质量142 t,整个壳体由高强度碳纤维复合材料缠绕而成。P120C固体火箭发动机平均推力达4 650.2 kN,海平面比冲为2 785 m/s,工作时间为135 s。

P120C固体火箭发动机将会以捆绑的方式(捆2个或者4个)成为欧洲下一代主力运载火箭阿里安-6的重要动力来源,因此该发动机的一举一动都对阿里安-6运载火箭的诞生有着举足轻重的影响。

图 6.5　P120C 发动机地面试车

6.3.3　印度固体火箭助推器

印度宇航研究院(ISRO)是印度航天固体火箭发动机的主要研制机构,多年来为印度的运载火箭研制了多种固体发动机。GSLV MKⅢ 运载火箭固体助推器是其研制成功的一个范例。

GSLV MKⅢ(见表 6.4)"地球同步卫星运载火箭"的固体助推器质量为 200 t,长 25 m,直径为 3.2 m。燃烧时间为 103 s。为了满足国内需求并开发国际商业卫星发射市场,印度研制了运载能力更大的 GSLV MKⅢ,它采用装有 110 t 液体推进剂的直径为 4 m 的芯级(L110)和 2 枚装有 200 t 固体装药的助推器(S200),上面级装有 25 t 的低温推进剂(C25),其地球同步转移轨道运载能力 4 t,相当于中国 1997 年首次成功发射的长征-3B 运载火箭。

表 6.4　GSLV MKIII 助推器性能参数

类　　型	S200	助推器	2 个	壳体直径	3.20 m
壳体材料	钢	长度	25.75 m	级数	3 级
喷管直径	3.27 m	发动机类型	S200LSB	推进剂	固体 HTPB 基
推力峰值	5 151 kN	惰性质量	31 300 kg	平均推力(SL)	3 578.2 kN
推进剂质量	206 690 kg	比冲	2 270 N·s/kg	最大压力	56.92 bar[①]
真空比冲	2 745 N·s/kg	平均压力	39.90 bar	控制	柔性喷管摆动
发射质量	238 000 kg	柔性喷管长度	3.474 m	面积比	12.1
喉径	0.886 m	推力矢量控制	气动液压式活塞	矢量能力	+/−5.5°
转换速率	10°/s	执行机构负载	294 kN	燃烧时间	130 s
分离	149 s	助推器分离	烟火、弹射发动机		

①1 bar $=10^5$ Pa。

印度积极推进新型 GSLVMKⅢ 火箭的研发工作。2015 年 4 月 28 日,用于 GSLVMKⅢ 低温上面级的 CE20 液氢/液氧发动机成功进行 645 s 的试车,后续还将进行上面级的试车以及模拟高空环境的试车。GSLV-MKⅢ 采用两级捆绑结构,全长 43.4 m,起飞质量 630 t,LEO 运载能力 10~12 t,GTO 运载能力 4 t。

6.3.4　日本固体运载火箭

日本 1997 年投入使用的 M－V 大型固体运载火箭，性能就比较出色，曾经是世界上最大的纯固体运载火箭，M－V 火箭的地球低轨道运载能力达到了 1 800 kg，如果换算为 10 000 km 射程的洲际导弹的话，其投掷能力和美国 MX 洲际弹道导弹接近。但因发射成本高昂，且准备时间过长，于 2006 年退役。

2013 年 9 月 14 日，日本宇宙航空研究开发机构(JAXA)在鹿儿岛县肝付町的内之浦宇宙空间观测所成功发射了新型火箭艾普斯龙(Epsilon)1 号机，如图 6.6 所示。

图 6.6　Epsilon 固体运载火箭

Epsilon 固体运载火箭是日本自 2007 年开始研制的新一代固体运载火箭，相比上一代 M－V 火箭高达 1 800 kg 的地球低轨道运载能力，Epsilon 火箭约 1 200 kg 的的运力降低了不少，但这并不意味着 Epsilon 火箭水平更低。Epsilon 火箭研发过程中综合了日本近些年来固体运载火箭技术上的新进展，在技术和性能上都相当出色，是国际新一代固体运载火箭的代表作之一。Epsilon 火箭全长 24.4 m，直径 2.5 m，火箭总质量约 91 t。和 M－V 火箭一样，Epsilon 火箭也是一种三级全固体运载火箭。Epsilon 火箭具备将 1 200 kg 的载荷送入 250～500 km 高度地球低轨道的运载能力。

综合考虑 Epsilon 火箭比 M－V 火箭成本降低了 1/3。为了实现较低的研制成本，Epsilon 火箭并没有研制专用的固体火箭发动机，而是使用 H－IIA 火箭和 M－V 火箭的固体火箭发动机技术"拼凑"而成。Epsilon 火箭的第一级由 H－IIA 火箭使用的 SRB－A 固体助推器发展而来，考虑到 H－IIA 火箭已经进行过 22 次发射，而 H－IIB 火箭也有 4 次发射，Epsilon 火箭继承 SRB－A 助推器的设计，不仅提高了火箭第一级的可靠性，而且降低了研制成本和试验费用。Epsilon 火箭的第二级和第三级，完全继承了 M－V 火箭的第二级和第三级，有 M－V 火箭的 7 次成功发射做基础，这样的做法同样降低了 Epsilon 火箭的研发成本并提高了可靠性。

尽管大量继承使用了成熟固体发动机系统，但 Epsilon 火箭的发动机技术水平还是相当出色的。日本宇宙航空研究开发机构公布的资料显示，标准的三级型 Epsilon 火箭起飞质量

91 t,其中第一级质量 74.7 t,固体发动机包括约 66 t 的固体推进剂,质量比达到了 0.911。虽然和 H‐IIA 共用 SRB‐A 的技术和成熟部件,但 Epsilon 火箭的第一级还是做了不小的优化,其真空平均推力降低到 1 580 kN,燃烧时间达到了约 120 s,至于真空比冲提高到 2 836 N·s/kg。

　　Epsilon 火箭的第二级箭体总质量约 11.6 t,其中包括约 10.8 t 的固体推进剂,其质量比约为 0.923,第二级 M‐34C 固体发动机真空平均推力达到了 377.2 kN,燃烧时间约 104.7 s,高空优化后的发动机真空比冲更是高达 2 999 N·s/kg。Epsilon 火箭的第三级箭体质量约 3 t,第三级 KM‐V2b 固体发动机的固体推进剂质量约 2.5 t,质量比约为 0.917,真空平均推力 81.3 kN,工作时间 91.1 s,真空比冲进一步提高到 3 017 N·s/kg。从发动机装药质量比和真空比冲等指标看,日本固体火箭发动机技术属于世界领先水平。

6.3.5　我国固体运载火箭

1. 长征十一号固体运载火箭

2015 年 9 月 25 日,我国新一代固体运载火箭长征十一号运载火箭(见图 6.7)在酒泉卫星发射中心首飞成功。

图 6.7　长征十一号固体运载火箭

长征十一号运载火箭是新型四级全固体运载火箭,火箭全长 20.8 m,重 57.6 m,起飞推力 1200 kN,700 km 太阳同步轨道运载能力 400 kg,低轨运载能力可达 700 kg。火箭在接到任务命令后,24 h 内完成星箭技术准备和发射任务,其中在发射点的发射准备时间不大于 1 h,具备"日发射"能力。

长征十一号采用国际通用星箭接口,可满足不同任务载荷、不同轨道的多样化发射需求。

长征十一号固体运载火箭一级发动机(见表 6.5)采用的是目前我国推力最大的单段式固体发动机,其燃烧室装药量为国内单段式固体发动机之最;采用的柔性喷管是我国目前尺寸最大的单段式发动机喷管。

长征十一号具有可整体贮存、操作简单、发射成本低、发射周期以小时计算,最大的优势是"快速、便捷、灵活",可实现卫星快速组网和补网,能很好地满足自然灾害、突发事件等应急发射需求。火箭发动机选用的推进剂是端羟基聚丁二烯(HTPB)复合固体推进剂。

表 6.5　火箭一级发动机参数

直径/m	2.0	起飞质量/t	39.8
推进剂质量/t	35	最大推力/kN	1 200
海平面比冲/(N·s/kg)	2 480	工作时间/s	约 72
外壳材料	钢		

2.我国两分段固体火箭发动机

2016 年 8 月 2 日,我国直径最大、装药量最大、推力最大的固体火箭发动机——民用航天 3 m 两分段大型固体火箭助推发动机地面热试车圆满成功,工作时间超过 100 s,这是我国迄今为止最大的航天固体发动机,如图 6.8 所示。

图 6.8　3 m 两分段大型固体火箭助推发动机

在这个发动机的研制过程中,研制人员顺利攻克了大直径固体发动机燃烧室分段对接技术、长时间工作喷管热结构设计技术、分段式固体发动机燃烧稳定性技术等多项重大关键技术及 40 余项技术难点,采用并验证了新工艺 10 余项,建立了新的测试与试验方法 20 余项,形成技术专利 10 多项。

3 m 两分段大型固体火箭助推发动机地面热试车的成功,进一步验证了我国大型分段式固体火箭发动机设计方案及其关键技术,标志着我国已经掌握大型固体火箭助推发动机关键技术,也表明我国新一代运载火箭固体助推技术又向前迈进了一大步。

虽然试车的两分段发动机只有头段和尾段,但发动机的关键技术经过试车检验之后,可以发展出同样直径,更多段结构的固体火箭发动机;这样通过中间段的增加来调节装药量,在这二段发动机的基础上,可以做出三段、四段、五段发动机,从而做出更多装药量和更大推力的固体火箭发动机。

未来,3 m 发动机应用于重型运载火箭固体助推器中,可实现近地轨道运载能力达到 100 t 以上,满足我国载人登月、深空探索的发展需求。

6.4　固体姿轨控发动机

固体姿轨控发动机是对运载火箭、空间飞行器等实施姿态和轨道控制的以固体推进剂为能源的各种动力系统的总称,主要用于运载火箭末级、各类航天飞行器的姿态控制、滚转控制、轨道修正和位置保持。

固体姿轨控发动机结构简单,系统的可靠性高,使用温度范围宽,可长期贮存、使用维护方便,是未来太空飞行器及星际飞行器姿态和轨道控制动力的重要发展方向。

6.4.1　典型固体姿轨控发动机

1.固体姿轨控发动机控制方案

固体姿轨控发动机一般由燃气发生器、执行机构、推力喷管、控制单元等组成,如图 6.9 所示。一般情况下,每个姿控系统有多个推力喷管,通过多个推力喷管协调配合来实现飞行器的偏航、俯仰、滚转姿态控制和轨道控制。

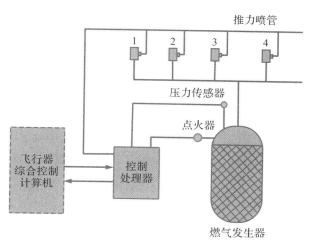

图 6.9　固体姿轨控发动机原理图

典型的姿态控制示意图如图 6.10 所示,姿控系统安装在导弹发动机喷管外壁,有 A,B 二个燃气发生器,每个燃气发生器给 3 个推力喷管提供高温、高压燃气,产生用于姿态控制的推力。当姿控系统接收到导弹控制指令后,姿控系统控制器进行分析计算后向执行机构发出控制指令，推力喷管开始工作，提供导弹飞行姿态控制推力，以实现导弹的姿态控制。

固体姿轨控系统用于导弹轨道控制时，将轨控系统安装在导弹质心部位，推力喷管轴线通过导弹质心，同时应保证轨控系统在工作时由于推进剂的消耗而引起的质量变化对导弹质心变化影响尽可能小。在实现轨道控制时，根据导弹轨道控制的具体要求来开启和关闭相关推力喷管，产生导弹轨道控制所需的推力，将导弹推移到预定飞行轨道。

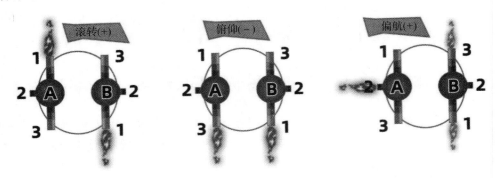

图 6.10　姿态控制示意图

当导弹姿态控制所需推力变化较大时，可以通过多个燃气发生器或单一多脉冲燃气发生器来实现导弹要求的姿态控制推力方案（见图 6.11）。多脉冲燃气发生器推进剂药柱装填方式主要有多柱式、多管式、阵列式等（见图 6.12），也可以通过选择具有特殊燃烧特性的推进剂来实现。

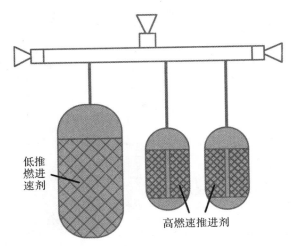

图 6.11　大推力比姿轨控系统方案

针栓式推力喷管推力调控技术，主要是通过针栓移动来调节推力喷管喉部面积，从而达到调节燃气发生器工作压强，进而调节推进剂燃速及输出推力。该项技术主要涉及固体火箭发动机 3 项基本原理：①质量流率与推力的关系；②燃烧室压强和喷喉面积与质量流率的关系；③推进剂燃速与发动机工作压强的关系。当针栓在执行机构作用下远离喷管喉部时，喷喉面积增加，燃烧室压强下降，从而使得推进剂燃速和输出推力下降。当针栓靠近喷管喉部时，喷喉面积变小,燃烧室压强上升,从而使得推进剂燃速和输出推力升高。所以针栓喷管可以实现推力大小调节,满足飞行器姿态和轨道控制时所需的推力特性。

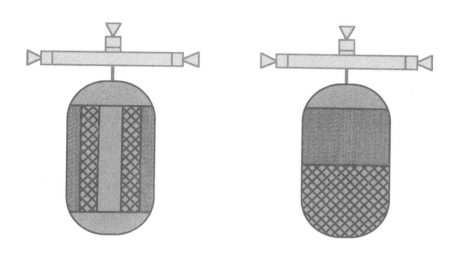

图 6.12　多脉冲燃气发生器

　　针栓式推力喷管主要由针栓、壳体、动静密封圈和防热内衬等组成(见图 6.13)。由于推力喷管在高温、高压下工作,同时为了降低结构质量,因此低密度、耐高温材料的正确选择和推力喷管各材料之间的热性能匹配就成为推力喷管安全可靠工作的前提条件,推力喷管材料选择可参阅表 6.6。表中 C/SiC 是近年来发展起来的一种新型超高温热结构陶瓷材料,在固体火箭发动机、冲压发动机、液体火箭发动机等领域内得到了成功应用;铼合金密度 20.8 g/cm^3,熔点 3 186℃,机械性能良好,可以加工成板、棒、线和结构件等,大量应用于导弹航天领域,但由于材料价格昂贵,限制了该材料的广泛应用;碳酚醛是一种产碳率高的防热材料,用于比较苛刻热环境的防热;NZP 是一种各向异性的陶瓷材料,热膨胀系数为负,常用于热载荷环境下的隔热材料,可用作灯丝、人造卫星和火箭的外壳和火箭发动机的隔热材料,可用于针栓的保护套,避免在热环境条件下针栓的卡滞。

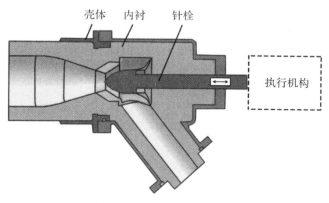

图 6.13　针栓式推力喷管

固体姿轨控系统中针栓的执行机构选用电机驱动方式(见图 6.14)。执行机构主要由外壳、伺服电机、高精度齿轮传动机构、滚珠丝杠(将微电机的旋转运动精确转化为针栓的直线运动)等组成。当要求驱动力较小时,也可以直接用直线电机控制针栓运动。

表 6.6　推力喷管主要材料

名　称	材　料
壳体	钛合金、铝合金等高比强度材料
针栓	C/SiC,高温合金等耐烧蚀材料
针栓保护套	钼合金、铼合金、钨合金等高温合金
针栓外套	NZP,酚醛类防热材料
防热材料	硅酚醛防热材料,碳酚醛防热材料
耐烧蚀材料	C/SiC,C/C 等耐烧蚀材料
密封材料	硅橡胶,柔性石墨等密封材料

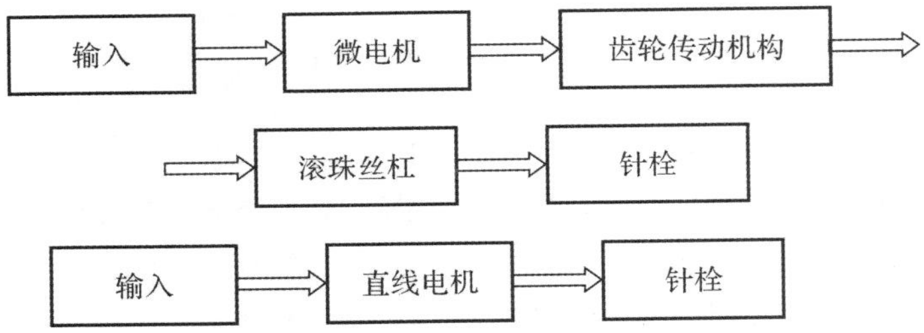

图 6.14　针栓执行机构

2.武器系统用姿轨控发动机

固体姿轨控发动机在美国标准-3 导弹上得到了应用,标准-3 导弹是美国 RIM-156 SM-2 ER Block 4 导弹的派生型号,用于中高空导弹拦截。标准-3 导弹采用 LEAP 动能弹头,目前的 LEAP 弹头是第三代外大气层射弹(见图 6.15),由雷锡恩公司研制。它通过固体姿轨控系统提供末端转向控制。该固体姿轨控系统由美国航空喷气公司和法国 SEP 公司合作研制,包括 8 个姿控发动机和 4 个轨控发动机,推进剂质量为 4.5 kg,推进剂类型为 HTPB/AP,采用三药柱、双脉冲设计。其中,脉冲 1 药柱采用 TP-H-3510 推进剂,脉冲 2 药柱采用 TP-H-3511 推进剂,续航药柱采用 TP-H-3512 推进剂。发动机壳体材料采用石墨/环氧树脂、C/C 镀 Re 等。整个系统工作时间 20 s,机构质量约 7 kg。标准-3 导弹改进型固体姿轨控系统改善了系统性能,并提高了工作可靠性,实现了多次产生点火脉冲,控制 LEAP 动能弹头在飞行过程中的机动,从而维持它的动能和毁伤能力。标准-3 Block IB 导弹采用一种节流式固体姿轨控系统,以获得更高的灵活性,并降低成本。节流式固体姿轨控系统包括 10 个均衡的枢轴推进器,其中 4 个用于动能战斗部的横向移动,其余 6 个用来保持动能战斗部导引头对目标的角度和视角调整。弹体上的电子控制装置和软件通过抑制弹体的上下燃烧压力,在高推力与滑行期之间进行调整,控制固体推进气体发生器的推力水平。标准-3 Block IIA 导弹采用直径约 53.3 cm 的第二级和第三级火箭发动机,以显著增强拦截能力、扩大防御范围。同时,标准-3 Block IIA 导弹采用更大的动能弹头,以应对未来的弹道导弹威胁。

图 6.15　标准-3 导弹固体姿轨控系统及动能弹头

　　法国和意大利合作开发的未来面对空导弹族系的紫苑防空导弹,目前共发展出两种不同任务的衍生型,紫苑-15 短程防空导弹与紫苑-30 区域防空导弹(见图 6.16),紫苑导弹拥有异于现役典型舰载防空导弹的动力设计,拦截精度更佳。现役许多防空导弹在最关键的弹道终端只靠导弹本身的惯性飞行,没有喷射流来增加导弹尾翼的反应速度,很难应付目标的突然机动。紫苑导弹除了传统的尾翼制动之外,通过采用直接侧向力控制技术,在弹道终端最关键的拦截阶段中以侧向直接产生反作用力,推动弹体撞向目标,而不是倚赖弹翼控制。侧向固体姿轨控发动机位于弹体重心处,总共有 4 个侧向喷嘴,每个喷嘴间隔 1/4 圆周,各喷嘴间不同的推力矢量组合可产生不同的侧推力值。

图 6.16　紫苑-30 区域防空导弹发射

从美、法基于直接侧向力控制的战术导弹研究现状可以看出,国外战术武器用姿轨控发动机技术主要发展趋势如下:

(1)固体动力是未来战术导弹直接侧向力控制技术发展的主要方向。固体姿轨控动力系统有结构简单、安全可靠、易储存和免维护等优点,适合应用于空基、海基等对安全性要求较高的战术武器系统。

(2)高性能结构材料和新型结构的研究,是未来战术导弹用姿轨控动力系统的重要突破方向。通过开展高性能材料和新型结构的研究,能够实现姿轨控动力系统的轻量化和最优化设计。

(3)多平台模块化设计是未来战术导弹用姿轨控动力系统的最终发展目标。通过多平台模块化设计可以有效降低研制成本、扩展姿轨控动力系统任务范围、延长其使用寿命、简化操作使用与后勤保障负担,实现数字化智能化制造。

3.运载火箭用姿轨控发动机

在运载火箭领域,固体姿轨控发动机主要应用于载人逃逸系统,以及运载火箭的级间分离、反推终止等系统,其典型代表为美国猎户座发射终止系统。

猎户座乘员探索飞行器的发射终止系统由鼻锥、姿态控制发动机、鸭式部分、分离发动机、级间段、逃逸发动机、适配器头锥和助推器防护罩等组成,这三台发动机均为固体发动机。其中,姿态控制发动机采用了推力随控的发动机技术,通过实时控制推力输出大小,以及不同方向喷管矢量的组合,实现全方位的推力矢量控制模式。

姿态控制发动机的外部结构如图 6.17 和图 6.18 所示,发动机总长 62 in,壳体外径 32 in,由壳体(D6AC 钢)、8 个带有针栓(C/C - SiC 复合材料)的阀壳(钛)、针栓导向装置、喷管组成。8 个喷管沿周向等距分布,8 个阀组件与 ACM 前封头相匹配,阀组件经受严酷的力、热载荷,设计最具挑战性,因此阀组件材料为 C/C - SiC 复合材料。每个阀都由一个 Moog 执行机构驱动,执行机构由控制机构控制。8 个电机执行机构的位置通过一个专门的电子控制器调节,带动针栓迅速伸出或缩回以调节喷管流量,实现推力调节的目的。通过软件算法实现预期的燃烧室压强和预期的推力大小、方向。姿态控制发动机系统的电源由专门的锂离子电池组件提供,电池电压包括 28 V 和 140 V,均有备份设计。PA - 1 逃逸系统姿态控制发动机的最大推力为 7 000 lbf,最长工作时间为 35 s。

图 6.17　姿态控制发动机

图 6.18　姿态控制发动机外部结构

姿态控制发动机有助推和维持推力两种工作阶段。第一阶段,姿态控制发动机产生大推力,为逃逸系统迅速调整到预定方向提供条件,大推力是逃逸系统获得最大的偏离轨道距离和在高动压环境下保持最小的翻转可能性的关键条件。大推力阶段结束后,发动机过渡到相对小推力的工作状态,为逃逸系统提供保持合适姿态以及准备分离的充足动力。两种工作阶段的方案可显著减轻推进剂和壳体质量。

6.4.2　固体脉冲发动机组技术

固体脉冲发动机组技术是一种微小型固体姿轨控发动机组技术,如图 6.19 所示,它采取一系列独立的、高冲质比以及短脉冲的固体火箭发动机按有序的空间排列集成在一起,根据作战需要,由点火控制系统进行有序的点火控制,对指定方位上的一定数量发动机进行点火,利用脉冲发动机的推力,实现对子弹弹道或姿态的控制。固体脉冲发动机组具有小型化、轻质化、快响应、短脉冲、多管化和模块化等特点。利用固体脉冲发动机组进行弹道修正或者姿态控制,在技术基础、经济保障和机动性能等方面有很大优势。

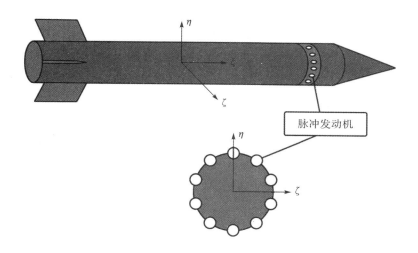

图 6.19　固体脉冲发动机组安装示意图

固体脉冲发动机组具有结构简单、可靠性高、响应快等优点,被广泛用作航天器与导弹轨道控制和姿态控制的动力装置。由于在航天器与导弹的有限空间内通常需安装多台发动机,所以固体脉冲发动机必须向微小型发展。美国在固体脉冲发动机方面做了大量的研究工作,并研制出一系列固体姿轨控发动机,例如 MMA 微型发动机组、ICM 脉冲控制发动机组、龙 2 弹道控制发动机以及 ERINT 微型发动机组等。

1. MMA 微型发动机组

1972 年,美国大西洋研究公司研制出了横向机动固体发动机组(MMA),如图 6.20 所示。该发动机组用作"寻的拦截器技术"中小型寻的拦截器的轨控动力装置,它由 56 台小直径、大推力、瞬时工作的 T 型发动机组成。每台发动机为单室单推力固体火箭发动机,依靠精确控制旋转瞬间某一位置上发动机的适时点火,不断修正拦截器的飞行轨迹,导引拦截器准确命中目标。横向机动发动机组总质量 3.03 kg,外径 216.9 mm,总长 244.6 mm,由燃烧室管、喷管环和点火装置组成。组装好的发动机组共有 112 根钛合金薄管,它们分别通过螺纹拧入一个公用的圆环喷管环内在圆环两侧开有每侧两排 56 个(每排 28 个,交叉均布)螺纹孔,与钛管相连,组成了 56 台"T"型小发动机。每台小发动机的喷管轴线均垂直于发动机和拦截器的轴线,且通过拦截器的质心。单台发动机主要内弹道特征参数见表 6.7。发动机燃烧室长 120 mm,内径 9.2 mm,材料为 Ti - 4Al - 6V,中部壁厚为 0.25 mm,两端加厚到 0.40 mm,未加厚部分外缠碳纤维/环氧材料,厚为 0.356 mm,燃烧室工作压强高达 58 MPa,推进剂为无烟复合推进剂,内燃管状药柱,肉厚 1.8 mm,黏合剂 TVOPA,在 80 MPa 压强下燃速高达 250 mm/s,每个小发动机有一个独立的锥形喷管,喉径 7.75~7.91 mm,喷管和喷管环材料均为 4130 钢。喷管堵片材料为模压环氧树脂圆柱体,放置在喷管入口和燃烧室的交叉处。燃烧室一端为点火器,点火药量 92 mg,牌号为 Bulleye 无烟药粉,另一端是 7 075 铝合金端塞。

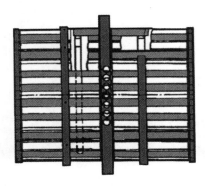

图 6.20　横向机动发动机组总装图

表 6.7　MMA 微型固体发动机内弹道性能

参量名称	量　值
单个发动机总冲/(N·s)	35.3
最大推力/N	3571
工作时间/ms	12.76
发动机比冲/(N·s·kg^{-1})	2 302
发动机点火延迟/ms	0.56
最大工作压强/MPa	58.1
推进剂燃速/(mm·s^{-1})	152
装药量/g	15.2
喉通比/J	约 1

2.ICM 脉冲控制发动机组

ICM 是美国沃特公司研制的一种脉冲控制发动机组,用作高超速"灵活拦截弹"横向机动的姿态控制。该发动机组由 4 台固体脉冲发动机组成,每台发动机含有 30 个固体推进剂点火管,每个点火管工作约 1 ms,产生 0.335 N·s 的总冲。ICM 发动机组结构如图 6.21 所示。

沃特公司还为美国超高速导弹和动能导弹研制了用于姿控和轨控的微型脉冲固体火箭发动机组 HVM-C,如图 6.22 所示。该发动机组由 54 台微型固体脉冲发动机组成,分成几圈以径向辐射型布置在导弹质心前部,点火电路按一定控制算法点燃每台发动机,产生控制力和力矩,修正导弹飞行轨迹。

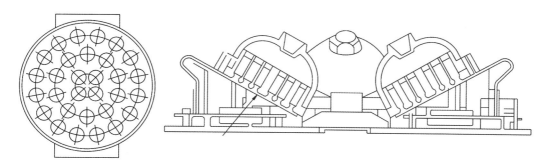

图 6.21　ICM 发动机组结构图

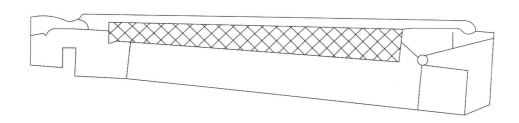

图 6.22　HVM-C 单台发动机结构示意图

3.“龙式”反坦克导弹弹道控制发动机

美国“龙”式反坦克导弹也使用多个小型固体火箭发动机进行弹道控制。在导弹中部,30 对侧向小固体发动机组成动力装置,这些发动机沿导弹周向排成 6 列,每列 5 对,每对小发动机都向侧后倾斜。发动机组接受控制系统的指令成对点火,为导弹提供所需的推力和控制力。每个小发动机是一个独立的装置(见图 6.23),单台发动机总冲 331 N·s,燃烧时间 18 ms。

4.ERINT 微型发动机组

ERINT 微型发动机组起初是在 FLAGE(轻型灵巧精密制导试验计划)上发展起来的,其姿控发动机组由 180 个微型固体火箭发动机组成。这些发动机只有猎枪弹壳大小,分成 10 圈,每圈 18 个发动机环形地排列在弹体质心前的拦截器四周。其推力垂直于拦截器纵轴。在寻的段提供俯仰和偏航控制。姿控发动机如图 6.24 所示,总质量为 26.1 kg,长度为 35.56 cm,中心为电池组,通过一个发动机点火电路控制点火。每个脉冲发动机直径 35 mm,结构质量 41 g,推进剂质量 21.4 g,燃烧室最大压强 81.5 MPa,工作时间 23.3 ms,壳体采用碳纤维/环氧树脂复合材料。目前美国已用 ERINT 代替了原来的爱国者 PAC-2 系统,组成了新的 PAC-3 系统(见图 6.25),大大提高了作战能力,是目前美军反战术导弹的主要品种。德国、意大利与美国共同进行的导弹防御系统研究中,也是以 ERINT 反导弹技术为基础。

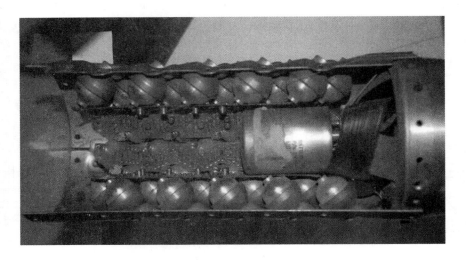

图 6.23 "龙"式反坦克导弹的解剖模型

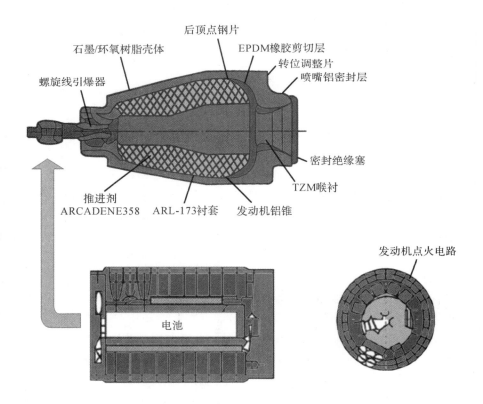

图 6.24 ERINT 姿控发动机

图 6.25　PAC - 3 导弹发射图

6.4.3　数字固体微推进器

常规固体推进器具有结构简单,没有运动部件,运行可靠,成本低,技术成熟等优点,但缺点是推力很大,只能一次点火。这些缺点使它无法应用在航天器姿态轨道控制上。是否有可能把常规固体推进器优点保留下来,而同时又能克服它存在的缺点,让它变为可用于微小型航天器的姿轨控推进器?这个问题在 1997 年首先由法国国家科研中心系统结构与分析研究所(LAAS‐CNRS)提出"数字固体微推进器"方案,并且成功地研制了相应实验样机,从而获得解决。在以后一段时间,先后获得国际上多家研究机构响应,进行深入详细研究,从而使数字固体微推器技术获得较大发展。

数字式固体微推进芯片,采用微机电加工技术,在一张硅片上进行多个微型推力器的集成,每个推力器单元由独立的点火器、燃烧室、推进剂和喷管构成。可独立点火工作,也可以多个推力器同时点火工作,产生所需推力脉冲。

1.结构组成

数字固体微推进器由若干个二维面阵元组成,每个二维面阵元又由若干个基本单元组成,例如 $10×10$(100 基本单元),$512×512$(262 144 基本单元),$1 024×1 024$(1 048 576 基本单元),一般来说,一个完整数字固体推进器由几个到数十个的二维面阵元组成(变为三维立体阵元)。由多少基本单元组成推进器完全取决于需要提供多少总冲以及推力水平变化范围。图 6.26 为数字固体微推进器一个基本单元结构组成图。

由图 6.26 可以知,每个基本单元由下列四部分组成:①喷咀芯片,安装在结构顶端;②由多晶硅电阻组成微机械点火器;③贮存推进剂(固体火药)的燃烧室;④密封件。

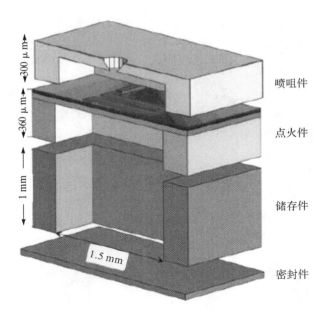

图 6.26　数字固体推进器单元结构组成

　　固体火药贮存在燃烧室,类似把原来固体推进器中的火药柱分开成许多非常细小的推进剂,一般仅有几微克质量。图 6.27 表示由 10 个基本单元组成一个列阵,整个二维面阵元由 10×10 基本单元组成。一个二维面阵元所有基本单元(相当于一个细小固体推进器)可以独立完成工作,相互没有关联,由计算机来控制。

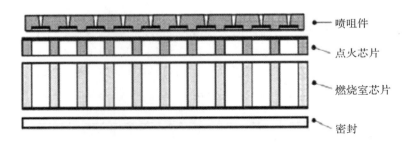

图 6.27　由 10 个基本单元组成一维列阵元

　　图 6.28 所示为固体推进器的点火装置,它是由加热灯丝 PN 结组成,这些灯丝只加热,提高温度但不发光。点火装置完全由计算机编程来控制。

　　2. 大容量数字固体微推进器

　　在推进器实验样机研制成功以后,国际上不断有新的研究成果出现,这里仅举两例。

　　(1)早期实例。1999 年完成研制的 512×512 二维面阵数字固体推进器。这个推进器有 25 万个基本单元,这些基本单元被布置在间隔 51 μm 二维面阵上,每个基本单元有独立的加热丝,加热丝按同轴方式排列在注有燃料的空腔上方,并与经过空间环境鉴定过的电路集成为一体,从而使每个推进器都有独立寻址的功能,通过计算编程控制点火,产生推力。

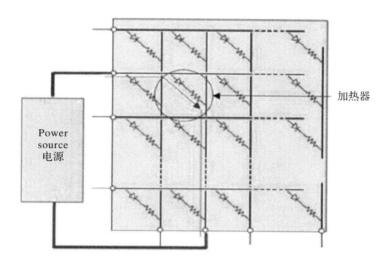

图 6.28　二维寻址灯丝加热点火器线路原理图

通过点火试验验证后,512×512 二维面阵元固体推进器技术性能如下:

①每个基本单元燃料质量 0.5～8 μg;②二维面阵(512×512)面积 33 mm×33 mm;③二维面阵质量(含燃料)214 g;④比冲 2 000～3 000 N·s/kg;⑤基本单元最小冲量 15～20 μN·s;⑥点火功耗 10 mW;⑦点火能量 100 μJ。

数字固体推进器可由上述数个二维面阵组成;若由 10 个面阵组成一个三维立体推进器将有 250 万个基本单元,质量大约在 30 g 左右,体积大约在 10 mm×33 mm×33 mm。这种推进器非常适用于微星和纳星等微小型航天器的轨道控制。

(2)近期实例。2007 年美国 Honeywell 公司成功研制的数字固体微推进器,已经达到 100 万基本单元(1 024×1 024),采用收敛酸铅(Lead Styphnate)作固体推进剂。每个单元都有独立的加热丝,加热丝同轴排列在注有燃料的空腔上方,并与 RICMOS 电路集成为一体,使得每个单元都可单独寻址,并点火工作。点火采用两级方案,首先加热约 1 ng 的热爆收敛酸铅,收敛酸铅爆燃释放出大量热量,利用此热量引燃上方空腔中的推进剂,推进剂迅速气化并喷射出来产生推力。每个基本单元点火功率为 50 μW,推力为 10 μN,最小冲量为 3 μN·s。整个数字固体推进器可以由多层面阵组成,如图 6.29 所示,例如由 10 层面阵组成,则该推进器将有 1 000 万个基本单元,其体积相当于一个大火柴盒。

3. 关键技术

数字固体微推进器出现已有近 20 年历史,至今尚有下列关键技术和问题,等待人们去开发研究,寻找更加合理的解决方案:

(1)推进器基本单元多少受二维面阵硅片尺寸的限制。例如 1 024×1 024 二维面阵硅片面积要求 60 cm²,若要求更多基本单元,硅片面积还要加大,这是一项关键技术。

(2)固体火药填装和安全密封。一般在填装过程可能会产生气泡或封装产生缝隙,填装与密封是另一项关键技术。

(3)每个基本单元推力和点火时间要求相同,并且要有一定重复性和稳定性,需保证推进器技术指标的质量。

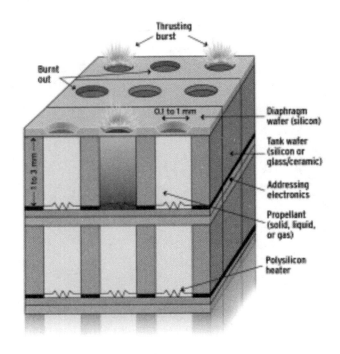

图 6.29　多层式工作方式

（4）点火装置要达到高可靠的性能，要求 100％点火概率。每个基本单元要求相互独立，互不关联。完全由计算机编程寻址来实现点火，产生所需要推力。

（5）完整数字固体微推进器是三维阵元，也就是由若干个二维面阵组成，点火用完一个面阵自动脱落，并且成功排出，不影响小卫星安全运行。这项关键技术是安全脱落和二维面阵个数，二维面阵个数越多，推力总冲越大，但技术难度也越高。

（6）目前推进器成本很高，这与低成本廉价的小卫星不相适应。为此必须降低成本，才能得到广泛应用。

参 考 文 献

［1］ 何静,曾金桥,许延龙,等.国外重型固体火箭发动机技术研究发展综述[J].中国航天第三专业信息网第三十七届技术交流会暨第一届空天动力联合会议论文集,2016.

［2］ 邢强.世界最大固体火箭发动机点火成功[J].微信公众号:小火箭,2018(7).

［3］ 叶定友,高波,甘晓松,等.重型运载火箭大型固体助推器技术研究[J].载人航天,2011(1).

［4］ 马志滨,何麟书.国外重型运载火箭发展趋势述评[J].固体火箭技术,2012(1).

［5］ 杨毅强.国外固体运载火箭技术的新进展与启示[J].固体火箭技术,2012(5).

［6］ 闫大庆,徐丹丹.国外固体火箭技术的近期进展[J].中国航天,2009(7).

［7］ 佟艳春,才满瑞.美国新一代重型运载火箭发展分析[J].国际太空,2012(5).

第7章　固体火箭发动机关键技术

7.1　固体火箭发动机燃烧室

7.1.1　壳体

当前,固体火箭发动机壳体材料大体经历了四代发展过程,第一代为金属材料;第二代为玻璃纤维复合材料;第三代为有机芳纶复合材料;第四代为碳纤维复合材料。壳体材料在不断更新过程中,性能得到不断提高,功能日趋完善。复合材料壳体可以有效减轻固体火箭发动机的结构质量,提高有效载荷的运载能力,具有重要的经济及军事意义。

1.金属材料

固体火箭发动机常用的金属材料是拉伸强度在 1 470～1 961 MPa 范围内的超高强度合金钢。法国 M4 导弹的 401 发动机壳体材料用材是 40CDV20 模具钢;美国"北极星 A1"的发动机壳体用材是 M－255 钢;"民兵Ⅰ"的发动机和航天飞行助推器的壳体用材是 D6AC 钢。我国的固体发动机壳体用材广泛采用 30CrMnSiA、32SiMnMoV 及 D406A 等超高强度低合金钢。钛合金钢也是壳体常用材料,它尤其适合直径不太大、容器效率要求高的末级发动机。美国"民兵Ⅱ"第二级和"星系"发动机都用 Ti－6Al－4V 合金壳体。

表7.1　几种壳体材料的容器效率　　单位:km

材　　料	PV/W
高强度钢	5～8
钛合金	7～11
玻璃钢	12～19
Kevlar49/环氧	20～35
碳纤维/环氧	30～52

金属材料强度高、模量大、各向同性,在设计和应用方面都有成功的经验,但其密度大、加工较难、容器特性系数低(见表7.1),而不能满足战略导弹的要求,因此,战略导弹的用材重点转向复合材料。

2.纤维缠绕复合材料

利用纤维缠绕工艺制造固体发动机壳体是近代复合材料发展史上的一个重要里程碑。这种缠绕制品除了具有复合材料共有的优点外,由于缠绕结构的方向强度比可根据结构要求而定,所以可设计成能充分发挥材料效率的结构,其各部位载荷要求的强度都与各部位材料提供的实际强度相适应,这是金属材料所做不到的。因此这种结构可获得同种材料的最高比强度,同时它还具有工艺简单、制造周期短、成本低等优点。

(1)玻璃纤维复合材料。固体火箭发动机壳体使用的第一代复合材料是玻璃纤维复合材料。从材料的发展沿革看,最早是美国 NASA 于 1958 年将玻璃钢应用于 3 种火箭发动机壳体 Altair,Antares 和 BE-3。20 世纪 60 年代初期,美国的"北极星 A2"潜基弹道导弹发动机壳体采用了 S-玻纤增强环氧树脂复合材料,它比"北极星 A1"的合金钢壳体重量减轻了 60%以上,成本降低了 66%,之后的美国海神(C3)潜基弹道导弹发动机壳体也采用了 S-玻纤增强环氧树脂复合材料。

美国欧文斯-科宁公司生产的 S 系列玻璃纤维、法国圣戈班公司生产的 R 系列玻璃纤维、日本日东纺生产的 T 系列玻璃纤维以及我国南京玻璃纤维研究院生产的 HS 玻璃纤维均属于高强玻璃纤维。国内外应用于火箭发动机的几种典型高强玻璃纤维的主要性能见表 7.2。

表 7.2 国内外典型高强玻璃纤维纱性能对比

项　　目	中国高强 2#	中国高强 4#	法国 R	日本 T	美国 S994	俄罗斯 BMND
新生态单丝强度/MPa	4 020	4 600	4 400	4 650	4 580~4 890	4 500~5 000
拉伸弹性模量/GPa	83	86	84	84	85~87	95
断裂伸长率/(%)	/	5.3	/	5.5	5.4	/
密度/(g·cm^{-3})	2.54	2.53	2.55	2.49	2.49	2.36
热膨胀系数/(×10^{-7}/℃)	/	29	90	/	/	/

由表 7.2 可以看出,国内、外高强玻璃纤维各项性能基本相当,技术成熟、质量稳定。这对我国在某些发动机上大力应用高强玻璃纤维缠绕壳体提供了有力的保障。我国采用玻璃纤维/环氧树脂复合材料的壳体已成功地应用于多种发动机。

(2)有机芳纶复合材料。为了满足高性能火箭发动机的高质量比要求(战略导弹发动机质量比要求在 0.9 以上,某些宇航发动机的质量比已达到 0.94),必须选用同时具有高比强度和高比模量的先进复合材料作为壳体的第二代复合材料,逐步取代玻璃纤维复合材料。20 世纪 60 年代,美国杜邦公司首先对芳纶纤维进行了探索性研究,1965 年获得突破性进展。其研制的"芳香族聚芳酰胺"高性能纤维(商品名为 Kevlar)于 1972 年开始了工业化生产。继美国杜邦公司开发芳纶纤维之后,俄罗斯、荷兰、日本及中国等也相继开发了具有各自特色的一系列芳纶纤维。几种典型的航天用芳纶纤维力学性能见表 7.3。

表 7.3 芳纶纤维的主要力学性能

国　别	纤维名称	密度/(kg·m^{-3})	拉伸强度/MPa	拉伸模量/GMPa	断裂延伸率/(%)	纤维直径/μm
中　国	芳纶Ⅰ	1 465	2 872	176	1.8	
	芳纶Ⅱ	1 446	3 359	121	2.85	
美　国	Kevlar-49	1 450	3 620	120	2.5	11.9
	Kevlar-129	1 440	3 380	83	3.3	12
	Kevlar-149	1 470	3 450	172~180	1.8~1.9	12

续 表

国 别	纤维名称	密度/(kg·m⁻³)	拉伸强度/MPa	拉伸模量/GMPa	断裂延伸率/(%)	纤维直径/μm
荷 兰	TWARON	1 440	3 150	80	3.3	12
日 本	TECHNORA	1 390	3 000	70	4.4	12
俄罗斯	APMOCCBM	1 450 1 450	4 116~4 905 3 920~4 120	142.2 127~132	3~3.5 3.5~4.5	14~17 12~15

　　芳纶纤维及其树脂基复合材料的问世,立即引起航空和导弹专家们的高度兴趣。20 世纪 70 年代初,美国将 Kevlar 49 纤维增强环氧基复合材料成功地应用于固体导弹"三叉戟 Ⅰ (C4)"的第二、三级发动机,至 70 年代末,美国又将 Kevlar49 纤维增强环氧基复合材料应用于洲际导弹 MX,其发动机壳体采用 Kevlar 49 纤维/HBRF 缠绕结构,壳体由 18 个螺旋缠绕循环和 5 个环向缠绕循环构成。还有"三叉戟Ⅱ(D5)"导弹的第三级发动机也是由 Kevlar 49 复合材料壳体制成,特别是美国的战术导弹"潘新Ⅱ"两级发动机都是 Kevlar 49 复合材料壳体。还有前苏联的 SS20,SS24 和 SS25 导弹各级发动机均采用 APMOC 纤维/环氧复合材料。

　　国内从 1980 年开始,利用进口的 Kevlar 49 纤维进行了浸胶复丝的力学性能测试研究,与芳酰胺纤维相容性好的高性能树脂基体配方和预浸工艺研究,单向环、Φ150 小容器和 Φ480 模拟容器的缠绕和性能测试;并在这些基础上结合设计部门的结构试验,开展了直径 1 m 和 2 m 的模样发动机壳体材料工艺试验,研究资料表明:对于相同尺寸的发动机壳体,Kevlar 49 与高强 2♯玻璃纤维相比,Kevlar 49 复合材料容器效率提高近 1/3,重量减轻 1/3 以上,同时, Kevlar 49 与高强 2♯玻璃纤维相比,Kevlar 49 复合材料容器环向应变减少 35%,纵向应变减少 26.4%,轴向伸长减少 30.7%,径向伸长减少 33.8%,其刚度大为提高。目前,国内已有多个型号的固体火箭发动机壳体采用有机芳纶纤维复合材料。

　　(3)碳纤维复合材料。

　　1)国外聚丙烯腈基碳纤维的研究现状。国外聚丙烯腈基(PAN 基)碳纤维的研究和开发始于 20 世纪 60 年代,经过七八十年代的稳定期和 90 年代的飞速发展,到 21 世纪初已基本成熟。现在已分化为以美国为代表的大丝束碳纤维生产和以日本为代表的小丝束碳纤维生产两大类。一般工业较多采用价廉的每束不小于 48 000 根的碳纤维,通常称为"工业级碳纤维"或"大丝束碳纤维"。大丝束碳纤维的生产对前驱体质量要求较低,产品成本低,适合一般民用工业领域。而小丝束碳纤维的生产追求高性能化,代表世界碳纤维发展的先进水平。

　　碳纤维生产工艺流程长,技术关键点多,生产壁垒高,是多学科、多技术的集成。目前,世界碳纤维技术水平最高的公司均位于日本。碳纤维工业已成为日本十大高技术产业之一。日本东丽、东邦及三菱人造丝三家公司是 PAN 基碳纤维(小丝束)的著名生产厂家。这三家公司依靠其多年来对纺丝工艺理论的精通和纺丝新技术的基础研究、应用研究和开发研究方面的丰硕成果,大量生产出高性能碳纤维,使日本迅速成为世界碳纤维强国,无论质量还是数量上均处于世界领先地位。美国的 HEXCEL,AMOCO 和 ZOLTEK(已被日本东丽收购)等其他碳纤维公司也具有较高的技术实力。

　　随着航空航天飞行器各项性能的不断提高,对结构件用材料的性能要求也越来越高。国外碳纤维主要生产商都在积极地开发超高强度、超高模量的碳纤维。东丽公司生产的小丝束碳纤维的产量和质量都居世界前列,代表当今世界水平。东丽公司采用干湿法纺丝,以 DM-SO 为溶剂,分别以丙烯腈/丙烯酸甲酯及丙烯腈/衣康酸为单体生产聚丙烯腈原丝,其原丝技术只转让给合作的 BP‑AMOCO 公司,另外销售给合资法国东丽 SOFICAR 公司。东丽公司可生产 T300～T1100G,M30S～M70J 系列的碳纤维,其中 T1000 碳纤维是目前已经使用的碳纤维中拉伸强度最高的。

东丽公司开发出的高强型 T1000 系列碳纤维,其抗拉模量为 294 GPa,拉伸强度达 7.06 GPa,而高强高模 M65J 型抗拉模量达 640 GPa,抗拉强度为 3.60 GPa。东丽公司实验室已研制出拉伸强度为 9.13 GPa 的碳纤维,比 T1000 碳纤维的拉伸强度提高了 30%。其技术要点是聚合树脂氨化,提高亲水性;三级精密过滤,提高纺丝液纯度;干喷湿纺,实现高倍牵伸;碳纤维细旦化,直径仅为 3.4 μm。2014 年 3 月 10 日,东丽公司宣布,其利用碳化技术,在纳米尺度上精确控制纤维结构,开发出一种新型高强高模碳纤维,称为 TORAYCA T1100G,T1100G 碳纤维同时具有高拉伸强度(6.6 GPa)和高拉伸模量(324 GPa),与东丽公司现有的应用于航空航天中的碳纤维产品如 T1000G 和 T800S 相比,新型的 T1100G 性能得到了显著提高。表 7.4 为部分碳纤维产品的规格和性能。

表 7.4　部分碳纤维产品的规格和性能

牌　号	拉伸强度 GPa	拉伸模量 GPa	断裂伸长率 %	线密度 g·m^{-1}	密度 g·cm^{-3}	单丝直径 μm
T300	3.53	230	1.5	0.198	1.76	7
T300J	4.21	230	1.8	0.198	1.78	7
T600S	4.14	230	1.8	1.7	1.79	7
T700S	4.90	230	2.1	0.8	1.80	7
T700G	4.90	240	2.0	0.8	1.80	7
T800H	5.49	294	1.9	0.445	1.81	5
T800S	5.88	294	2.0	1.03	1.80	5
T1000G	6.37	294	2.2	0.485	1.80	5
T1000	7.06	294	2.4	0.448	1.82	5
T1100G	6.60	324	2.0	0.485	1.80	5
M30S	5.49	294	1.9	0.760	1.73	5
IM7	5.3	303	1.8	/	1.77	5

日本发展 PAN 基碳纤维的独特优势在于这些生产碳纤维的公司均起源于腈纶生产厂家,拥有较强的丙烯腈共聚、成纤技术与基础研究实力,这是决定目前日本碳纤维公司的 PAN 原丝领先于其他国家的基本因素。尽管所选用的溶剂体系各异,但都可生产出相当于 T800 及以上水平的高性能碳纤维。

当前,PAN 基碳纤维向两个方面发展:一是提高,二是普及。提高是指小丝束碳纤维(1～

24K)的质量提高,普及是指大丝束碳纤维(48～540K)的产量大幅度增加,价格日趋下降。根据原子间结合力模型,可计算出碳纤维的理论拉伸强度高达 180 GPa,理论模量高达 1 020 GPa,目前实际生产的碳纤维拉伸模量最高可达理论值的 67.7%,但世界最高水平碳纤维的拉伸强度(9.13 GPa)仅为理论值的 5%。如此大的差距足以表明碳纤维性能的提高尚存在巨大的潜力。

高纯化、致密化、细晶化、均质化和细旦化将是提高碳纤维质量的主要技术途径。原丝的直径愈细,愈易制得均质预氧丝和碳纤维,使碳纤维强度得到提高,随着原丝直径细旦化,纳米碳纤维问世,拉伸强度将显著提高。随着每一碳纤维新品种的推出,碳纤维的性能都有所提升,碳纤维的高强化是世界碳纤维发展的趋势之一。

2)国外聚丙烯腈基碳纤维在固体火箭发动机壳体上的应用。高性能 PAN 基碳纤维复合材料优异的力学性能,使其成为新型固体导弹发动机壳体的首选材料。高性能碳纤维的应用使壳体的强度和刚度大为改观,而大规模的生产又使碳纤维价格有了较大幅度的下降。碳纤维复合材料壳体 PV/W 值是 K49/环氧的 1.3～1.4 倍,可使壳体重量再度减轻 30%,使发动机质量比高达 0.93 以上。另外,碳纤维复合材料还具有有机纤维/环氧所不及的其他优良性能:比模量高,热胀系数小、尺寸稳定性好,层间剪切强度及纤维强度转化率都较高,不易产生静电聚集,使用温度高、不会产生热失强,并有吸收雷达波的隐身功能。

当前先进固体发动机除俄罗斯外均优先选用碳纤维研制复合材料壳体,尤其以拉伸强度≥5.490 GPa、拉伸模量在 290 GPa 左右的高强中模碳纤维为主。目前已应用于"飞马座火箭"、"侏儒"、"三叉戟Ⅱ"、"大力神Ⅳ"固体助推器、"Hyflyer 小运载火箭"等固体发动机壳体上。美国 STARS 靶箭的第二、三级发动机"奥巴斯(Orbus)-1"采用 T-40/HBRF-55A 壳体,纤维体积分数 60%,环向纤维应力 4.94 GPa,强度发挥率 87.4%,容器特性系数 49.0 km,比同样条件下的凯夫拉壳体轻 37.5%,比钛合金壳体轻 83%。由美国陆军负责开发的一种新型超高速导弹系统中的小型动能导弹(CKEM)直径 165 mm,长度 1 409.7 mm,其壳体采用了 T1000 碳纤维/环氧复合材料,由 5 个 33°螺旋缠绕和 3.5 个环向缠绕组成,发动机的质量比达到 0.82。

目前处于国际领先水平的潜射导弹主要有美国的"三叉戟Ⅱ(D5)"和法国的 M51,这两种导弹的发动机壳体材料均采用了高强中模碳纤维/环氧复合材料。"三叉戟Ⅱ(D5)"导弹第一、二级固体发动机壳体采用了 IM7 碳纤维,第一级发动机直径 2.108 m,长度 7.29 m,发动机质量比达到 0.944,壳体特性系数 43 km,其性能较凯芙拉/环氧提高 30%。M51 导弹发动机壳体全部采用了 IM7 碳纤维复合材料。

意大利太空总署及欧洲航天局自 1998 年合作研发的织女星火箭的三级发动机壳体均采用了碳纤维缠绕复合材料壳体技术,其中Ⅰ级发动机(P80)采用了 IM7 碳纤维,直径 3 m,长度 10 560 mm,质量比 0.92。"织女星"第二级发动机 Zefiro23 长约 7.6 m,直径约 2 m,采用 T1000G 纤维和 UF3325 树脂缠绕壳体,在 75 s 内燃烧 24 t 固体推进剂,能产生 100 t 的推力。"织女星"第三级 Zefiro9 固体火箭发动机装有 10 t 重的推进剂,壳体采用 T1000G 纤维和 UF3325 树脂系统进行缠绕,可提供 305 kN 的最大推力。Zefiro9 发动机可使其有效载荷上升至低椭圆轨道,使航天器达到 13.3Ma 的速度。

表 7.5 为国外部分固体火箭发动机壳体应用碳纤维材料的情况。

表 7.5　国外部分固体火箭发动机壳体应用碳纤维材料的情况

发动机	壳体所用纤维
"大力神 4"运载火箭助推发动机	IM7 碳纤维
"德尔它 7925"运载火箭助推发动机	IM7 碳纤维
"三叉戟Ⅱ"(D5)潜地弹道导弹一、二级	IM7 碳纤维
"侏儒"小型地对地洲际弹道导弹	IM7 碳纤维
M51 一、二级发动机	IM7 碳纤维
日本"M－5"火箭第三级发动机	T1000 碳纤维
织女星火箭Ⅱ、Ⅲ级发动机	T1000G 碳纤维
织女星火箭Ⅰ级发动机	IM7 碳纤维

由表 7.5 可以看出,国外先进的固体火箭发动机壳体所用碳纤维主要为 IM7 和 T1000G 等碳纤维。这些纤维都有一个特点,那就是纤维表面均比较光滑。IM－7 碳纤维和 AS4 碳纤维一样虽然是湿法纺丝工艺,但其所用纺丝溶剂为 NASCN,纤维的表面仍然非常光滑。所以,表面光滑的碳纤维在国外先进固体火箭发动机壳体上得到了成功应用。

3)国内聚丙烯腈基碳纤维的研究现状及应用。我国大陆地区研制 PAN 基碳纤维始于 20 世纪 60 年代中期,几乎与日本同步,起步并不太晚。20 世纪 70 年代初期,在实验室已突破连续预氧化和碳化工艺。1974 年 7 月,中国科学院山西煤炭化学研究所开始设计我国第一条碳纤维生产线,并于 1976 年建成。

国内从 1980 年开始研制高强 II 型碳纤维(相当于 T300),先后有上海合成纤维研究所、吉化研究院、吉林炭素厂等建成生产线。但存在纤维性能低、毛丝、分散大、质量不稳定等问题。此后,国内碳纤维的研制工作缓慢向前,没有取得突破性的进展,碳纤维强度性能在一个较长时期内徘徊在 3.0 GPa 左右的较低水平。

2005 年以后,国家加大了投入力度,强化了应用牵引,在国家的大力支持和有实力企业的参与下,近年来我国碳纤维事业取得了长足进展。T300 产业化正在进行,突破了 T300 碳纤维工程化批量稳定制备技术和成套装备自主设计制造技术,碳纤维及其复合材料性能达到了东丽公司 T300 碳纤维水平;目前强度为 3.5 GPa、模量为 230 GPa 左右的 T300 通用级碳纤维已基本实现工业化稳定生产,在一些航天部件中实现了自主保障,国内已有多家企业建设完成千吨级生产线;强度为 4.9 GPa、模量为 230 GPa 左右的 T700 级碳纤维及其原丝技术已经完成工程化研究,开始转入应用研究阶段;强度为 5.5 GPa、模量为 294 GPa 左右的 T800 级碳纤维已经实现技术突破,正在进行工程化研究;强度为 6.37 GPa、模量为 294 GPa 的 T1000 级碳纤维也已开展相关基础研究工作。

目前国产 T700 碳纤维的性能数据已十分接近东丽公司 T700 碳纤维的水平,而国产 T800 碳纤维的整体水平与东丽公司 T800 碳纤维还有一定的差距。从实际评价应用的效果看,国产 T700 和 T800 碳纤维的纺丝工艺主要为湿法纺丝,纤维尚未系列化,而且上浆剂类型单一,同时纤维性能、批次性能稳定性及在复合材料中的性能发挥难以满足固体火箭发动机壳体应用对纤维的具体需求。

我国通过大量的研究工作,提高了国产碳纤维复合材料 NOL 环和容器性能。但与进口碳纤维相比,仍然有很大的差距,存在较大的问题和困难需要进一步研究攻克。虽然国产高强碳纤维的各项性能基本达到了进口碳纤维的指标,但在纺丝工艺、表面截面形貌、表面粗糙度、断裂延伸率等方面与进口碳纤维相比还是有较大的差距。正是这些差距导致高强碳纤维在缠绕复合材料上的应用水平与进口碳纤维相比也有较大的差距。

碳纤维复合材料在国内固体火箭发动机壳体制造中已有使用。

(4)树脂基体。基体在复合材料中不仅起包裹增强材料并把它们黏合在一起的作用,而且具有支撑和稳定纤维柱,防止它们相互滑移和磨损的作用。当复合材料受载时,基体还起到传递载荷和均衡载荷的作用。同时复合材料的耐高温、耐腐蚀、耐辐射、耐气候、耐火焰、耐老化等与环境有关的性能,也和树脂基体密切相关。

纤维缠绕复合材料中,纤维尽管承受着主要载荷,但在纵向压缩、横向拉伸与压缩、剪切等载荷作用下,树脂也起着重要的作用。甚至复合材料的许多力学性能是由树脂支配的,如层间剪切强度和模量、压缩强度及纵向弯曲强度等。这些性能的高低明显影响发动机壳体对内、外载荷的承受能力。因此要提高复合材料性能,除了选用高强度高模量纤维外,为了充分发挥纤维的固有潜能,以及改进材料的综合性能,还必须选用与纤维(含表面状态)相容性好、能有效而均匀地传递载荷、又具有优异综合性能的树脂基体。对于纤维缠绕用的树脂,当然还需满足湿法缠绕或预浸纱带成型工艺的要求。

目前常用树脂基体为双酚 A 型环氧树脂,其分子结构中,含有羟基和醚键,随着固化反应的进行,将进一步生成更多的羟基和醚键,羟基和醚键的存在使固化后的产物有较高的内聚力,而且与被粘物表面可产生很强的粘附力。由于其分子结构中含有硬链节,因而,固化收缩率比较低,内应力比较小,但耐热性较差。

TDE 85(1,2-环氧环已烷-4.5-二甲酸二缩水甘油酯)环氧树脂是一种三官环氧基的树脂,它集脂环族环氧树脂与甘油脂环氧树脂的特性于一身。

在脂环族环氧树脂中,环氧基直接依附在脂环骨架上,具有结构紧密的特点,固化产物热变形温度较高,在 $150\sim200℃$ 范围内热稳定性良好,此外,脂环族环氧树脂基体的机械性能和耐大气老化性能都很突出。

缩水甘油酯型环氧,具有粘度低、活性高的特点,作为黏合剂使用,其黏结强度大,耐候性良好。

美国在研究芳纶和碳纤维缠绕壳体时,还探讨了几种配方:膨胀型树脂、低密度树脂、亚胺改性环氧树脂和环氧改性聚酰亚胺树脂(PI),特别是增韧的双马来酰亚胺(BMI)树脂系统。

膨胀型树脂的膨胀率约在 1.6% 左右,它可以改进树脂和增强纤维间的黏结力,减少壳体的固化应力、冷却应力、气孔率和收缩。

亚胺改性环氧树脂是美国 NASA 组织开发的,是将低聚合度的环氧树脂与新合成出来的酰胺-亚胺反应,环氧树脂中引入亚胺基,提高耐热性。用此以改性树脂为基体制得的复合材料,强度和韧性均有较大提高,拉伸强度提高 43%,剪切强度提高 1.5 倍。

环氧改性聚酰亚胺树脂韧性好,高温黏结强度高,可以低压短周期固化,且无气体副产品逸出;在高温、高湿下力学性能保持率比环氧树脂高。

此外,国外先后对耐高温的热塑性树脂,如聚苯硫醚(PPS)、聚醚醚酮(PEEK)、聚醚醚砜

(PES)等用作复合材料树脂基体,进行了大量的研究工作,从国外树脂基体材料的发展情况看,热塑性聚合物用作复合材料基体材料,在断裂韧性、冲击强度和吸湿等方面都优于热固性类树脂基体,而在耐高温、抗热湿、抗冲击、热稳定性、损伤容限以及吸湿方面又大大优于环氧树脂系统(见表7.6)。热塑性树脂作为复合材料树脂基体已成为趋势,另外,热塑性树脂基体在熔融、浸渍、模压、编织等工艺中特别是在缠绕工艺中的可行性,为研制发动机热塑性复合材料壳体提供了一定的可行性论证依据和各种可供参考的材料性能数据以及工艺参数。

表 7.6　几种树脂的基本性能

性　能	环　氧	PI	PES	BMI	PPS	PEEK
热变形温度/℃	200	—	219	250	246	300
抗拉强度/MPa	50	93.5	105	62	75	92
弯曲强度/MPa	—	127	70	138	96.6	169.7
弹性模量/GPa	4.1	—	3.3	—	3.3	3.8
吸水率/(%)	2	—	—	3.3	0.2	0.15
断裂韧性/(kJ·m^{-2})	0.1	1.9	1～2	1	1.4	2

7.1.2　绝热层与衬层

1.绝热层

固体火箭发动机的绝热层是在壳体内表面与推进剂之间的一层隔热防护材料,具有良好的隔热、耐烧蚀、抗冲刷等性能,能够保证发动机在高温高压燃气下承受烧蚀、冲刷,避免壳体达到危及其结构完整性的温度,保证发动机的正常可靠工作。

(1)绝热层的性能要求。

1)隔热性能。绝热层应有优异的隔热性能,为此,要求绝热层及其炭化层具有低导热系数、高比热、高热解温度和吸热效应。

2)耐烧蚀性能。绝热层应在高温、高速燃气灼烧和冲刷下具有良好的耐烧蚀性和抗冲刷性。其衡量标准是在规定的热通量和气流速度下,绝热层的线烧蚀率满足设计指标。低烧蚀率绝热层要求其在高温燃气作用下能形成质地致密、强度较高的炭化层。

3)力学性能。浇注形式装药结构的绝热层,其模量或硬度直接影响界面的正应力和剪应力,柔性绝热层能减小界面剪应力和径向拉应力以及药柱内孔的周向拉应力。故这类绝热层应具有低模量、高延伸率、低玻璃化温度和较高的强度/模量比。而自由装填式装药结构的壳体内绝热层若与壳体粘结,则要求高模量和高抗压强度。如绝热层制成套筒不与壳体粘结,则不仅要有高抗拉强度,而且应有较高延伸率和低玻璃化温度。

4)黏结性能。绝热层与壳体,绝热层与衬层(药柱)之间必须具有良好的化学相容性和规定的粘结强度,而且这种界面的良好黏结应能承受长期贮存和各种使用环境的考验而不被破坏。这是保证药柱结构完整性或固体火箭发动机工作可靠性极为重要的条件,也是决定固体火箭发动机服役寿命的重要因素之一。

5)密度。为了减少固体火箭发动机的消极质量,提高质量比,绝热层的密度越低越好。

6)发烟量。采用微烟推进剂的固体火箭发动机,其绝热层的热解和燃烧产物应尽量减少其烟雾量,以降低对微波、红外信号的衰减效应和可见烟雾度。

(2)绝热层的分类及组成。固体火箭发动机的绝热层大致分为三类。第一类是硬性绝热层,通常以高分子树脂材料为基体,用于自由装填式装药结构以及与火焰接触的部位。第二类是柔性绝热层,通常以高分子弹性体材料为基体,用于壳体粘结式装药结构。第三类是由柔性和硬性两类组合的多层式绝热层,它兼有柔性绝热层和硬性绝热层的优点,适用于任何装药结构。

1)硬性绝热层。绝热层的研究始于 20 世纪 50 年代。最先研制成功的就是硬性绝热层,此类绝热层采用耐高温的热固性树脂为基体材料,最常用的是酚醛和改性酚醛,其他还有聚酰亚胺、聚苯并咪唑、聚苯并噻唑和聚苯撑等,填料则采用耐高温的纤维,如石棉纤维、高硅氧纤维、酚醛纤维、碳纤维和凯夫拉纤维等,增强纤维可以制成短纤维,也可编织成带、纱、布或毡,绝热层的成型方法有层压、模压、贴片和多向编织预浸缠绕等,硬性绝热层的特点是在高温、高速燃气作用下能形成牢固的炭化层,抗冲刷性和耐烧蚀性好,且有很高的抗压强度和模量。它特别适用于受气流冲刷严重的端面燃烧和自由装填式固体火箭发动机的贴壁绝热层,其缺点是密度大、隔热性能较差、延伸率太低,使用受到了很大的限制,对壳体粘结式装药结构也不能起到应力缓冲作用。补救办法是在树脂基体中掺入部分弹性体预聚物或在硬性绝热层内表面增加弹性体衬层。

2)柔性绝热层。硬性绝热层之后大量发展的是弹性绝热材料,以弹性体作为基体,材料具有优良的热性能,密度低,延伸率高,是一种柔性材料。弹性体基体有丁腈橡胶(NBR)、丁苯橡胶(SBR)、硅橡胶、三元乙丙橡胶(EPDM)、丁丙橡胶(PBAA)、丁羧橡胶、硅橡胶等等。

NBR 是由丁二烯和丙烯腈经乳液共聚而制得的一种高分子弹性体,具有优异的耐油性和易粘接性,而且耐热性好、透气率低,其应用十分宽泛。美国喷气公司于 20 世纪 60 年代初期开始将 NBR 广泛应用于各类固体火箭发动机中。当受到高温灼烧时,NBR 绝热层除了产生裂解反应外,丁二烯分子与丙烯腈分子受热产生键合,形成类似梯状的分子结构,烧蚀过程中形成的炭化层正是因为含有这种耐高温结构而具有相当大的强度。但是 NBR 的耐寒性和抗老化能力还不够理想。

EPDM 大分子主链为饱和结构,双键位于侧链,分子内没有极性取代基,链节较柔顺。根据第三单体种类的不同,EPDM 可分为 ENB 型 EPDM、DCPD 型 EPDM 和 HD 型 EPDM。不同型号 EPDM 结构的差别主要在于:第三单体的种类与数量、乙烯和丙烯的比例、单体单元及其序列结构、相对分子质量及其分布。

EPDM 的综合性能好,是良好的绝热层基体材料。以 EPDM 为基材的绝热层,密度低、延伸率高,具有良好的抗烧蚀性能和隔热性能,可长期贮存,与推进剂、钢(铝)、玻璃纤维或有机纤维增强的复合材料有很好的化学相容性,并可以降低发动机的消极质量,是近年来固体火箭发动机燃烧室广泛使用的内绝热材料。EPDM 绝热层适用范围广,可用于火箭发动机燃烧室内绝热层,也可用于火箭发动机喷管收敛段及火箭的外绝热层,还可用于双基及复合推进剂装药的包覆层。

柔性绝热层按成型方法不同,又可分为软片黏贴和厚浆涂敷两种类型。

黏贴式柔性绝热层是用高分子橡胶材料作基体,与粉末状耐烧蚀填料以及多种添加剂按预定配比,经辗片机混合和多次辗压,先制成半固化状态的软片,再经模压制成用于人工脱黏层的预制件,并将软片直接裁剪成圆筒体尺寸,两端搭接后,将预制件和圆筒体分别黏结到壳体内壁,也可将头端部预制件与软片预先搭接成整体圆筒,置入涂有黏合剂的壳体中,然后用气囊充气加压,使其紧贴于壳体内壁,并在高温、加压下固化。

黏贴式绝热层必须保证界面的空气充分除尽,且不含挥发性溶剂,以确保与壳体的粘结质量。这类绝热层早期使用的主要以丁腈丁苯和酚醛改性丁腈橡胶作为基体材料,填料为石棉、二氧化硅和硼酸。它们的优点是强度适中,延伸率很高,隔热性能较好,密度相对较低。其主要缺点是高温炭化后失去机械强度,不能形成牢固的炭化层,因而抗冲刷性差,烧蚀率偏高。后期发展的三元乙丙橡胶与氧化硅组成的绝热层,在密度、抗拉强度、延伸率、隔热性能、低温性能和抗老化性能等方面均有较大改进,但其耐烧蚀性能仍逊于硬性绝热层。三元乙丙橡胶绝热层与金属壳体的粘结性差,需采用特殊的粘结剂和相应的粘结工艺。

涂敷式柔性绝热层是早期使用的另类以高分子弹性体材料为基体的柔性绝热层。它与粘贴式绝热层的不同主要是采用液态预聚物作基体材料,加入填料和其他组分经混合后成为稠厚的浆料,因而可用喷涂、涂刷、离心等工艺方法直接在壳体内壁涂敷,经加热固化后成型,不需要预先制成软片或预制件,且整个绝热层没有搭接缝。这类绝热层的基体材料通常采用与推进剂配方相同的预聚物,因而与药柱界面具有良好的粘结性。涂敷式柔性绝热层的缺点是抗冲刷能力差,烧蚀率较高,浆料中含有挥发性液体,容易在涂敷和固化过程中使绝热层产生气孔,因而工艺条件必须严格控制。

3)多层组合式绝热层。此类绝热层可按使用要求制成不同结构。如在两层三元乙丙柔性绝热层之间夹一层硬性的酚醛纤维布,经热压固化后制成组合绝热层。其中,三元乙丙绝热层起到良好的隔热作用和阻止气体渗透,而酚醛纤维布则有很好的耐烧蚀性和抗冲刷性。整个组合绝热层又有较高的延伸率和抗拉强度,且燃烧产物无烟无毒。这种组合绝热层的抗烧蚀时间比三元乙丙绝热层长 1 倍以上,而壳体外壁温度基本没有升高,又如用三种不同材料制成三层组合式绝热层,内层为树脂基体与增强纤维组成的抗烧蚀层,中间层和外层则用弹性体预聚物和无机填料组成的多孔状结构。中间层起隔热作用,外层起应力缓冲作用。显然,这种组合式绝热层具有良好的综合性能。

2. 衬层

在固体火箭发动机生产过程中,为保证推进剂与绝热层或壳体牢固地黏结在一起,在两者之间设计了一过渡层-高分子弹性体涂层即衬层,又称包覆层。衬层是由聚合态材料制造的坚硬而不自燃薄层,在推进剂浇注前用于壳体,提高推进剂和壳体或者绝热层之间的黏结性。它允许在装药边缘与壳体之间有少许的轴向移动。

衬层是实现绝热层(或壳体)与推进剂黏结的一层过渡层,其主要作用是将推进剂与绝热层或壳体牢固地黏结在一起。因此要求该界面黏结牢靠,并且长期贮存后其黏结性能满足设计要求,不脱黏,不产生界面效应,且要求能够承受所有可能出现的应力。若界面黏结出现脱黏,衬层的自身性能变差,发动机工作时就有可能造成壳体的过热失强,或引起推进剂的燃面扩大等,从而导致发动机工作失败。

在衬层黏结的两个界面中,衬层/推进剂界面较衬层/绝热层界面更薄弱,易出现脱黏等,故选择衬层材料的一般原则是基于推进剂,常选用与推进剂相同的黏合剂和固化体系。选用相同的黏合剂可使推进剂与衬层间的浸润接触角最小,获得良好的润湿效果,基于此,推进剂和衬层因固化速度的匹配性而更易形成化学键合,利于提高黏接强度。如丁羟推进剂衬层,普遍采用以 HTPB 为黏合剂,甲苯二异氰酸酯(TDI)、IPDI 或二聚二异氰酸酯(DDI)等为固化剂的聚氨酯黏合剂。但上述选择原则并不总是成立。硝酸酯增塑的聚醚推进剂(NEPE)因含有大量增塑剂硝酸酯,其衬层一般选用防迁移效果较好的 HTPB 黏合剂,而非聚醚类黏合剂。通过对 HTPB/TDI 衬层与 NEPE 推进剂界面反应机理的研究表明,衬层与推进剂界面能通过氨基甲酸酯键形成化学黏结而具良好的黏结及贮存性能。因此,选择衬层材料的最根本原则是能满足界面黏结性能要求,而良好的本体与工艺性能是实现界面黏结的基础。

衬层成型工艺对黏结性能也有作用。衬层的均匀涂覆是良好黏结的重要基础。作为固体火箭发动机装药中的一道重要工序,衬层的成型工艺出现了刷涂、离心、拉涂、喷涂和抛涂等工艺,其中典型的主要有刷涂和喷涂两种。

刷涂是指通过手工将衬层料浆在壳体内涂刷均匀的一种成型工艺。作为一种传统工艺,刷涂工艺有完备的操作技术,操作简便,所需工具简单,受工作条件和环境因素的制约小,适用范围广,特别是能适于各种尺寸和形状的固体火箭发动机,故目前仍是最常用的工艺之一。同时,刷涂时的机械作用能促进衬层与绝热层或壳体的快速润湿和扩散,利于界面黏结。刷涂工艺的缺点是劳动强度大、生产效率低和工艺时间长,特别是对大型发动机更明显,另外衬层的成型状态易受人为因素的影响,需由熟练掌握技巧的操作工实施。因此,刷涂工艺在中小型和特殊形状发动机的衬层成型中更具优势。

喷涂是指通过喷涂装置的输料管和喷枪将衬层料浆喷到壳体内表面的一种成型工艺。该工艺简单,易实现自动化和质量控制,在大中型固体火箭发动机的衬层成型中均有广泛使用。喷涂工艺的缺点是为满足施工要求,常需在衬层料浆中加入较多溶剂,造成脱除溶剂、环境污染和安全等问题。近年来,采用超临界二氧化碳为稀释剂的一种新喷涂技术获得应用。该技术具有环保、涂膜厚度均匀、致密等优势,国外超临界二氧化碳聚氨酯漆喷涂已有成功先例。随着该技术在工业应用中的日臻完善,采用超临界二氧化碳作为稀释剂的喷涂技术有望成为固体火箭发动机衬层成型工艺的一个发展方向。

7.2　固体推进剂

固体推进剂既是固体火箭发动机的能源,又是工质源,其组成以燃烧剂和氧化剂为主,兼有改善推进剂性能的多种添加成分。固体推进剂技术的发展始终以提高能量为主线,而所有提高推进剂能量技术途径的成功应用,都可以推动固体推进剂技术的进步。当前,固体推进剂技术处于一个发展的平台区,这一时期研究工作的重点集中于下述几方面:

(1)新型高能量密度物质(HEDM)研究,包括高能氧化剂、新型含能增塑剂及燃料添加剂和新型含能黏合剂等合成探索研究。

(2)含能材料的改性研究。在追求固体推进剂高能化的同时,钝感、低特征信号、低成本和安全销毁与再利用技术等也是重要的发展方向。

7.2.1 含能材料的改性研究

1.传统氧化剂的改性处理

传统氧化剂一般是指高氯酸铵(AP)、黑索金(RDX)和奥克托金(HMX),其中以 AP 应用最为广泛。AP 是一种白色晶体物质,温度低于 240℃时以斜方晶型存在,温度高于 240℃时则以立方晶型存在,晶型转变能为 11.3 kJ/mol。其缺点是热分解温度低,吸湿性强,直接影响复合固体推进剂的使用和贮存性能。AP 的强吸湿性与 AP 的晶型直接相关,是 AP 自身固有的一种缺陷,很难克服。目前针对该问题的主要解决手段是对 AP 进行表面包覆改性。例如,采用超临界流体沉积技术(SAS 法)制备以超细 AP 为核、氟橡胶 FPM2602 为壳的核壳复合材料,能够有效提高 AP 的抗湿能力,同时其安全性、爆发点和撞击感度均得到了较好的改善。还可以以阻燃聚合物 P200 为膜,采用反沉淀法(溶剂非溶剂法)包覆 AP,其膜材料占 AP 质量的 1.15%~2.15%,在降低 AP 吸湿性的同时有效提高了 AP 的低温分解温度。

在改善 AP 的燃烧性能方面,目前的主要途径是:①将 AP 的粒度细化;②添加高效燃烧催化剂。调整复合固体推进剂中 AP 的粒度,可有效改善复合固体推进剂的燃烧速度和内弹道性能。

对 RDX 和 HMX 的改性也主要是在粒度细化和级配方面。传统氧化剂虽然能量较低,自身也有很多不足,但其生产工艺成熟、成本低,如能改善其相关性能,仍将拥有很大的应用领域。

2.黏合剂的改性研究

(1)硝化纤维素(NC)。NC 是双基系推进剂的黏合剂基体,为含能高分子材料,对能量的贡献比 HTPB 等惰性黏合剂要大得多,但由于受其自身分子的刚性结构特点所限,导致双基系推进剂存在高温变软、低温易脆变等问题,限制了双基系推进剂适用范围的拓展。因此,对 NC 进行改性以改善其力学性能,对于双基系推进剂的未来发展具有重要作用。

例如,以棉纤维为原料,对其进行碱化、醚化及硝化等处理后,得到 NC 接枝改性的产物-二羟丙基硝化纤维素,其安定性与 NC 相当,且由于与增塑剂更好的相容性,使得大分子内、分子间的氢键作用减弱,大分子链更易伸展,从而提高材料的力学性能。针对羟乙基硝化纤维素,其低温力学性能与 NC 相比得到改善,原因与接枝侧链的"内增塑"作用有关。硝化纤维素甘油醚是一种已应用于推进剂之中的接枝改性 NC,采用其作为配方的推进剂加工性能优良,低温延伸率可提高 50%以上,燃烧性能基本没有变化,能量大幅增加,同时还减轻了固体填料的"脱湿"现象。此外,采用共混的方法将 NC 均匀分散在热塑性弹性体(GAP - TPE)或聚氨酯弹性体(GAPE)中,也可得到相容性良好,力学性能优良的共混物;将 GAP 预聚物或其与环氧乙烷/四氢呋喃共聚醚(PET)共混后的预聚物引入交联改性双基推进剂后,其抗拉强度和断裂延伸率增大,玻璃化转变温度降低。

纳米技术是目前世界科技研究的热点,因而 NC 的纳米化也是近年来研究者关注的一个方向。利用静电纺丝技术制备出的平均直径为 80 mm 的 NC,其分解热高于常规 NC,且纳米 NC 与纳米 Al 粉混合还可改善后者的分散均匀性。利用强酸水解无定型纤维素、超声波分散的方法制备出纳米纤维素晶须,然后硝化得到尺寸小、比表面积大、分散均匀和极限含氮量高的纳米硝化纤维素晶须;将纳米硝化纤维素晶须作为硝化纤维素的增强材料制备成复合材料后,其拉伸强度、杨氏模量和断裂伸长率均得到提高。

(2)端羟基聚丁二烯(HTPB)。HTPB 是一种具有活性端羟基的遥爪液体橡胶,是目前应用最为广泛的复合推进剂黏合剂品种。在复合推进剂成型过程中,HTPB 与扩链剂、交联剂反应生成具有三维网络结构的聚氨酯,可容纳较高的固体含量并赋予推进剂优异的力学性能。但由于HTPB 分子链上无刚性基团,自身强度较低,单纯依靠改变交联剂、扩链剂种类和调整 HTPB 分子量及固化参数等力学性能调节方法,已难以满足高性能固体火箭发动机对复合推进剂提出的更高性能要求。因此,对 HTPB 改性是复合推进剂力学性能进一步提高的有效途径。

将两种或两种以上高聚物通过物理或化学的方法共混,得到单一高聚物无法达到性能的材料,是高聚物改性中常用和有效的手段,具体的方法有混合、接枝、嵌段和互穿网络等。将HTPB 与炭黑、SB_2O_3 和 123 树脂等材料混合,可从不同方面改善其力学性能;此外,添加适当比例的环氧树脂也能够改善 HTPB 的力学性能。将二茂铁燃烧催化剂接枝在环 HTPB 分子链上,不仅解决了此类催化剂的迁移问题,而且还可使推进剂的燃速大幅增加。嵌段改性方面比较常见的是利用 HTPB 端羟基的活性,将其与不同性质的高分子材料反应得到多嵌段的聚氨酯,硬段如甲苯二异氰酸酯,软段如聚四氢呋喃醚和聚己内酯,借助这些材料与 HTPB 软段热力学不相容而导致的微相分离,赋予聚氨酯良好的力学性能和热稳定性等优异性能。采用互穿网络技术将甲基丙烯酸 B 酯引入 HTPB 网络结构中,达到改善后者力学性能的目的,同时利用甲基丙烯酸 B 酯低黏度的特点改善了黏合剂体系的工艺性能;此外,用聚甲基丙烯酸 I 酯或聚甲基丙烯酸甲酯代替甲基丙烯酸 B 酯也起到了相似的效果。

对 HTPB 自身的分子结构进行改性,是改善复合推进剂力学性能的另一个有效方法,较多的是对 HTPB 进行环氧化改性。环氧化端羟基聚丁二烯(EHTPB)具有较好的力学性能和黏结强度。

针对 HTPB 的羟基进行结构改性,也是改善其力学性能的一种途径。采用负离子聚合合成,同时添加结构调节剂的方法制备出 3 臂和 4 臂星形 HTPB,后者与 HTPB 相比,拉伸强度大幅提高,但伸长率有所下降。

7.2.2 新型高能量密度物质(HEDM)研究

1. 含能黏合剂

固体推进剂用的黏合剂多为一种含有活性官能团的高分子液态预聚物。它既是构成固体推进剂弹性的基体,又是具有一定能量的 C、H 燃料,虽然黏合剂只约占推进剂 10% 的份额,但其自身性质对推进剂的制造工艺、燃烧性能、贮存性能和力学性能等有重要影响。在黏合剂的发展道路上,经历了聚硫橡胶黏合剂、聚醚黏合剂、丁二烯/丙烯酸/丙烯腈共聚物黏合剂(PBAN)、端羧基聚丁二烯黏合剂(CTPB)和端羟基聚丁二烯黏合剂(HTPB)等,在这之后出现了含能黏合剂。新型含能黏合剂体系研究的基本思路是在高分子链中引入硝基($-NO_2$)、硝酸酯基($-ONO_2$)、氟二硝基甲基[$-CF(-NO_2)_2$]、叠氮基($-N_3$)等含能基团。如今新的黏合剂有聚乙二醇(PEG)、聚氰基二氟胺已基烯氧化物(PCDE)、聚叠氮缩水甘油醚(GAP)、聚缩水甘油硝酸酯(PGN)。这些含能黏合剂燃烧时在改善氧化剂和金属燃烧剂燃烧环境的同时释放更多的能量,提高推进剂的性能,且力学性能和可加工性良好。目前对含能黏合剂的研究主要集中在叠氮类和硝酸酯增塑聚醚类黏合剂。

(1)叠氮类黏合剂。叠氮黏合剂是近年来研究含能材料方面最为活跃的研究领域之一。叠氮基不仅能量高,而且其热分解先于主链且独立进行,提高推进剂的能量的同时还可加速推进剂的分解。为了提高固体火箭发动机性能,固体推进剂的高能和无烟化已成为当前固体推进技术发展中急需解决的问题。由于支链含叠氮基的聚醚预聚体具有较高的生成热,密度大,成气性好,与硝胺类氧化剂搭配可提高燃速等优点,所以在新一代高能、无烟固体推进剂研究中,具有很大的潜力。

叠氮黏合剂的典型代表为GAP,它是一种侧链含有叠氮基团、主链为聚醚结构的含能聚合物,它具有正的生成热、密度大、氮含量高、机械感度低、粘度低、玻璃化温度低和热稳定性好等优点,与其他含能材料和硝酸酯增塑剂的相溶性非常好,具有相对低的危险性。把GAP加入到推进剂中可提高燃速、比冲、降低压强指数、减少火箭推进剂燃烧时产生的烟焰,且GAP制备工艺简单,原材料来源丰富,因此,以GAP为黏合剂的推进剂受到各国的普遍重视,GAP的钝感性能使其成为发展钝感推进剂的重要黏合剂之一。

GAP是一种典型的含能黏合剂,分子中含有$-N_3$基团,具有能量高、感度低、燃气清洁、热稳定性及与其他含能组分相容性好等优点,是研制高能、钝感和低特征推进剂的理想黏合剂。但由于GAP分子主链碳原子数目少且侧基体积较大,导致分子主链内旋转困难,柔顺性差而刚性较强,使GAP黏合剂不能赋予推进剂良好的力学性能和工艺性能。因此,国内外研究者试图通过各种方法对GAP进行改性,以期改善GAP黏合剂的性能。

与HTPB类似,共混同样是GAP改性研究中的常用和有效的手段,其中最为简单的方法是将主链柔顺性好的高分子材料,如HTPB、PEG、PET和BAMO等与GAP共混,然后固化反应形成不同的交联网络,利用它们之间的协同作用改善GAP的力学性能,降低玻璃化转变温度,或提高增塑比。采用共聚的方法使GAP分子链连接其他链段,是一种小尺度的改性方法。

有关对GAP自身分子结构进行改性,主要集中在两个方面,一是合成支化GAP(B-GAP),以改善GAP黏合剂的力学性能和工艺性能。聚环氧氯丙烷溶于溶剂中,在催化剂和引发剂的存在下与叠氮化钠反应制得B-GAP,其羟基官能度、分子量及分布值在一定范围内可调。

由于GAP所带的端羟基为仲羟基,其反应活性较低,固化反应较为困难,因此对端羟基进行改性以提高其反应活性成为GAP分子结构改性研究中的另一个重要方面。通过对GAP端羟基改性,使其多官能度化,避免了多官能度交联剂的使用,提高了推进剂批次间的稳定性。采用不同的封端剂对GAP进行封端,使仲羟基转化为伯羟基,从而提高了反应活性,改善了GAP黏合剂的力学性能。

(2)硝酸酯类黏合剂。硝酸酯类的含能黏合剂主要以PGN和PolyNIMMO[聚(3-硝基甲基-甲基氧丁烷)]为代表。PGN是一种高能钝感的含能黏合剂,它与硝酸酯有很好的相溶性,含氧量高,可大大改善推进剂燃烧过程的氧平衡,燃气也较为洁净。以PGN为黏合剂的推进剂可少用或不用感度较高的硝酸酯增塑剂,从而降低推进剂的感度。据研究表明,PGN

官能度近于或大于 2，环状低聚物质量分数<2%～5%，推进剂中金属燃料为 Al、Mg 或 B 的混合物，氧化剂是硝酸铵(AN)或黑索金(RDX)、奥克托今(HMX)或六硝基六氮杂异伍兹烷(CL-20)。ω(固体)=60%～85%，当其值在 60%～75% 时，能量水平与大型运载火箭用的 HTPB 推进剂相似，配方中加入少量 B 有利于提高燃速，降低燃速压强指数。

PolyNIMMO 是一种美国科学家重点研究的含能黏合剂，主要是认为硝酸酯取代对能量和氧平衡都有贡献。PGN 和 PolyNIMMO 是近几年国外重点研究的高能固体推进剂含能黏合剂。

另外由于非极性的 HTPB 与含能增塑剂的相容性较差，因此对 HTPB 黏合剂的改性也成为高能固体推进剂黏合剂研究的一个重要方向。印度炸药研究与发展研究所采用 HTPB 和已内酯(CL)合成了新型嵌段聚合物(HTBCP)，CL 的聚合反应是用 HTPB 作为开环引发剂。该聚合物固体填量高，与硝酸酯有良好的相容性，有望成为弹性体复合双基推进剂(EM-CDB)的高性能黏合剂。

2.含能氧化剂

氧化剂的主要作用是提供推进剂燃烧时所需要的氧，其本身具有有效氧含量高、生成焓高和密度大等特点。氧化剂在固体推进剂中占最大的分量，其性能直接关系着推进剂能量的大小。氧化剂对推进剂能量贡献主要取决于它与黏合剂及金属燃料氧化反应产生的热量和气体量的大小。通常用氧化剂氧含量、生成热值和燃气生成量来衡量，氧化剂性能比较见表 7.7。

表 7.7　氧化剂性能比较

氧化剂	ω(氧)/(%)	密度/(g·cm^{-3})	产生气体量/[mol·(100g)$^{-1}$]	生成热/(J·g^{-1})
AN	59.5	1.73	—	−4 560.6
AP	54.4	1.95	3.58	−2518.8
HN	50.5	1.65	4.49	−2 221.7
CL-20	46.8	2.04	—	+122.1
ADN	51.6	1.80	4.03	−1 246.8
HNF	52.5	1.87	3.60	−393.3

(1)CL-20 氧化剂。六硝基六氮杂异伍兹烷，分子式为 $C_6H_6N_{12}O_{12}$，简称 HNIW，俗称 CL-20，是具有笼型、多硝基多环硝铵结构聚合物，为白色或无色结晶，具有高的张力及高的结晶密度，还有好的安定性。CL-20 是由美国海军武器研究中心的尼尔森(Nielson)博士于 1987 年首先制得，至今被认为是能量水平最高的一种高能量密度氧化剂，是硝铵类氧化剂的重大突破，受到各国研究人员的广泛重视。经基本理化性能的研究和测定证明了 CL-20 是一种能量密度高且有优良热稳定性、化学稳定性和安全性的新型材料。在应用研究方面，发现 CL-20 与大多数现用推进剂组分有良好的相容性，用于推进剂配方中可显著提高能量，且不会降低安全性和热稳定性。

(2)ADN 氧化剂。ADN(二硝酰胺铵)是一种稳定的白色离子物质，分子结构式为：NH_4^+·[$N(NO_2)_2$]$^-$，是一种能量高、不含卤素和化学热稳定性好的新型含能氧化剂，它具有较高密度、氧含量高、能量高和燃烧产物洁净等优点,是目前常用的氧化剂高氯酸铵理想的替代品。ADN 替代目前常规推进剂配方中大量使用的高氯酸铵(AP),硝酸铵(AN),可大幅度提高推进剂的能量,降低特征信号,减少污染,被认为是下一代低特征信号推进剂用氧化剂主要品种之一。在推进剂配方中加入 ADN 时其综合性能可达到甚至优于常规端羟基聚丁二烯(HT-PB)/AP 推进剂的性能。更为理想的是 ADN 推进剂燃烧时不产生有毒的氯化氢(HCl)气体。推进剂配方中使用 ADN 可大大减少主要由 HCl 成核作用所造成的二次烟问题。其环保特性研究结果证实,与常规 AP 推进剂相比,其气体产物对环境的危害要小得多。因此,ADN 推进剂已成为一种理想的推进剂。

ADN 由苏联泽林斯基有机化学研究所于 20 世纪 70 年代初首先合成出来,90 年代初披露于世后,引起西方极大兴趣,俄罗斯、美国和瑞典等国家都致力于含 ADN 的高能、低特征信号战术和战略导弹用固体推进剂的研究。美国研制的 ADN 推进剂的标准理论比冲为 2 600 N·s/kg,大大高于常规低特征信号推进剂的比冲值,该推进剂还具有独特的高压燃烧稳定性(实验测试),具有高压工作火箭发动机应用潜力。

ADN 推进剂还具有高燃速的特性,ADN 含量越高,其燃速越高,如 PCLADN 配方的燃速为 18 mm/s(7 MPa),GAPADN 配方的燃速为 23～33 mm/s(7 MPa)。

(3)NF 氧化剂。硝仿肼(HNF)发现于 1951 年,它是三硝基甲烷(硝仿)与肼生成的盐,为橙黄色结晶,是一种高能氧化剂,具有氧含量高、生成热高、密度大及燃烧产物平均分子量低等优点,不含卤素使其无烟、无污染。早在 20 世纪 60 年代,欧洲就曾在 HNF 的研制及作为高能氧化剂应用方面做过大量工作。影响 HNF 实用的原因主要有 2 个:其一是制备三硝基甲烷的工艺危险性太大,曾发生过多起着火爆炸事故;其二是 HNF 易与不饱和的黏合剂系统中的双键起化学反应而生成气体,破坏推进剂性能。上述合成过程和成品的安全性及与当时的推进剂黏合剂等组分不相容,致使研究工作一度中断。

近几年由于低特征信号、无污染推进剂的需求,人们再次开展了 HNF 氧化剂的研究。目前,荷兰、美国及日本等国找到了安全合成高纯度 HNF 的方法,并得出只要 HNF 成品的纯度足够高,成品的安全性就不成问题,另外新型黏合剂 GAP 等新型推进剂组分的出现,也可望解决相容性问题。目前,含 HNF 的推进剂研究主要是叠氮黏合剂/Al 粉/HNF 推进剂,荷兰对该推进剂做了真空热稳定性实验及配方研究实验,并进行了直径 100 mm 的发动机实验。

美国洛克威尔公司成功地找到三硝基甲烷的安全合成路线。荷兰航空和航天推进剂产品公司等经过大量研究,掌握了安全的 HNF 合成工艺,建立了 HNF 生产工厂。荷兰航空和航天推进剂产品公司的一系列实验表明,含杂质的 HNF 撞击感度<1 J,纯化后可达到≥15 J,摩擦感度为 25 N,纯化后性能明显改善,可见,硝仿肼的纯度是使用安定性的关键。将生产的高纯度的 HNF 用于饱和含能黏合剂(如 GAP 等)制成的固体推进剂,不会引起安全、感度、毒性等严重问题。从而使 HNF 的实际应用出现了光明的前景。

欧洲航天局(ESA)和荷兰航空航天局(NIVR)在确认 HNF/GAP/Al 为具有高能固体推进剂配方之后,做了大量推进剂配方研究,实验结果表明,HNF/GAP/Al 推进剂能量高、感度低、对环境无污染。

3.新型燃烧剂

B、Be、Al 是对推进剂比冲贡献非常大的燃烧剂。由于 B 与一般氧化剂很难完全燃烧,而

Be 和其化合物有剧毒,因此,尽管 Al 的原子量比 B 和 Be 高,它仍是广泛应用的燃烧剂。纳米级铝粉是当今热点研究的金属燃烧剂,据报道它能使推进剂燃速增加 2 倍,并提高燃烧效率,实际上使比冲得到了提升。

粉状燃烧剂作为燃料在含能体系中已得到广泛应用,是提高体系能量性能的重要途径之一。理论上可用于固体推进剂中的活性粉状燃烧剂主要有铍、锆、铝、硼、镁等,其基本性能参数见表 7.8。但在实际应用中,发现颗粒较大的微米级粉状燃烧剂往往存在燃烧不完全的现象,而粒度更细微的纳米粉状燃烧剂却可以完全燃烧,燃烧效率得到了显著提高,释放的单位能量更大。同时,研究者们还发现某些纳米粉状燃烧剂也具有很好的燃烧催化性能。

表 7.8　几种典型高活性(非)金属粉的性能参数

名　称	密度 kg·m^{-3}	质量热值 MJ·kg^{-1}	体积热值 MJ·dm^{-3}	单质熔点 ℃	单质沸点 ℃	氧化物熔点 ℃	氧化物沸点 ℃
铍	1 840	66.5	122.5	1 284	2 970	2 557	3 787
锆	6 490	12.0	78.2	1 854	4 427	2 715	
铝	2 700	31.1	83.9	660	2 477	2 047	2 980
硼	1 730	58.9	101.9	2 130～2 330	3 550～3 667	455	1 860
镁	1 740	24.7	43.0	650	1 112	2 807	3 260

1)纳米铝粉。纳米铝粉作为一种新型的高活性金属燃料,由于具有较大的比表面积,使之具有很强的化学反应特性,成为当前的研究热点,国内外关于纳米铝粉在含能材料方面的应用已经取得了很大的进展。纳米铝粉作为高活性金属加入含能材料体系中可大幅提高含能材料体系能量及能量释放速率,高活性纳米铝粉的燃烧更完全、燃烧效率更高,有更好的抗凝聚性能和点火性能。纳米铝粉诸多的优异性能使其在固体推进剂中具有巨大的潜在应用价值。

通过热重和热差分析,与常规铝粉相比,纳米铝粉在空气、氧气和氮气中的行为非常不同。在空气中,纳米铝粉表现出了在较低温度就开始氧化反应,并且反应完全程度很高。在氮气中,纳米铝粉粒子的氮化很快,大概在 680℃ 开始并接近反应完全。

普通铝粉燃烧时形成了凝聚,并且燃烧不完全,因此有机会形成凝块,降低了燃烧效率。同时,还会增加红外信号、喷管的两相流损失和形成羽烟状的气体排出等缺陷。微细铝粉的燃烧需经熔化、凝聚、燃烧三个阶段,这是固体推进剂中铝粉不能迅速燃烧的一个原因。而纳米铝粒子不经熔化直接燃烧,且燃烧得非常快,在燃烧面上就完全被氧化了,形成的氧化物成为雾状并与燃烧气体达到热平衡,并跟随着燃烧气体的流动。因此含纳米铝粉的推进剂燃烧性能好,并且没有凝聚现象。

含纳米铝粉的推进剂熄火表面非常光滑,未见类似于含普通粒度铝粉推进剂的燃烧残余物。虽然纳米铝粉的相对较高的惰性氧化物含量使得它每单位体积放出的热量比常规铝粉要小,但由于纳米铝粉巨大的比表面增强了它与气态反应物反应的机会。纳米铝粉的本体燃速高于普通铝粉,点火延迟时间小于普通铝粉,上述效应导致了纳米铝粉以较高的质量消耗速度在靠近推进剂燃面处燃烧,因此纳米铝粉对燃面有较高的热反馈,并进一步提高了推进剂体系的燃烧性能。同时,从动力学角度考虑,由于纳米级颗粒反应体系中反应物分子间扩散距离减小,使燃烧反应更易进行。纳米铝粉与粘结剂之间巨大的接触面以及在固体推进剂表面纳米铝粉的热释放及微爆炸,也都是燃速增大的可能原因。

相对于普通铝粉,纳米铝粉虽然具有高的表面活性,但其制备与存储也更加困难,极易氧化失活,使其在实际应用中面临巨大挑战。为了解决该问题,各国研究者对其作了大量深入研究。表面包覆是目前常用的有效解决纳米铝粉氧化失活的方法之一,即以纳米铝粉球形颗粒为核,通过物理或化学作用在其表面包覆数层均匀纳米薄膜而形成的一种复合多相结构,从而保护内核的活性铝不被进一步氧化。具体包括表面原位包覆处理及表面钝化后二次包覆处理2种途径。原位包覆处理即在制备纳米铝粉的同时对其进行表面包覆改性,按照所选物质的不同可分为无机物表面原位包覆和有机物表面原位包覆;纳米铝粉表面钝化处理后包覆,则是对真空包装下新拆封的已钝化处理形成 Al_2O_3 薄膜的纳米铝粉进行二次表面包覆改性。原位包覆相对于钝化处理后包覆工艺流程缩短,即在制备的同时进行了表面包覆处理,但设备及技术要求较高。

国外对该领域的研究包括利用表面原位包覆法研究了环氧聚合物包覆纳米铝粉的效果,分别选用环氧己烷、环氧异丁烷及环氧十二烷等3种不同取代基的环氧类单体。实验结果表明:纳米铝粉表面均形成一壳层富氧聚合物,且随着取代基越长包覆效果越好,同时证明复合粒子核半径与环氧单体组成及比例无关。还包括采用乙酰丙酮钯、乙酰丙酮银、二甲基硫醚氯化金和乙酰丙酮镍成功实现的纳米铝粉的表面包覆。实验结果表明:表面经过渡金属元素包覆处理的纳米铝粉在空气中放置一段时间后,其活性铝含量相对于未改性处理的要高,复合粒子呈现出良好的稳定性。

国内在纳米铝粉表面包覆改性领域进行了大量的研究也取得了一定的进展,已成功在纳米铝粉表面实现原位碳沉积;利用油酸、全氟十四烷酸在钝化处理过的纳米铝粉表面进行二次包覆处理,起到了较好的包覆改性效果,将其应用于推进剂中可提高推进剂的燃烧性能。利用激光-感应复合加热的方式制备了 HTPB 包覆纳米铝粉核壳粒子,热分析法表明其活性及稳定性都得到了明显提升。

表面包覆是改善纳米铝粉性能的一种有效方法,不但可以有效解决团聚以及氧化问题,而且还可有效提高铝粉的燃烧效率。目前原位包覆和表面钝化后包覆处理已有大量报道,取得了一定的成果,但仍存在一些问题,即包覆处理后活性铝粉含量相对较低,降低了其潜在应用价值;同时,目前所选的包覆物基本为惰性不含能物质,而且包覆处理后防止氧化的时间也有一定限度,之后仍然会缓慢失活。因此,未来研究中不仅需要深入探索纳米铝粉氧化失活的机理,还可考虑选用特殊的包覆物来赋予铝粉新的功能,例如采用推进剂组分或含能材料进行表面包覆,在防止其氧化失活的同时还可以提高推进剂的能量性能和燃烧性能。

2)纳米硼粉。硼粉具有较高的燃烧热值和密度,容积热值几乎是碳氢燃料的3倍,其燃烧产物在喷管流动过程中呈气态,减小了两相流损失,是高能富燃料推进剂最合适的燃料之一。但硼粉在实际应用中主要存在两大问题:①硼粉的熔点、沸点高,且其氧化产物熔点也很高,导致其点火性能差、燃烧效率低等;②硼粉的表面易与外界的水、水蒸气等结合产生 B_2O_3、H_3BO_3 等杂质,使固体推进剂的工艺性能恶化。这些问题严重阻碍了硼的应用,要使含硼推进剂得到发展,就必须改善硼的点火、燃烧性能和表面特性。

大量研究表明,采用适当的方法改善含硼推进剂中硼颗粒的燃烧环境可以获得高的燃烧效率和良好的加工性能,例如硼粉表面包覆、添加易燃金属和高能黏合剂等技术,均是改善硼粉点火和燃烧特性的有效途径。表面包覆是指通过包覆物与氧化硼反应或包覆物自身的放热反应来除去氧化层,从而实现提高燃温和降低点火温度的目的。通过研究 AP、KP(高氯酸钾)、LiF 包覆颗粒对富燃料推进剂热分解性能的影响,结果显示,用上述材料包覆的推进剂高温热分解提前,反应热增加,尤其是 KP 包覆效果最佳。通过研究 GAP 包覆硼粉对燃烧时间的影响,结果表明,硼粉燃烧时间缩短,GAP 含量越高,燃速越高。添加易燃金属和高能黏合剂是改善含硼富燃推进剂燃烧性能和工艺性能的另一有效途径,在含硼推进剂中添加点火性能较好的金属,如 Mg、Zr、Ti 等,通过易燃金属的燃烧,可提高硼颗粒周围的温度,从而改善其点火特性;而高分子黏合剂的存在,使硼粉与推进剂组分的相容性提高,改善了推进剂的工艺性能,尤其是含能黏合剂的加入,不仅在一定程度上可提高推进剂的能量,其快速分解放出的热量还能加快硼颗粒的氧化速度,改善推进剂的燃烧性能。

与此同时,纳米技术也使硼在含能材料中的广泛应用成为可能,纳米级硼具有较好的点火和燃烧性能,有利于硼的完全燃烧及能量的充分释放。美国用等离子体法已成功制备出纳米硼;俄罗斯利用碳硼烷分子的气相热解反应进行了制备氢原子包覆纳米硼粒子的探索研究,制备出高热值、含氢原子保护层的纳米硼颗粒(10～30 nm),其密度和燃烧热与纯硼接近,热值明显高于目前可得到的其他纳米级燃料,由于氢原子壳层的存在,该纳米颗粒在室温下表现出惰性。由此可知,选择合适的材料与高反应活性的纳米硼粉进行复合,减少表面杂质,从而能大幅度提高现有火炸药产品的性能,纳米硼粉复合化也将是未来硼粉作为燃料应用于推进剂中的重要发展趋势。

3)纳米锆粉。锆粉是一种类似于铝粉的高活性金属。锆的形态不同,同氧气反应的活性则表现出很大差异。细微的锆粉在空气中可自燃,粒度大小不同,着火点在 80～285℃ 之间;致密的锆块很稳定,在空气中要加热至 600℃ 才能与氧反应。

由于锆具有高密度、高体积热值、高活性的特点,因而比其他燃烧剂具有更多的应用优势。锆粉在引爆雷管及无烟火药等火工品中已有应用,在富燃料推进剂研究中被作为助燃组分。在以往的研究中,由于锆的质量热值较低,相对于铝、硼等燃料,国内外普遍认为不具有应用优势。随着一些对密度有特殊要求的新型火炸药的出现,锆的高密度使其体积热值具有明显的优势,且随着锆粉粒度达到纳米级,其活性将大幅度提高,这一点在推进剂中已得到体现。

此外,锆粉燃烧生成的氧化锆很容易溶解到金属中,在其表面不会像铝粉那样形成难以挥发的氧化物膜层,从而降低点火温度。研究纳米锆粉的点火性能时发现,与粒度大于 1 nm 的粗糙的锆粉相比,粒度小于 100 nm 的纳米级锆粉活化性能更好,点火时间更短,相应推进剂燃烧性能也更好。

4)其他纳米金属粉。铍有很高的燃烧热,耗氧量较小,用它制成的推进剂可获得特别高的能量,但铍粉和其燃烧生成的氧化铍都是毒性很大的物质,且铍资源稀有,从而限制了其应用。镁粉点火温度低,燃烧性能好,耗氧量小,在提高推进剂能量性能方面,特别是在水冲压发动机用燃料中得以应用。但由于热值相对较低,密度小,在推进剂中的使用效果也不是很好,因而在实际中使用量较小。除上述几种金属外,Ni、Cu、Co 等金属也以其优异的性能在固体推进剂中得到了应用,相关研究取得了一定的进展。纳米 Ni 粉可缩短推进剂的点火延迟时间、降低点火温度,提高低压下燃速并降低压强指数;纳米 Cu 粉和 Co 粉能够促进推进剂组分的热分解,使固体推进剂放热量释放区间更加集中,有利于提高推进剂的做功效率;纳米 W 粉可延长推进剂的燃烧衰减率,其具有的高氧化放热和低氧化温度对于体积有限的推进体系的固体燃料是有利的。

通过研究纳米 Ni 粉对高能推进剂的火焰结构的影响,发现与未添加 Ni 粉的配方相比,推进剂的燃烧表面亮度明显增加,燃烧剧烈程度提高,火药亮白区域增大,高能推进剂的燃烧效率得到了改善。通过高压差示扫描量热法和热重法研究了纳米 Cu 粉对推进剂高能组分 HMX 热分解的影响,发现纳米 Cu 粉能够促进 HMX 的凝聚相的分解;对推进剂高能组分 RDX 与 GAP 也具有促进其分解的作用。采用化学法制备出的平均粒径为 42 nm 的 Co 粉,并发现纳米 Co 粉可使 AP 的热分解峰值温度提前 $145.01\sim155.72℃$,其催化效果明显优于微米 Co 粉。在 HTPB 推进剂中添加纳米 W 粉,其燃烧衰减率与未添加的 HTPB 推进剂相比,有 38% 的增长。

粉状燃烧剂的纳米化已成为提高其反应活性,改善含能材料体系能量及能量释放速率的一个重要方向。由于燃烧剂纳米粒子具有表面活性高、容易被氧化等特性,其制备方法与一般纳米粒子的制备方法会有所不同。粉状燃烧剂的纳米化处理是当前研究的热点,虽然纳米粉状燃烧剂的制备研究与在推进剂中的应用已经取得了很大的进展,但如何保持其较高的活性,防止氧化与团聚,与推进剂其他组分具有较好的相容性等问题都将成为纳米粉状燃烧剂应用于固体推进剂中面临的严峻挑战,从而制约其发展。因此,纳米粉状燃烧剂从实验室走向工业化尚需时日。可以预见,纳米粉状燃烧剂制备方法的改进必将推动其在固体推进剂中发挥更加重要的作用。

5)纳米复合金属粉。由于单一的纳米粉体很难均匀分散,易团聚,往往存在一定的局限性,研究者提出了复合金属粉的概念。将纳米金属复合处理不仅能有效改善纳米粒子分散性,大大提高其实际使用效果,还能协同多种金属的性能,从而在某些方面表现出较单一金属粉更好的性能特点。

通过采用热分析法研究了纳米金属粉(Cu,Ni,Al)和复合金属粉(NiCu,NiCuB,NiB)对 AP/HTPB 推进剂热分解的影响,结果表明,它们对推进剂的热分解均具有明显的催化作用,其中含铜的纳米复合金属粉(NiCu 和 NiCuB)的催化效果较强。纳米 NiCu 复合金属粉可明显降低 AP 的高温和低温热分解温度,使总表观分解热显著增加,以组成为 $Ni_{60}Cu_{40}$ 的催化效果最强,对 AP 热分解的催化效果明显优于单纯的纳米镍粉和纳米铜粉。这是因为在纳米 NiCu 复合金属粉中,Ni 与 Cu 之间产生了某种"协同作用",使纳米 NiCu 复合金属粉对 AP 热分解的催化作用得到增强,优于单纯的金属粉。而相对于单相纳米金属颗粒和二元复合金属纳米粉,三元 Ag-Cu-Ni 纳米复合金属粉,表现了对 AP 更好的催化性能。

纳米复合金属粉的制备正逐步趋于完善和成熟,包括高能球磨法、超声波法、非晶合金晶化法、原位复合技术等。与其他方法相比,高能球磨法具有工艺简单、易工业化的优点,但该法效率较低,所得颗粒粒径较大,且分布不均,制备出的纳米复合物一般只局限于球形或类球形。有相关文献报道,用该法制备出了 Al-Cu-Fe 以及 Fe-Zr-B,Fe-Ni-B,Mg-Ni-B 等三元体系纳米金属复合物。

超声分散则是利用先进仪器来制备纳米材料,得到的金属复合物粒度均匀,且分散性较好,但颗粒稍大。用该法制备出的非晶 Co-Ni 二元复合物,所得颗粒粒度小于 10 nm;用该法也制备出了 Fe-Ni-Co 三元复合物。非晶合金晶化法是将原料用极冷技术制成非晶薄带或薄膜,然后控制退火条件,在合金中生成纳米级晶体。例如用铜模极冷法制得了直径达 8 nm 的棒状 NdFeAl 样品。原位复合技术作为一种突破性新的复合技术而受到国内外学者的普遍重视,其原理是根据材料设计的要求选择适当的反应物(气相、液相或固相),在一定温度下借助于基材之间的物理化学反应,原位生成分布均匀的第二相。

比较目前所开发出的各种新型的纳米金属复合材料的合成技术,可以看到它们各具特色,适用范围不尽相同,但同时均存在自身的局限性,其中大多数由于设备昂贵,工艺复杂且难以控制而仍集中于实验室研究阶段。相比其他制备技术,高能球磨法与原位复合技术较为理想,其成本较低、工艺简单,有望进入工业化生产领域。

纳米金属复合物可形成"协同效应",从而表现出多种金属的催化性能,实际应用效果优于单一金属粉,但"协同作用"的实质目前尚不清楚。未来研究纳米复合金属粉及其复合体系,不仅要揭示复合粒子形成机理、结构与性能之间的关系,还要揭示纳米复合粒子功能性质与单一金属粉的定量关系,同时考察不同的复合方式所产生的不同效果。

6)碳纳米管和石墨烯。碳纳米管(CNTs)具有类石墨结构的管壁、纳米级孔道、较大的比表面积、良好的热学和电学性能及高的机械强度,被认为是一种具有良好催化性能的催化剂载体。近年来,碳纳米管在含能材料领域的作用也逐渐引起人们的关注,取得了一些研究进展。因此,研究人员将纳米金属粉负载在 CNTs 上,不仅可使纳米粒子的分散问题得到改善,同时可促进反应进行时电子的转移,增加催化效果,改善推进剂的燃烧性能。

用银镜法制备的纳米 Ag/CNTs 复合材料对 RDX 热分解的影响主要表现为改变其热分解行为及分解历程,并且随着纳米 Ag/CNTs 含量的增加,RDX 的熔点、熔融吸热峰温也呈现逐渐降低的趋势。用液相沉淀法分别制备的纳米 Ni/CNTs 和 Cu/CNTs,均可显著降低 AP/HTPB 推进剂的热分解峰温,使总表观分解热明显增大,并提高推进剂燃速,降低压强指数;对比研究相同量的纳米 Ni/CNTs、纳米 Ni 和纯 CNTs 对 AP/HTPB 推进剂的影响,其中纳米 Ni/CNTs 的催化性能最好,纳米 Ni 与 CNTs 表现出较好的正协同催化效应。

单根碳纳米管可被视作一根具有高长径比的单晶,但目前的合成和组装技术还无法获得具有宏观尺寸的碳纳米管晶体,从而限制了其应用。石墨烯是碳纳米材料家族的新成员,是继零维富勒烯、一维碳纳米管之后纳米材料领域的又一重大科学发现。石墨烯的优势在于本身即为二维晶体结构,具有很高的比表面积,负载量较大,有望作为一个理想的模板担载催化剂应用于火炸药领域。与传统的催化剂相比较,基于石墨烯的催化剂有更高的催化性能。

石墨烯可通过共价键、π 键、离子键、氢键等多种作用力以及掺杂等方式将其他基团引入,从而表现出诸多优异的性能,大大拓展了其应用领域。可以预期,将纳米金属粉负载在石墨烯上,使纳米粒子分散更为均匀,增强催化效果,获得更好的性能,纳米金属粉/石墨烯复合物将具有较好的应用前景。目前合成石墨烯的方法已有很多,其中氧化-还原法以其简单的制备工艺,成为制备石墨烯的最佳方法,但如何大规模制备高质量的石墨烯仍是有待深入研究的问题,同时石墨烯由于其结构特点而导致的难溶解性和不稳定性也会在一定程度上制约其发展与应用。

7)氢合金。在固体推进剂中,用金属氢化物代替金属粉是一个特别吸引人的选择,可使推进剂比冲显著提高。因为它不仅燃烧释放出大量热能,且燃气平均相对分子质量较低,从而火焰温度也低。AlH_3被视为有巨大发展潜力的金属燃料,含AlH_3推进剂比冲比含 Be 的推进剂高 9.8~39.2 N·s/kg。美国对含 AlH_3 推进剂配方进行了大量研究,研究表明,AlH_3 一般占推进剂配方总质量的 5%~40%。他们以硝化纤维为黏合剂,分别对 AlH_3、HNF、AP 和高氯酸硝酰等氧化剂进行了研究,HNF 比冲最高,其实测比冲为 2 775 N·s/kg,比冲效率为94.4%。

贮氢合金是一种能在晶体的空隙中大量贮存氢原子的功能材料。这种合金具有可逆吸放氢的神奇性质。它可以贮存相当于合金自身体积上千倍的氢气,其吸氢密度超过液态氢和固态氢密度。将贮氢合金在氧化环境中加热到氢释放温度(一般期望控制在 20℃ 以上)时,贮氢合金中的氢释放并燃烧,产生热量和水蒸气,并进而引燃合金粉发生剧烈的金属燃烧反应,释放出更多的热量,起到类似金属氢化物的作用。因此,贮氢合金可以成为一种特殊的金属燃烧剂-贮氢合金燃烧剂作为固体推进剂的重要组分来加以使用。

7.3 喷 管

喷管是固体火箭发动机的关键部件。在火箭发动机点火瞬间,喷管喉衬突然受到 3 000℃左右的燃气冲刷,温度约以 2 000℃/s 的速度上升,对喷管造成剧烈热震,因此,喷管的性能对火箭的安全性极其重要。随着火箭推进技术的发展,推进剂的能量不断提高,火箭发动机喷管的尺寸逐步加大,其结构也有了很大的变化,对喷管所用的材料提出了新的要求:即可耐超高温、高压,耐带有固体或熔融颗粒、高速燃气流的冲刷,可经受强热流及热化学腐蚀,还须具有结构重量轻、抗热震性好、可靠性高、加工性能好、成本低等特点。

早期喷管大多采用高熔点金属、热解石墨、多晶石墨以及抗烧蚀塑料复合材料,但它们存在氧化速度过快、热结构缺陷多和质量过重等缺点,而且喷管的可靠性始终是个问题。C/C复合材料是一种炭纤维增强炭基体的复合材料,具有高强度(尤其是高温强度稳定)、抗热冲击性能好、耐烧蚀性好、耐含固体微粒燃气的冲刷、热膨胀系数小、导热率较低等一系列的优异性能,是最理想的喷管材料。用 C/C 复合材料所制喷管内型面的烧蚀比较均匀、光滑,没有前、后烧蚀台阶或凹坑,显著地提高了喷管的冲质比和可靠性,提高了喷管效率。目前,C/C 复合材料已经广泛地应用于固体火箭发动机喷管的各个部位。

陶瓷基复合材料重量轻、硬度高,具有优异的耐高温和高温抗腐蚀性能,并且具有很好的力学性能和化学稳定性。同时,由于不需要冷却,省去或简化了冷却系统零件,可使发动机进一步减重,达到节能、减重、提高推重比和延长寿命的目的,成为固体火箭发动机喷管的重要候选材料,尤其是在喉衬的应用上,并得到迅速发展。

陶瓷具有耐高温能力强、抗氧化能力强、抗高温蠕变性好、硬度大、耐磨损、线性膨胀系数小、耐化学腐蚀等优点,缺点是塑性变形能力差(呈现脆性),不能承受剧烈的机械冲击和热震,因而严重影响了它在火箭发动机喷管喉衬上的实际应用。为此,目前广泛采用加入连续增强纤维的方法从本质上改善陶瓷的抗热震性能,进而研发出连续纤维增强陶瓷基复合材料,并在火箭发动机喷管得到实际应用。此外,在火箭发动机喷管得到实际应用的复合材料还有陶瓷梯度材料、C/C 或难熔金属上涂覆陶瓷涂层材料等。

　　树脂基烧蚀防热材料是制作高性能固体发动机喷管的关键材料之一。树脂基烧蚀防热材料既要具有良好的抗烧蚀性能以维持发动机正常工作所需的烧蚀型面,又要具有良好的隔热性能使喷管结构件的温度在可接受水平。国内外对固体发动机喷管用树脂基烧蚀防热材料开展了大量的研究,并已得到成功应用。目前,固体发动机喷管通常采用酚醛树脂类复合材料来实现其烧蚀防热功能。美国各种类型固体火箭发动机所使用的酚醛树脂牌号有 CTL‐91LD、SC1008 等,俄罗斯也采用酚醛树脂,我国主要采用钡酚醛、氨酚醛和硼酚醛等。

　　固体火箭发动机喷管树脂基烧蚀防热材料常用的增强材料有石棉纤维、高硅氧纤维和碳纤维及其织物等。

参 考 文 献

［1］　陈刚,赵珂,肖志红.固体火箭发动机壳体复合材料发展研究［J］.航天制造,2004(3).

［2］　李正义,陈刚.玻璃纤维缠绕壳体在固体火箭发动机一二级上的应用研究［J］.航天制造技术,2011(1).

［3］　向小波,蒋永凡,程勇.聚丙烯腈基碳纤维及其在固体火箭发动机壳体上的应用［J］.纤维复合材料,2015(3).

［4］　郭峰,张炜,王晓洁,等.碳纤维环氧固体火箭发动机壳体补强现状［J］.纤维复合材料,2008(3).

［5］　罗益锋,罗晰旻.近期碳纤维及其复合材料的新发展［J］.高科技纤维与应用,2014(1).

［6］　宋崇健,张炜,莫纪安.无石棉内绝热层材料现状与发展［J］.宇航材料工艺,2003(3).

［7］　庞爱民,等.固体火箭推进剂理论与工程［M］.北京:中国宇航出版社,2014.

［8］　韩珺礼,等.野战火箭发动机设计［M］.北京:国防工业出版社,2015.

［9］　鲍福廷,侯晓.固体火箭发动机设计［M］.北京:中国宇航出版社,2016.

［10］　诸毓武,詹国柱,黄洪勇.固体火箭发动机衬层黏结技术综述［J］.上海航天,2012,2.

［11］　吴宏伟,张广成,张永侠,等.我国固体火箭发动机衬层成型技术进展［J］.化学推进剂与高分子材料,2006(5).

［12］　张斌,毛根旺,王赫,等.高能复合固体推进剂的研究进展［J］.材料导报,2009(4).

［13］　齐晓飞,付小龙,刘萌.固体推进剂用黏合剂的改性研究进展［J］.化工新型材料,2015(1).

［14］　王恒生,张国军,程艳婷,等.固体推进剂中新型含能材料研究进展［J］.化工科技,2012(20).

［15］　姜菡雨,李鑫,姚二岗,等.固体推进剂用高活性纳米(非)金属粉的研究进展［J］.化学推进剂与高分子材料,2014(6).

［16］　宋振伟,李笑江.高能量密度化合物 HNIW 的最新研究进展及其应用前景［J］.化学推

进剂与高分子材料,2011(1).

[17]　闫大庆,徐丹丹,师经国.固体推进剂黏合剂 HTPE 研究及其分子设计思想概述[J].固体火箭技术,2009(6).

[18]　王恒生,张国军,程艳婷,等.固体推进剂中新型含能材料研究进展化工科技[J].2012(20).

[19]　辛振东,刘亚青,付一政,等.贾秀梅.几种高能固体推进剂的研究进展[J].现代制造技术与装备,2008(2).

[20]　李颖,宋武林,谢长生,等.纳米铝粉在固体推进剂中的应用进展[J].兵工学报,2005(1).

[21]　梁瑜,郭亚林,张祎.固体火箭发动机喷管用树脂基烧蚀防热材料研究进展[J].宇航材料工艺,2017(2).

[22]　尹健,熊翔,张红波,等.固体火箭发动机喷管用 C/C 复合材料的研究进展[J].材料导报,2004(4).

[23]　宁伟,贾德昌,于达仁.火箭发动机喷管喉衬用 CMC 研究进展[J].材料科学与工艺,2009(3).

第3篇　吸气式发动机先进技术

第 8 章　吸气式发动机技术

吸气式发动机是利用空气作为工作介质来为飞行器提供推力的热力机械。吸气式发动机只携带燃烧剂,而以空气中的氧气作为氧化剂,因此,吸气式发动机仅能在大气层内工作,为航空飞行器提供动力。自航空飞行器问世以来,吸气式发动机得到了迅速发展,从最初的活塞式发动机,到燃气涡轮发动机和冲压发动机,再到最新研制的脉冲爆震发动机等新概念发动机,已经形成了一个种类繁多且用途各不相同的大家族。吸气式发动机的一个简单分类如表 8.1 所示。

表 8.1　吸气式发动机的分类

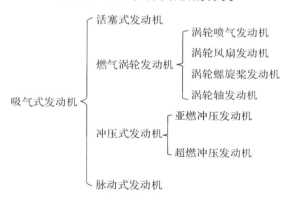

吸气式发动机作为航空飞行器的"心脏",在各类飞行器的发展过程中起着关键性作用。没有好的发动机,就不可能有先进的飞行器,发动机的发展是推动飞行器发展的原动力。事实上,人类在航空领域的每一次进步或跨越,无不与吸气式发动机技术的突破密切相关。而发动机技术的突破,又是当时最新科研成果、工业制造水平的体现,可以说,一个国家吸气式发动机的研制水平,反映了该国的工业基础、经济实力和科技水平等综合国力。

8.1　吸气式发动机的发展历程

要了解吸气式发动机的发展历史,就需从蒸汽动力开始讲起。1776 年,瓦特改良了蒸汽机,使得蒸汽动力开始大规模地应用于工业生产,成为第一次工业革命的"火车头"和原动力。当时,蒸汽机主要应用于火车和轮船,为其提供动力。既然蒸汽机可以为火车和轮船提供动力,人们自然想依靠它实现人类的飞行梦想。从 1845 年英国工程师汉森的"空中蒸汽车"到 1896 年美国科学家兰利的蒸汽机飞机模型,在半个世纪的时间里,人们为使用蒸汽动力飞行而绞尽脑汁,但均无功而返。1903 年,美国莱特兄弟把一台四缸、水平直列式活塞发动机进行改装后,成功地运用到他们的"飞行者一号"飞机上进行试验,实现了人类历史上第一次有动力的、可操控的重于空气的飞行器的持续稳定飞行。这台发动机功率只有 8.95 kW,质量却达 81 kg,发动机的功率和重量之比(简称功重比)仅为 0.11 kW/N。虽然从今天的观点来看,这台发动机性能并不先进,但它是第一台飞上天的航空发动机。主要原因是相比于蒸汽机,活塞式发动机具有耗油低、成本低、工作可靠等优点。在莱特兄弟首飞成功后的 40 多年里,活塞式发动机在两次世界大战的刺激下,不断得到完善与发展,到第二次世界大战结束时,发动机功率从 10 kW 提高到 2 500 kW 左右,功重比可达 1.5 kW/N,并且飞机飞行高度达 15 000 m,飞行速度接近 800 km/h,已接近螺旋桨飞机的速度极限,这一时代称为活塞动力时代。作为第一台飞上蓝天的发动机,活塞式发动机对航空技术的发展功不可没,也或多或少地改变了历史进程。

飞行器飞行所需的发动机功率约与其飞行速度的三次方成正比,随着飞行器飞行速度的提高,要求发动机的功率显著增加,从而使其重量和体积均迅速增加。另一方面,在接近声速时,螺旋桨的效率会急剧下降,也限制了飞行器速度的进一步提高。若要进一步提高飞行器的飞行速度,需要发展新型的动力装置。英国工程师惠特尔率先成功设计制造了世界上第一台涡轮喷气发动机,1937 年 4 月,首台涡喷发动机试车成功,这被看成是涡喷发动机诞生的标志。1939 年 9 月,由德国科学家奥海因设计的涡喷发动机安装在 He.178 飞机上进行了首次喷气飞行试验,标志着涡喷发动机进入了实用阶段。此后,喷气式发动机得到了迅速发展,1940 年代初,德国设计和制造出采用轴流式压气机的涡喷发动机"Jumo004"和"BMW003";1944 年,英国成功研制出了采用离心式压气机的涡喷发动机"德尔温特"和"尼恩";随后,美国、法国和苏联相继研制出自己的涡喷发动机。这一时代,虽然飞机的飞行速度大大超过了以活塞发动机为动力的飞机,但其最大速度仍低于声速,属亚声速飞机,人们常将这个时期称为第一代喷气式飞机时代。

20 世纪 50 年代,出现了一批带加力燃烧室的涡轮喷气发动机,将人们带入了超声速飞行时代。如英国的费尔雷 F.D.2 高速三角机翼研究机、英国的霍克"猎人"超声速喷气式战斗机、美国的洛克希德 F-104 战斗机、苏联的米格-21 战斗机、法国的"幻影"III 飞机等,最大飞行马赫数均接近或超过 2,这一时期称为第二代喷气式战斗机时代。这一时期,双转子轴流式压气机、跨声速压气机和多级静子可调技术均在涡轮喷气发动机上得到了应用。涡喷发动机虽然具有推力大、重量轻、适合高空高速飞行等优点,但其经济性较差,主要原因是涡喷发动机在获得推力的同时,有大量仍具有一定动能和热能的高温燃气被排出发动机,未能最大限度地将燃料燃烧产生的热能转变成有效功。当使用加力燃烧室时,虽然发动机的推力大幅增加,但排出气体的温度、速度均较不加力燃烧时大很多,使其经济性变得更差。

为了最大限度地利用燃料燃烧产生地能量,人们研制出了既保持涡喷发动机优点,又显著提高其经济性的发动机——涡轮风扇发动机。从 20 世纪 60 年代开始,涡轮喷气发动机逐渐被性能更好的涡轮风扇发动机取代。由于涡扇发动机具有耗油率低、推进效率高、噪声小等特点,在民用领域得到了长足的发展。20 世纪 60 年代后期研制的客机,大多都采用了低涵道比的涡扇发动机,如英国的"三叉戟"、法国的"快帆"、美国的波音 727/737、苏联的图-154 等。此时所用的涡扇发动机主要为推重比 5.0 左右的低涵道比发动机,虽然它们的性能较涡喷发动机有大幅的提高,但仍无法满足美国空军提出的具有高机动性能的战斗机的要求以及民用航空运输业提出的远程战略运输机和大型宽体客机的要求。20 世纪七八十年代,先进的涡扇发动机主要朝两个方面发展,一是将推重比由 5.0 增加到 8.0 左右,满足战斗机对机动性能的要求;二是发展高涵道比的涡扇发动机,满足大型运输机及大型客机的要求。这一时期,F100、F101、F104、RB199等发动机的研制和应用,标志着航空发动机进入了第三代,航空工业和飞机有了质的飞跃。

为满足"全球到达、全球力量"的战略目标,美国提出并发展了第四代战斗机,此类战斗机具有隐身、过失速机动、不加力超声速巡航、超视距多目标攻击等特点,这些特点对发动机提出了更高的要求,必须综合采用多种新技术才能实现。例如,风扇、压气机要采用带粘性的全三维设计分析方法、采用大功率、高效涡轮设计技术、进一步提高涡轮前温度、采用第三代单晶叶片材料和先进的隔热涂层、采用矢量喷管技术以提供推力矢量等,这也是涡扇发动机的发展方向。

涡喷/涡扇发动机的出现,解决了"音障"问题,实现了飞行器的跨声速和超声速飞行。但随着飞行速度的进一步提高,气流的总温急剧增加,受涡轮叶片所能承受的极限温度的限制,燃烧室中所能允许的加热量急剧减小。一般认为,对于马赫数小于3的飞行器,涡喷/涡扇发动机是适用的,当飞行马赫数大于3时,依靠气流滞止所能达到的静压就已非常高了,压气机成了可以省去的部件。此时,没有压气机和涡轮转子的冲压发动机,就显示了其独特的优势。事实上,早在1913年,法国工程师雷恩·洛兰就提出了冲压发动机的概念并申请了专利。1928年,德国人保罗·施密特开始设计冲压发动机,但由于技术不够成熟,无法在飞机上使用。1934年,施密特和马德林提出了以冲压发动机为动力的"飞行炸弹",于1939年完成了原型设计。后来这一设计就产生了德国的V-1巡航导弹。20世纪50年代起,冲压发动机开始进入应用阶段。如美国的地空导弹波马克B型采用RJ-43-MA-11冲压发动机,法国的天狼星I冲压发动机用在CT41靶机上,英国的地空导弹警犬以卓尔BT1冲压发动机为动力,苏联的SA-44导弹也采用冲压发动机。当然,上述的冲压发动机都是亚声速燃烧冲压发动机。一般认为,使用氢作为燃料时,采用亚燃冲压发动机的飞行器最高飞行马赫数可达6左右。为了使飞行器达到更高的飞行速度,就需要采用更为先进的超燃冲压发动机。目前,研究、设计和制造超燃冲压发动机是世界各国的尖端科技之一,也是各军事强国竞相追求的目标。随着军事的需求和航空航天事业的发展,飞的更快始终是人们追求的目标,冲压发动机作为高超声速飞行的动力装置有其十分广阔的应用前景。

8.2　航空燃气涡轮发动机技术

8.2.1　涡喷/涡扇发动机的工作原理

涡轮喷气发动机是典型的燃气涡轮发动机,如图8.1所示。该发动机由进气道、压气机、燃烧室、涡轮和尾喷管五大部件组成。在发动机工作时,进气道将外界空气顺利地引入,空气在进气道前和进气道内通过速度冲压作用而速度减小,压力升高;气流在压气机内进一步增压,特别是低速飞行时压气机是增压的主要部件;燃烧室利用燃料(航空煤油)燃烧时所放出的热量对气流进行加热;从燃烧室出来的高温高压燃气在涡轮里膨胀做功,推动涡轮高速旋转以带动压气机。涡轮出口的气流仍是具有很高温度和压力的燃气,燃气流经尾喷管继续膨胀,压力降低而速度增加,最后排出发动机。

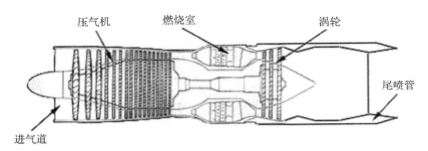

图 8.1　涡轮喷气发动机结构示意图

　　压气机、燃烧室和涡轮的组合称为燃气发生器(有时也称为核心机),其作用是产生高温高压的燃气。对于涡轮喷气发动机而言,燃气发生器后燃气的可用能量全部用于在排气系统中增加燃气的动能,使发动机产生反作用推力。压气机可以分成没有机械联系,只有气动联系的低压压气机和高压压气机;与此类似,涡轮也被分为低压涡轮和高压涡轮。高压压气机和高压涡轮由一根轴联接成高压转子,低压压气机和低压涡轮由一根轴联接成低压转子。这种装有低压转子和高压转子的涡轮喷气发动机,称为双转子涡轮喷气发动机。此类发动机的燃气发生器由高压压气机、燃烧室和高压涡轮组成。如美国"猎犬"(AGM - 28)空地战略巡航导弹发动机 J52 - P - 3 的燃气发生器由七级轴流式高压压气机、环管燃烧室和一级轴流式高压涡轮组成,能产生的推力约为 3 400 N。

　　提高涡轮喷气发动机推进效率的有效方法是将通过发动机的空气分成两路,对于分开排气涡轮风扇发动机:第一路流过内涵道的内涵风扇、高压压气机、燃烧室、高压涡轮、低压涡轮和内涵尾喷管;第二路流过外涵风扇和外涵尾喷管;而对于混合排气涡轮风扇发动机:内、外涵气流先在低压涡轮之后的混合室(即混合器)混合后由唯一的尾喷管排出,如图 8.2 所示。这两类发动机统称为涡轮风扇发动机。

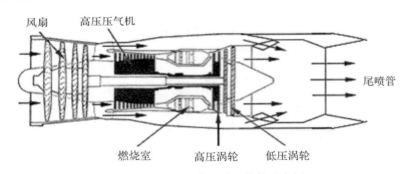

图 8.2　涡轮风扇发动机结构示意图

　　流过外涵道的空气质量流量与流过内涵道的空气质量流量之比称为涵道比 B。一般说来,高涵道比($B \geqslant 5$)的涡轮风扇发动机经济性好,适用于作民用动力装置。如波音 777 采用的 GE90 发动机的涵道比为 9。而低涵道比($B \leqslant 1.5$)的涡轮风扇发动机机动性好,适用于作军用动力装置。如苏-27 战斗机所用的 AЛ-31ф 发动机的涵道比为 0.6,美国"战斧"巡航导弹所用的 F107 - WR - 100/400 涡扇发动机的涵道比为 1.03。

　　涡扇发动机的分类如下:按照风扇的位置可以分为前涡扇发动机、后涡扇发动机和高位涡扇发动机;按照转子的数目可以分为单转子涡扇发动机、双转子涡扇发动机和三转子涡扇发动机;按照排气形式可以分为分开排气涡扇发动机和混合排气涡扇发动机等。

8.2.2　燃气涡轮发动机的研究进展

燃气涡轮发动机的理论研究最早可以追溯到 1920 年代初期,但是真正取得突破性进展则是 1930 年代末期开始的。1939 年 9 月 27 日,装有涡轮喷气发动机的飞机在德国试飞成功;1940 年代初,德国设计和制造出采用轴流式压气机的涡轮喷气发动机"Jumo004"和"BMW003";1944 年,英国成功地研制了采用离心式压气机的涡喷发动机"德尔温特"和"尼恩";随后,美国、法国和前苏联相继研制出自己的涡喷发动机。涡轮喷气发动机的成功应用,很好地满足了飞机超声速飞行的需要。

1950 年代,涡轮喷气发动机技术发展很快,尤其是双转子的轴流式压气机、跨声速压气机和多级静子可调技术的应用,使涡喷发动机的性能有了很大的提高,促成了马赫数为 2 左右的超声速歼击机投入使用。

涡喷发动机虽然具有推力大、重量轻、适合高空高速飞行的特点,但它的经济性较差。这主要是因为:大推力来自于高速向外喷出高温燃气所获得的反作用力,这实际上将大量可用热能和动能排出发动机,导致大量能量被浪费,使耗油率变大。因此,在 1950 年代初,发展了耗油率较小的涡轮螺旋桨发动机。由于采用螺旋桨作为推进器,使这种发动机一般只适合马赫数在 0.5~0.7 的飞机。此外,考虑到螺旋桨和减速器的限制,功率也不是很大。涡桨发动机往往用于 20 世纪 50 年代发展的中、小型旅客机、运输机等。如国产 Y7-100 中短程旅客机就采用了 WJ5 发动机作为动力装置。随后,又发展了涡轮轴发动机,它基本上不产生喷气推力,而是带动直升机的旋翼等。如国产的直 9 直升机即采用 WZ9 发动机作为动力装置。

1950 年代末期,出现了小流量比的涡轮风扇发动机,其性能介于涡桨发动机和涡轴发动机之间,而且噪音较小。1960 年开始,为了满足民航机经济性(降低耗油率)和高亚声速飞行的要求,许多民用涡轮风扇发动机如康维、JT3D、斯贝等相继投入应用,形成了一个所谓"民航机风扇化"的高潮。目前民用涡扇发动机往往具有高增压比、高涵道比和高涡轮前温度的特点,较好地满足了大型民航机起飞推力大、耗油率低和噪音小的要求。

由于涡扇发动机具有耗油率低,高亚声速巡航时推进效率高的优点,民用涡扇发动机迅速向军用领域渗透。在 1960 年代初期,美国、英国和苏联针对新一代歼击机的需要,开始研制加力式涡扇发动机。他们以已有的涡扇发动机为基础,将工作的重点放在加力燃烧室的研制及其与主机的匹配上。到 20 世纪 60 年代末期,相继研制成功斯贝 MK202,TF30,RM8,HK144 等推重比大于 5 的加力式涡扇发动机。

在 1970 年代,为了适应新型战斗机的需求,一批推重比达到 8 的高推重比涡扇发动机如:F100,F101,F404,RB199(三转子)投入应用。它们集中反映了 20 世纪 70 年代燃气涡轮发动机理论、设计、工艺和材料的新成就,很好地满足了中、低空格斗机动性的要求。此时,燃气涡轮发动机已经发展到相当高的水平。

1980 年代以来,发动机推力矢量技术成为各国研究的重点,同时,关于超声速巡航、隐身性能、短距起降的研究也很热。进入 1990 年代以来,随着带推力矢量技术的先进战斗机的试飞成功,推力矢量控制技术事实上已经成为战斗机总体/发动机一体化设计和飞行/推进/火力控制一体化综合控制中的关键技术,这就为军用战斗机实现过失速超机动性、高敏捷性、短距起降性能、低可探测性和超声速巡航打下了坚实的基础。

8.2.3 燃气涡轮发动机的发展趋势与关键技术

1. 军用飞机燃气涡轮发动机

军用飞机燃气涡轮发动机的主要技术指标是推重比和耗油率,从涡轮发动机研制初期到现在,其推重比已从 2 提高到 10,不加力的耗油率从 0.1~0.2 kg/(N·h)下降到 0.06~0.07 kg/(N·h)。预计在不久的将来,可以研制出推重比 15~20 的军用涡扇发动机,这种发动机与现役的主力战斗机相比,具有以下技术特点:风扇级数由目前的 3 级减为 1~2 级,压气机数由 9 级减为 3~4 级,转子为鼓筒式无盘结构,大量采用复合材料,重量可减轻 70% 左右,燃烧室火焰筒和高低压涡轮采用金属间化合物或难熔金属,涡轮前温度可达 2 200 K,采用固定结构的气动矢量喷管以及骨架式承力结构等。为了实现这些技术特点,需要突破的关键技术包括:①风扇、压气机的全三维有粘分析技术;②空心叶片和整体叶盘结构技术;③两相三维数值模拟技术;④考虑粘性影响的涡轮全三维先进气动设计方法;⑤涡轮叶片的高效冷却技术;⑥叶轮机复合倾斜、端弯技术;⑧先进复合材料技术;⑨刷式封严技术;⑩矢量喷管技术等。

2. 民用飞机燃气涡轮发动机

在民用航空领域,面临原油价格不断攀升、全球性气候变暖趋势日益增加以及对噪声的控制越来越严格的形式,"绿色航空"已成为研制新型飞机时必须考虑的原则。"绿色航空"要求民用飞机耗油率低、排污量少、噪声低、操纵性及维修性好、可靠性高、寿命长等。为了达到这一目标,不仅要在飞机和发动机设计制造中采用有力措施,而且要在整个飞机的制造使用过程中推行绿色设计、绿色制造、绿色维修等概念。因此,民用飞机的关键技术与军用飞机部分相同,但也有自己的特色技术,主要表现在:①高涵道比风扇技术;②发动机降噪技术;③低污染排放技术等。

3. 弹用燃气涡轮发动机

美国是世界上最先开展弹用燃气涡轮发动机技术研究的国家,也是型号品种最多、技术最先进的国家。美国海军与陆军联合开展弹用燃气涡轮发动机先进部件技术研究计划(SECT 计划),针对弹用燃气涡轮发动机研制中的主要技术困难,提高弹用燃气涡轮发动机的水平,为巡航导弹研制提供先进技术储备。

美国的研究人员主要从三方面考虑如何开展弹用燃气涡轮发动机关键技术研究:①发动机系统研究与部件技术集成;②明确发动机研究方向与技术途径;③开展具体的发动机部件技术研究。他们选取一组典型的弹用燃气涡轮发动机为基本型,应用小发动机先进的部件技术(SECT)对基本型发动机实施性能改进,按照任务剖面的完成情况和全周期寿命的使用成本(LLC)水平,来评估发动机关键技术取得的效果。

基于 SECT 计划,弹用燃气涡轮发动机关键设计技术主要涉及以下几方面:①发动机循环参数优化分析技术;②部件气动设计与匹配技术;③整体式叶轮 CAD/CAM 一体化技术;④复合材料技术;⑤发动机与导弹一体化设计技术等。

综上所述,21 世纪燃气涡轮发动机无论在军用和民用领域均将出现革命性变化。从 1988 年开始,美国斥巨资实施了"综合高性能涡轮发动机技术"计划,其目的是使美国航空推进技术能力在 1988 年的基础上提高一倍,该计划分三个阶段进行,各阶段的目标均已顺利实现。在此之后,美国实施了先进涡轮发动机概念计划,主要验证推重比增加 150% 的发动机技术。为了达到优异的性能,新一代的燃气涡轮发动机将采用大量的先进技术,主要有:①计算流体力学(CFD)在发动机设计中的全面应用。全面应用 CFD,可以使叶轮机的设计水平大幅提高。叶轮机中的流动是高度非线性的非定常流动,CFD 可以计算动静叶片的相互影响、考虑叶片的周向布局,以推迟压气机失速和喘振的发生;CFD 可以进行气固热耦合的计算,解决非定常力引起的强迫振动和颤振而导致的疲劳问题;CFD 还可以使叶片的设计更加适应激波、边界层等流动现象,使多级压气机各级之间更加匹配。②先进的部件设计技术。在风扇和压气机方面,通过先进设计使其以更少的级数达到更高的增压比,具有大的单位迎风面积、更高的效率和稳定工作裕度,同时具有更轻的重量和更少的零件数目。可以应用的先进技术包括叶片弯掠技术、大小叶片技术和新型结构技术等。在燃烧室和加力燃烧室方面,通过先进设计使出口温度分布更加均匀、稳定燃烧的油气比范围加大、燃烧室的重量更轻等。可以应用或发展的先进技术包括分级分区供油燃烧技术、燃油多点喷射技术、层板冷却、气膜冷却等高效冷却技术、出口温度场主动控制技术以及先进的火焰稳定技术等。在涡轮方面,主要是进一步提高涡轮负荷承载能力和涡轮前温度,同时减少重量和零件数目。主要的先进技术包括对转涡轮技术、新型高效冷却技术等。③新材料及制备工艺技术。新材料技术是航空燃气涡轮发动机发展的关键技术之一,未来燃气涡轮发动机性能的提高很大程度取决于新材料的应用,今后将大量研制和应用的材料包括高温钛合金、阻燃钛合金、树脂基复合材料、钛铝合金、金属基以及陶瓷基复合材料等。④推力矢量技术。采用推力矢量技术可提高飞行器的过失速机动性、高敏捷性、短距起降性能和隐身性能等。⑤先进控制技术。控制技术将向综合、分布、光纤、多变量及智能方向发展,同时提高控制的可靠性,减轻重量,降低耗油率。

8.3　冲压发动机技术

8.3.1　冲压发动机的工作原理与特点

冲压发动机是一种利用高速迎面气流进入发动机后减速增压作用进行工作的空气喷气式发动机。其结构组成比较简单,通常由进气道、燃烧室、尾喷管三部分组成,如图 8.3 所示。其基本的工作原理为:超声速来流经过进气道激波系的减速作用实现气流压力的升高,完成压缩过程;滞止后的气流进入燃烧室,与燃料迅速掺混、点火燃烧,完成加热过程,提高气流的总焓;高温、高压燃气经尾喷管加速膨胀后排出发动机,产生反作用推力。各部分的主要功能如下:

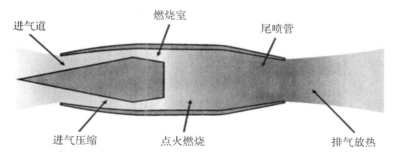

图 8.3　冲压发动机的结构示意图

（1）进气道：主要作用是使迎面气流以尽可能小的损失减速增压，提供燃烧室进口所需的速度场。

（2）燃烧室：减速增压后的气流进入燃烧室与燃料混合，在燃烧室中进行近似等压燃烧，使气流的焓值升高。燃烧室应保证气流能够稳定燃烧，获得尽可能高的燃烧效率并尽可能减小热损失和流动损失。

（3）尾喷管：主要作用是将高温高压的燃气加速排出，使燃气的焓转变成动能，燃气速度大于迎面气流速度，以产生反作用推力。

除此之外，一般冲压发动机还配有燃料供给系统和调节器。其主要作用是通过感受发动机内部和外部的各种参数，调节燃烧室中的燃料流量和某些部件（如进气道、尾喷管）的几何形状，使得它们适应飞行器飞行高度和飞行状态的变化，最大可能地拓展冲压发动机的工作范围。

理想冲压发动机的工作循环示意图如图 8.4 所示，该循环也称为布莱顿（Brayton）循环。其中过程 1—2 为在进气道中的绝热压缩过程，2—3 为燃烧室中的等压加热过程；3—4 为尾喷管中的等熵膨胀过程，4—1 为工质在大气中的冷却过程。在冲压发动机的实际工作中，由于存在激波、粘性等流动损失，上述的等熵、等压过程并不能完全保持，实际循环的热效率会低于理想循环。

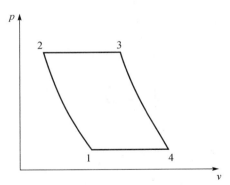

图 8.4　冲压发动机的理想工作循环

相比于涡轮喷气发动机和火箭发动机，冲压发动机主要有以下优点：

（1）冲压发动机主要是利用迎面气流的冲压作用对气流进行减速增压，这一过程不需要压气机等高速旋转部件，因此，压气机结构简单、质量轻、成本低，这是冲压发动机最大的优势所在。

（2）发动机无转动部件，故进气道和发动机的形状可以任意设计，也不需要对转动部件进行冷却。

（3）由于不存在涡轮叶片的耐热性问题，冲压发动机燃烧室可以允许更高的燃烧温度，从而可以有更多的能量加入，获得更大的推力。

（4）能源前途广阔，既可利用内部加热的化学燃料的化学能，又可利用外部加热的激光能、太阳能等。

当然，冲压发动机也有自身的缺点，主要表现为：

（1）冲压发动机不能在静止条件下自行启动，需要与其他发动机配合使用，利用其他发动机将飞行器加速到一定速度后,冲压发动机才能启动工作。因此,冲压发动机不宜作为普通飞行器的动力装置。

(2)当速度较低时,冲压发动机的性能差,效率低。冲压发动机主要依靠迎面气流的冲压作用为燃烧室中的气流增压,因此,燃烧室中的压力与飞行器的飞行速度直接相关,当飞行速度较低时,燃烧室的压强较低,此时,冲压发动机的效率低。

(3)冲压发动机的工作范围较窄。冲压发动机对飞行状态的改变很敏感,当发动机离开设计工作点后,其性能会迅速恶化,因此,冲压发动机需要利用其他部件进行性能调节。

(4)冲压发动机的单位迎面推力较小,其巡航性能优于加速性能,因此多用于远程的巡航飞行器。

8.3.2　冲压发动机的分类

按照不同的分类标准,冲压发动机有不同的分类方式。按使用燃料分,可分为固体冲压发动机、液体冲压发动机和固液冲压发动机;按工作范围和工作模式分,可分为亚燃冲压发动机、超燃冲压发动机、双燃烧室冲压发动机和双模态冲压发动机;按集成形式分,可分为整体式冲压发动机和非整体式冲压发动机;按结构形式可分为轴对称形式、二元结构形式等。下面按照工作范围和工作模式介绍冲压发动机的不同类型。

(1)亚燃冲压发动机。当冲压发动机燃烧室入口的气流为亚声速时,燃烧主要在亚声速气流中进行,这类发动机称为亚燃冲压发动机。这是冲压发动机最基本的类型,也是冲压发动机的原型,其结构示意图如图8.3所示。此类冲压发动机技术已经比较成熟,并得到了广泛的应用。

(2)超燃冲压发动机。当飞行器的飞行马赫数超过5以后,将迎面气流速度降低至亚声速会导致燃烧室入口气流的静温急剧升高,对发动机的结构设计与热防护造成极大的困难。同时,气流的高静温会造成煤油等燃料的裂解,导致热量难以加入。此时,亚燃冲压发动机的应用受到了严重的制约,宜采用超燃冲压发动机。超燃冲压发动机是使气流在低超声速情况下组织燃烧的冲压发动机,主要由进气道、隔离段、燃烧室和尾喷管组成,如图8.5所示。其中,进气道主要是捕获足够量的空气,并经过一系列的斜激波压缩,为燃烧室提供一定流量、温度和压力的气流,便于燃烧的组织。隔离段是位于进气道和燃烧室之间的等直通道,其主要作用是通过其中的激波串保证进气道不受燃烧室压力波动的影响。燃烧室是组织燃料燃烧的场所,由于超声速气流在燃烧室中停留的时间很短,只有几毫秒,燃料与空气在燃烧室中的掺混和稳定燃烧成为燃烧室设计的关键,目前,超燃冲压发动机普遍采用凹腔作为火焰稳定器。尾喷管是气流膨胀产生推力的地方,超燃冲压发动机常采用发动机与机体的一体化设计技术,利用后机身继续膨胀,以提高发动机的推力。一般认为,超燃冲压发动机可在马赫数6～15的范围内工作,为高超声速飞行器提供动力。

(3)双燃烧室冲压发动机。双燃烧室冲压发动机(见图8.6)串联了亚燃燃烧室和超燃燃烧室,燃料首先在亚燃燃烧室中燃烧,形成富油的燃料,然后通过其尾喷管加速到超声速,进入到超燃燃烧室,与超燃冲压进气道的气流混合,进行二次燃烧,然后从尾喷管中排出。可以看出,在双燃烧室冲压发动机中,亚燃燃烧室起到提供高温富油燃气的作用。一般说来,双燃烧室冲压发动机的性能比单一类型燃烧室性能要低一些,其有效工作范围一般在马赫数3～8之间。

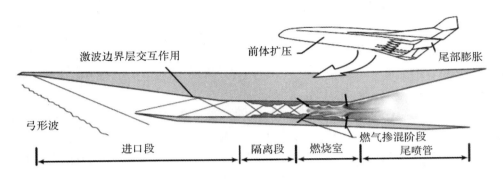

图 8.5 超燃冲压发动机的结构示意图

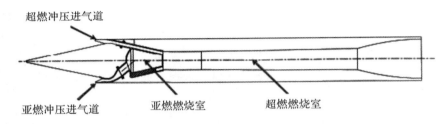

图 8.6 双燃烧室冲压发动机结构示意图

（4）双模态冲压发动机。双模态冲压发动机是指在亚燃模态和超燃模态均能工作的发动机。当飞行器飞行马赫数不是太高时，其在亚燃模态下工作，当飞行器马赫数增加到一定值时，它通过控制扩展燃烧室的加热规律，实现亚燃到超燃模态的转换。通过模态转换，双模态冲压发动机拓展了超燃冲压发动机工作马赫数下限，其工作的最低马赫数在 4 左右。其结构示意图如图 8.7 所示。

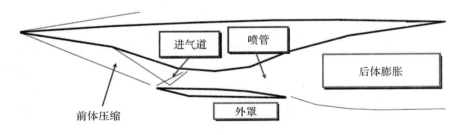

图 8.7 双模态冲压发动机结构示意图

8.3.3 冲压发动机的研究进展

为抢占军事制高点，在超声速、高超声速研究领域，冲压发动机尤其是超燃冲压发动机的研究受到了美、俄等众多国家的重视。从 20 世纪 50 年代开始，相继投入了大量的人力物力进行研发工作，为超燃冲压发动机的研制积累了大量的宝贵经验，提供了丰富的技术储备。纵观超燃冲压发动机的研究历程，大概可以分为以下几个阶段：

（1）原理验证阶段。这一阶段以美国的空天飞机计划和高超声速试验发动机计划为代表，主要是以原理探索和试验验证为目标，针对超燃冲压发动机的基础问题开展研究，在马赫数5～7的范围内，获得了大量关于进气道、燃烧室性能的数据，为实用的超燃冲压发动机研制积累了宝贵的经验。

（2）关键技术研究阶段。这一阶段以美国的 NASP 计划为代表，研究马赫数在 4～15 范围内的氢燃料超燃冲压发动机。在此期间，开展了大量的大尺寸发动机设计与试验，获得了大量的试验数据，同时，将 CFD 数值模拟技术引入了超燃冲压发动的设计研制。这一期间，多项关键技术得到了突破，并建立起了大量的地面试验设备。

（3）地面试验验证阶段。在这一阶段，美国、俄罗斯、日本、法国等多个国家均在超燃冲压发动机领域开展了广泛而深入的研究，开展了大量的地面试验，超燃冲压发动机的关键技术基本得到突破。代表性的是美国的 Hyper - X 计划、HyTech 计划、HyFly 计划以及法国的 PROMETEE 计划等。

（4）飞行演示验证阶段。在超燃冲压发动机技术得到地面验证之后，各国均大力开展飞行演示验证，主要验证地面试验的结果以及天地相关性。代表性的有美国的 Hyper - X 计划、澳大利亚的 Hyshot 计划以及俄罗斯的鹰计划等。

现在介绍一些典型的超燃冲压发动机飞行演示试验，这也代表了目前世界冲压发动机的最高水平。

（1）HyFly 计划。HyFly 项目由波音公司负责飞行器总体研制和飞行试验，由 John - Hopkins 负责发动机研制，由 ATK 公司负责缩比发动机研制、自由射流试验以及助推火箭研制。最终目标是实现高超速巡航导弹在马赫数 3.5～6 范围内飞行，其空基和海基导弹的射程分别为 740 km 和 1 100 km。HyFly 发动机采用 John - Hopkins 大学提出的双燃烧室冲压发动机（Dual Combustor Ramjet，DCR），2002 年，John - Hopkins 大学成功实现了碳氢燃料 DCR 自由射流正推力，实现了关键技术的突破，为 HyFly 项目奠定了重要基础。2005 年 12 月 10 日，利用 FASTTrack 固体火箭进行了 HyFly 试验飞行器的首次飞行试验，高度 19 km，速度 5.5 马赫，这也是世界上碳氢超燃冲压发动机的首次飞行试验。结果表明，该发动机可以产生正推力，但在试验过程中出现了进气道不启动的情况。在利用固体火箭助推进行试验后，2007 年 9 月 25 日，HyFly 利用 F - 15E 战斗机开展了空射飞行试验，预先设计导弹发射后，由助推器加速到马赫数 3，然后双燃烧室点火，将导弹加速到马赫数 5，主要验证 DCR 转级、燃油控制和发动机的加速能力。但在助推器工作结束，DCR 点火后，软件发生故障，飞行最终速度只达到了马赫数 3.5，试验只完成了部分目的。2008 年 1 月 16 日，HyFly 进行了第二次空射试验，目标为加速到马赫数 6，但 DCR 点火后燃料泵出现故障，没有按照预定程序工作，飞行器在飞行 58 s 后，掉落到太平洋。2010 年 7 月 29 日，HyFly 进行了第三次空射试验，此次发射后助推器没能正常点火，试验失败。虽然 HyFly 项目进行了世界上的首次碳氢燃料超燃发动机试验，三次试验失败的主要原因也不是发动机本身，但由于试验未达到预期效果，项目的后续情况还未确定。

（2）X - 51A 计划。飞行器总长度 7.62 m，其中，巡航体 4.27 m，级间 1.52 m，固体助推器 1.83 m，采用煤油 JP - 7 并用其主动冷却，飞行器总重约 1814.37 kg，可携带燃料约 122.47 kg，设计时速 6 马赫，射程 740.8 km，最大飞行高度 21.34 km。其结构示意图如图 8.8所示。X - 51A 飞行器总体由波音公司负责，超燃冲压发动机由 Pratt&Whiney - Rocketdyne 公司负责研制。2010 年 5 月 26 日, X - 51A 进行了首次飞行试验, X - 51A 在高度 19.8 km, 速度 4.8 马赫时与助推器分离, 速度降低至 4.73 马赫时乙烯点火, 然后过渡到 JP - 7 燃烧。但飞行器的加速度只有 0.15g, 低于预期的 0.22g, 飞行器速度在接近 5 马赫后开始减速, 没有达到预期马赫数 6 的目标。超燃冲压发动机工作到 110 s 时, 出现了进气道不启动的情况, 但通过自我调整进气道重新启动。在飞行试验总时间 210 s, 超燃冲压发动机工作到 143 s 时, 飞行器有效载荷舱段探测到异常温度升高, 之后遥测信号出现中断现象, 发出自毁指令, 飞行器销毁, 没有完成预计 300 s 的实验。同时, 飞行试验控制系统显示飞行器在所有方向上均存在不稳定性, 初步推断有可能是控制系统的作动器或者喷管密封件有缺陷, 还有可能是较低马赫数情况下飞行器阻力计算错误导致。

图 8.8　X - 51A 样机结构示意图

在第一次飞行试验的基础上, 对 X - 51 发动机喷管连接部分的密封部件进行了改进和加固。2010 年 6 月 13 日, X - 51A 进行了第二次飞行试验。助推器加速到马赫数 5, X - 51A 与助推器分离后, 乙烯点火成功, 但发动机切换到 JP - 7 燃烧室出现了进气道不启动的情况, 虽然飞行器试图调整姿态让进气道重新启动, 但未能成功, 最终飞行器失去动力坠入太平洋。2012 年 8 月 14 日, X - 51A 进行了第三次飞行试验, X - 51A 从 B - 52 上脱离后, 固体助推器顺利点火, 但飞行 16 s 后, 飞行器的一个平衡尾翼出现问题, X - 51A 在与助推火箭分离后, 飞行器很快失去控制, 飞行试验失败。2013 年 5 月 1 日, X - 51A 在太平洋上空进行了最后一次测试。B - 52 型轰炸机从爱德华兹空军基地起飞后, 将 X - 51A 运载至太平洋上空约 1.5 km 处将其释放。固体火箭推进器在 26 s 内加速至 4.8 马赫, 然后飞行器与助推器分离, 超燃冲压发动机点火, 最大速度达到 5.1 马赫, 飞行器在 6 min 的时间内飞行了约 426 km 后, 发动机燃料耗尽, 飞行器按计划自毁并坠入太平洋, 这也是四次试验中最为成功的一次。

8.3.4　冲压发动机的关键技术

从上述试验可以看出, 尽管超燃冲压发动机已经进入飞行试验阶段, 但仍有许多问题亟需解决。主要是超燃冲压发动机与传统的航空发动机存在很大的差异, 设计研制过程中涉及到空气动力学、燃烧学、传热学、材料学、湍流、计算流体力学等多学科交叉的前沿问题, 是众多高新技术的集成。下面就超燃冲压关键技术及其技术难点做一简要介绍。

(1)进气道技术。进气道是完成发动机进气与压缩的关键部件, 其主要作用是对迎面的高速来流进行减速增压, 为发动机燃烧室提供高品质的压缩气流。进气道性能的高低直接影响到发动机的综合性能。对进气道的设计要求是：①有高的总压恢复系数；②流量系数大，阻力系数小；③出口气流畸变指数小，稳定裕度高；④结构简单，维护方便等。这些性能要求与进气道的几何形状密切相关，也与进气道边界层、激波干扰、壁面摩擦等有密切关系，在设计过程中需要综合考虑。目前，进气道的设计研制以空气动力学、计算流体力学和风洞模拟试验为基础，考虑到对其性能的要求，需要解决的关键技术包括：宽工作范围的进气道设计技术、低阻力进气道设计技术、边界层控制技术、变几何设计技术以及新概念高性能进气道技术。其中，需要解决进口激波系配置、边界层流动控制以及进气道进排气调节等关键基础问题。

（2）燃烧室技术。冲压发动机特别是超燃冲压发动机，来流在燃烧室中滞留时间非常短，通常只有几毫秒，要在如此短的时间内实现燃料的喷射、雾化、掺混、点火以及稳定燃烧是燃烧室设计需要解决的核心问题。因此，燃烧室设计的关键技术主要包括液体燃料雾化技术、燃料混合增强技术、火焰稳定技术、高效低阻力燃烧技术、燃烧控制与调节技术以及燃烧室冷却技术。对于双模态冲压发动机，还包括模态转换技术。其中，需要解决的关键基础问题是燃料高效、低阻力的混合与燃烧问题，只有解决了这一问题，才能实现燃料化学能至燃气内能再到燃气动能的快速高效转换，实现发动机的净推力。此外，超燃发动机的点火技术也是一项具有挑战性的课题。

（3）发动机燃料与供应技术。目前，冲压发动机使用的燃料可分为两大类：液氢燃料和碳氢燃料。液氢燃料具有热值高、点火容易等优点，且其本身是优良的冷却剂，因此，有广泛的应用前景。但液氢属于低温推进剂，使用维护复杂，且密度低，体积大，一般适用于高速飞机或单级入轨的飞行器。相比之下，碳氢燃料价格低廉，易于使用维护，特别适用于在导弹武器系统中使用。但碳氢燃料点火滞后时间比氢燃料长一个数量级以上，火焰传播速度要比氢的火焰传播速度低一个数量级，因此，其点火和稳定燃烧是需要进一步研究的课题。冲压发动机要在宽马赫数范围内工作，大空域、高速度、机动飞行的特性均要求燃料供应系统具有很好的调节能力，燃料的供应与控制技术也是冲压发动机设计研制的关键技术之一。

（4）热结构设计与热防护技术。高超声速飞行激波阻力大，发动机推力裕量小，因此，其进气道前缘一般采用尖锐外形以减少阻力。但是，飞行器的气动加热与飞行速度的三次方成正比，前缘热流密度与其半径的平方根成反比，前缘半径过小必然会造成很大的热流密度。此外，发动机燃烧室内燃气温度高、气流冲刷严重，这都对热结构的设计和热防护提出了很高的要求。现阶段，一方面开展耐热、高强度材料和热结构的研制，另一方面，采用主动冷却的方式进行热防护和热结构的设计。

（5）发动机与飞行器的一体化设计技术。高超声速飞行条件下，飞行器的阻力会显著增大。采用冲压发动机与飞行器一体化设计技术，可显著减小飞行器阻力，增大升阻比。由于冲压发动机特别是超燃冲压发动机推力裕度小，在设计过程中必须强调和总体的一体化设计，这是和普通飞行器设计的重要区别。发动机与飞行器的一体化设计，主要是将进气道与飞行器前体集成，将尾喷管与飞行器后体集成。飞行器前体是发动机进气道的预压缩部件，其构型的设计一般与进气道构型设计同时进行，后体设计则需要充分考虑发动机喷管推力与纵向力矩特性的优化。目前的高超声速飞行器设计中，仍以气动特性的设计为主要目标，只是在设计过程中考虑了发动机的性能要求。由于飞行器一体化设计优化的参数很多，需要深入研究发动机与气动外形的性能变化规律，综合考虑各方面因素的影响，才能设计出综合性能高的高超声速飞行器。目前，机体与发动机的一体化设计尚有许多基础问题需要解决，是高超声速飞行器设计的关键技术之一。

8.4 组合发动机技术

高超声速飞行器将是未来军用武器、民用高速飞行器和空间运载的主要工具。20 世纪 50 年代以来,世界上各主要国家都在大力发展高超声速飞行器,也发展出了不同的高速推进系统,如火箭发动机、涡轮发动机、冲压发动机等。由于各种发动机的工作原理不同,其都具有独特的优势和局限性。不同类型发动机的比冲随飞行马赫数的变化示意图如图 8.9 所示。从图中可以看出,火箭发动机具有很宽的马赫数工作范围,但其比冲很低,且难以大幅提高,涡轮发动机在马赫数小于 4 的条件下具有很高的比冲,经济性能很好,但由于发动机材料温度的限制,涡轮发动机无法在更高的马赫数条件下工作。冲压发动机虽然适合于大气层内的超声速、高超声速飞行,但存在静止状态无法启动、需要助推加速等问题,无法实现空天的往返飞行和重复使用。到目前为止,没有任何一种发动机能够实现宽马赫数(亚声速到超声速再到高超声速)、大范围空域或者跨大气层的推进任务。为了实现地面自启动、宽马赫数范围内保持高性能、发动机可重复使用等目的,人们提出了利用两种以上的发动机组合作为高超声速飞行器推进系统的设想,这就是组合发动机技术。目前研究较多的有火箭基组合发动机、涡轮基组合发动机、空气涡轮冲压发动机等。

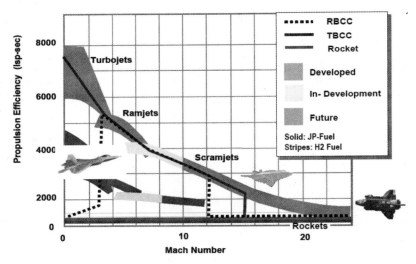

图 8.9 不同类型发动机比冲随马赫数的变化示意图

8.4.1 火箭冲压组合发动机(RBCC)

火箭发动机具有大的推重比,且能在很宽的马赫数范围内工作,但其比冲相对吸气式发动机要低很多。冲压发动机利用了大气中的氧气,大大提高了比冲,但其推重比较低,飞行马赫数也被限制在一定的范围内,且其对飞行状态的变化也比较敏感。火箭基组合发动机将低比冲、高推重比的火箭发动机和低推重比、高比冲的冲压发动机有机地组合在一起,充分发挥这两种推进方式的优势,使其在宽飞行马赫数范围内具有良好的性能,是航天推进高效性与经济性的组合。

RBCC 发动机主要由进气道、混合/扩压室、燃烧室和喷管组成。火箭发动机布置在混合/扩压室中,火箭发动机排出的尾气可以与来流混合,继续燃烧,燃烧室也可以继续喷注燃料,进行补燃。按照飞行马赫数的不同,RBCC 发动机主要有四种工作模态:火箭引射模态、亚燃冲压模态、超燃冲压模态和纯火箭模态,如图 8.10 所示。

(1)火箭引射模态。在飞行马赫数在 0～3 的范围内,在引射和速度冲压的双重作用下,空气进入流动通道,在混合段与引射火箭产生的高温燃气混合,在混合气体中喷入燃料进行二次补燃,提高整体燃气能量,在纯火箭的基础上增加推力,提高发动机比冲。

(2)亚燃冲压模态。主要工作马赫数范围为 2.5～6。此时,引射火箭的排气量减小,混合比增大,燃烧室压力减小,引射火箭作为火炬点火器使用。进气道捕获的高总压亚声速气流与燃料混合,在燃烧室内组织亚声速燃烧,实现对飞行器的推动。必要的时候,还可以在冲压状态下开启火箭,大幅增加发动机推力,实现不同速度和空域的机动飞行。

(3)超燃冲压模态。工作马赫数约为 6～10。此时,火箭作为预燃室,为超声速燃烧提供富燃热气体。高超声速来流经过进气道的压缩增压后,以低超声速在燃烧室中与燃料混合燃烧,气流在尾喷管中膨胀加速,实现高马赫数飞行。

(4)纯火箭模态。主要工作范围在马赫数 10 以上。随着飞行器飞出大气层,来流空气流量逐渐降低并趋于零。此时,将进气道关闭,发动机进入纯火箭模态。在飞行器实施机动变弹道时,火箭发动机也可随时进行气动,起到快速打击和躲避的效果。

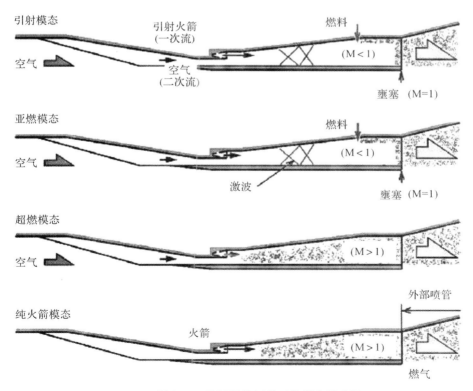

图 8.10　RBCC 的四种工作模态示意图

对 RBCC 的研究始于 20 世纪 60 年代,当时美国开展了可重复使用的航天运输系统研究计划,美国的 Marquardt 公司、Rocketdone 公司和 Lockheed 公司等均进行了大量的研究工作,当时选择了两种推进系统方案:增压引射冲压和液化空气超燃冲压循环。由于缺乏相应的理论基础,加上航天需求的限制,这些研究均被终止。但初期的大量试验研究为后续的研究工作奠定了坚实的基础。20 世纪 90 年代,美国提出了"先进可重复使用空间运输工具计划(ARSTTP)",主要研究未来的空间运输技术,整个计划由 Marshall 航天飞行中心负责,拟采用先进的火箭/冲压组合一体化发动机作为飞行器的动力系统,在这一计划的带动下,RBCC 研究工作掀起了热潮,人们提出了许多 RBCC 发动机方案。1996 年 9 月,美国的 Aerojet 公司提出了支板引射火箭冲压发动机方案,按前、中、后可分为进气道、燃烧室和尾喷管三部分,如图8.11所示。该方案突出特点是采用发动机进气道/二次燃烧室/喷管一体化结构设计和模块化设计技术,三种动力循环通过支板结构在同一流道中接替工作,平稳转换。Aerojet 公司对该发动机开展了进气道和主火箭的直连式和自由射流试验,验证了氢燃料火箭引射模态在马赫数 2.4 时向冲压模态的转化,并验证了单一流道可以兼容火箭引射、冲压、超燃冲压和纯火箭等多种模态。通过这些试验,验证了其方案的可行性。

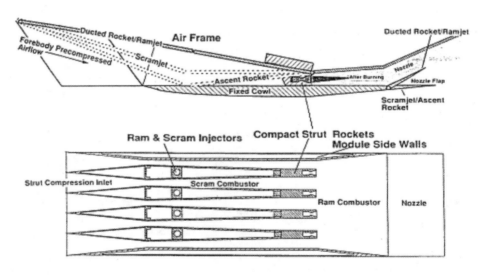

图 8.11　Aerojet 提出的支板引射火箭冲压发动机方案

Rocketdyne 公司提出了 A5 – RBCC 发动机方案,采用氢燃料作为推进剂,全固定式流道,燃烧室采用主动水冷却方式。该方案采用了独特的流向涡混合技术,增强了燃料与空气的混合,可以使燃烧室长度设计的非常小。A5 发动机进行了超过 3 600 s 的点火试验,进行了海平面静止状态下的引射模态、马赫数 3~4 范围内的引射到冲压模态转换以及真空纯火箭模态三种飞行条件下的自由射流试验。其最重要的成果是在模拟飞行弹道变化的条件下,首次成功验证了引射模态到冲压模态的过渡。

1997 年,NASA 开始与兰利研究中心和德莱顿飞行研究中心合作,启动 Hyper – X 计划。其中的 X – 43B 拟采用 RBCC 发动机来推进,称为 ISTAR。但这一计划并未实施。X – 43B

计划终止后,NASA 和美国空军联合开发了一个新的项目—可重复使用的组合循环飞行器验证计划(RCCFD),其中,ISTAR 发动机是该项目的一部分。ISTAR 以支板引射火箭冲压发动机为蓝本,采用可变进气道,利用多级燃料喷注体系进行热力喉道调节,燃料主要为 H_2O_2/JP-7 推进剂体系。针对引射和推力增强、火焰稳定和传播、燃烧穿透及散布以及发动机性能优化方面进行了详细的探讨,这些标志着美国的 RBCC 发动机从概念阶段的预研向工程化的样机进行过渡。

除美国以外,其他主要国家也进行了大量 RBCC 的研制工作。法国于 1992 年开始的先进高超声速推进技术研究计划 PREPHA,在方案选择阶段研究了 RBCC 发动机。其中,B1 概念发动机是一种带有火箭引射、喷管喉部可变的典型 RBCC 发动机;B2 概念的双模态冲压发动机则采用固定几何喉道,利用热力喉道进行调节,低速起飞时使用的火箭则安放在冲压流道之外。日本开展了以单级入轨飞行器为应用目标的 RBCC 推进系统研究,使用液氢和液氧作为推进剂,主要研究了燃烧室上游和下游组织燃烧对发动机性能的影响,同时开展了 RBCC 亚燃模态的自由引射试验。在国内,中国航天科工集团三院 31 所早在 20 世纪 70 年代就开始了 RBCC 的相关研究,重点研究了引射模态的设计技术和性能分析,给出了 RBCC 在大推力加速度段的典型工作特性。此外,在 RBCC 概念的基础上,提出了固体火箭冲压基组合循环发动机(SRBCC)和固液火箭冲压发动机(SRBLICC)等概念。

RBCC 发动机具有结构简单紧凑、体积小、质量轻、可靠性高、维护简单、比冲大、推重比高等优点,在各国均开展了广泛研究。但 RBCC 发动机也面临着众多的挑战:①宽包线范围内的飞行器气动布局设计。RBCC 发动机为了获得足够的氧气,需要长时间在大气层内飞行,因而气动效率对其飞行性能影响很大,但不同于一般的巡航类飞行器,组合动力飞行器重在加速,无法采用"设计点"的状态设计其气动布局,其气动布局设计需要兼顾很宽的马赫数范围。动压变化范围大、飞行空域变化范围大是 RBCC 气动布局设计的关键难点。②宽包线机体/发动机一体化设计技术。RBCC 发动机工作的空域和速域范围很宽,相应的进气道和尾喷管工作参数变化范围很大,需要根据不同的空域、速域范围进行几何结构调节。同时,燃烧室的工作状态也或发生大范围变化,为了进一步提高其性能,还需要开展燃烧室变结构技术研究。此外,发动机在宽范围工作时,进气道、隔离段与燃烧室的匹配性能决定了发动机的稳定工作裕度和稳定性,因此,必须重视它们的匹配性设计,并实时控制,以适应不同的飞行条件。③复杂动力学特性、多约束轨迹/制导/控制的一体化设计。由于发动机/机体高度一体化,飞行器内外流场高度耦合,发动机的进排气过程会对飞行器的动力学特性产生很大的影响。一般说来,为了满足发动机的进气条件,大都采用较尖锐的前体,同时,为了减小飞行器的阻力,机体的长细比一般较大。高超声速飞行的情况下,结构的弹性变形不但影响气动力,而且影响发动机的进气条件,因此,飞行器动力学特性的研究必须考虑多场耦合效用,目前,这种强耦合作用下飞行器的动态特性尚需要进一步研究。同时,由于轨迹设计、制导与控制约束多,耦合严重,也需要一体化设计。④防热结构设计技术。RBCC 运载器具有工作时间长、内外流场耦合、温度高等特点,再入返回时表面最高温度达 1 500℃以上,进气道的温度可达 2 000℃以上,而飞行器内部结构的温度要求在 200℃以下,这就需要热防护结构的设计。同时,为了保持飞行器良好的气动外形,防热系统在达到一定防热效果的同时也需要与结构、发动机进行一体化考虑。⑤RBCC 飞行器多场耦合仿真与力热环境预示技术。RBCC 飞行器内外流场存在高度耦合,它们之间的耦合效应会使得热、气、弹性作用下产生强烈的非线性作用,力热环境的预测必须考虑多场耦合的作用。传统力热环境的模拟主要依靠风洞试验,结构弹性的影响只能依靠数值计算,对耦合效应严重的飞行器而言,这种方法不再适用,目前尚缺乏支撑内外流场和流固耦合作用下力热环境预测的试验模拟手段。

8.4.2　涡轮冲压组合发动机(TBCC)

TBCC发动机主要是将涡轮发动机与冲压发动机按照一定的控制规律结合起来的发动机,以发挥涡轮发动机和冲压发动机在各自适用范围内的优势。在起飞阶段及速度较低时,仅利用涡轮发动机提供动力,当飞行马赫数逐渐增加至涡轮发动机工作的上限并且超过冲压发动机工作的下限时,控制系统逐渐将涡轮通道关闭,将冲压通道开启,此时为涡轮发动机和冲压发动机共同工作的模态,最终在较高马赫数时完全依靠冲压发动机工作。由于低马赫数情况下涡轮的比冲要比火箭高一个数量级,TBCC与RBCC发动机相比具有更高的比冲。此外,由于TBCC可以以涡轮模态起飞,不再需要火箭发射的特殊场地,可以节约大量成本。TBCC因其具有飞行包线宽、常规起落和重复使用等优点,成为世界各国研究的热点。

TBCC发动机大致可以分为串联和并联两种形式。当涡轮发动机和冲压发动机共用一个燃烧室时,称为串联式布局;而当两种发动机的燃烧室相互独立时,称为并联式布局。并联式布局又可以分为内并联型和外并联型。内并联型指的是两种发动机共用进气道及内压缩段,气流经过内压缩段以后,分成两个流路,分别流入涡轮发动机和冲压发动机。外并联布局则是从气流入口处开始分成两个单独的通道,上部分为涡轮发动机通道,下部分为冲压发动机通道。各类型的结构示意图如图8.12所示。

串联式TBCC发动机除共用进气道、外涵道和尾喷管外,还可以共用涡扇加力燃烧室和冲压燃烧室,因此其具有结构紧凑、迎风面积小、推重比高等优点。而并联式TBCC发动机流通道相互独立,燃烧室也相互独立,因此,其共用部件少,技术上容易实现,但其迎风面积较大,重量较重。

对TBCC发动机的研究可追溯到20世纪50年代。1957年,法国的GRIFFON2飞机以ATAR101E3涡轮冲压组合发动机作为动力,飞行最大马赫数达到2.1,首次验证了TBCC发动机的可行性。1966年,串联式布局的TBCC发动机J58装配在美国的SR-71黑鸟侦察机上,实现了高度30 km,最大马赫数3.5的飞行,这为美国后续TBCC的研究提供了宝贵的经验。1985年,美国的空天飞机计划(NASP)推进系统中的低速部分采用并联式TBCC发动机,在马赫数小于3时涡轮发动机工作,马赫数等于3时进行模态转换,马赫数大于3时则冲压发动机工作。2001年,NASA开始和GE、波音等公司合作,开展RTA计划,主要研究串联式TBCC发动机技术。RTA计划可分为两个阶段,第一阶段主要考核涡轮发动机在较宽马赫数范围内的工作性能,革新后的涡轮发动机其工作马赫数上限可达到4。第二阶段主要验证了飞行器/发动机一体化技术、TBCC发动机转级过程的可靠性和可操作性。2005年,美国开展了FaCET计划,重点研究了TBCC发动机的一体化设计技术、燃烧室技术、一体化喷管技术和模态转换技术。FaCET计划的TBCC发动机相当于一个三级推进系统,在马赫数低于2.5时涡轮发动机工作,马赫数在2.5与4.0之间时冲压发动机和涡轮发动机共同工作。马赫数大于4.0时涡轮发动机停止工作,TBCC以冲压模态加速到马赫数5.0。

与国外相比,国内的TBCC发动机还处于探索研究阶段,主要进行了理论、计算方法研究以及TBCC发动机的方案论证和分析研究。中国空气动力研发中心、航天科工集团三院、国防科技大学等单位相继开展了冲压发动机燃烧机理及实验研究、飞行器与发动机的一体化布局及外形设计研究、飞行器总体多学科优化设计研究等;北京航空航天大学、西北工业大学开展了 TBCC 组合发动机方案论证、推进系统总体性能分析以及飞行器/推进系统的一体化研究;南京航空航天大学等单位也开展了 TBCC 组合推进系统研究以及进气道与发动机的匹配性研究。

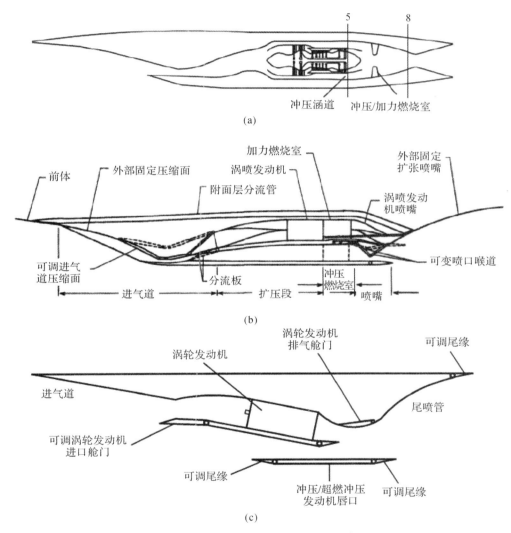

图 8.13　不同类型 TBCC 发动机结构示意图
(a)串联式 TBCC 发动机示意图;　(b)内并联式 TBCC 发动机示意图;　(c)外并联式 TBCC 发动机示意图

　　总体来说,TBCC 发动机的研究还没形成一套成熟的方法和体系,特别是国内的差距还较大,主要体现在以下几方面:
　　(1)设计理论和设计体系还有待于进一步完善。我国对 TBCC 发动机的研究相对较晚,与国外有着较大的差距。且 TBCC 发动机的研究涉及多门学科,是多项先进技术的高度综合,这都需要系统且大量的试验来积累足够的经验,完善设计理论和设计体系。

(2)进气系统的设计技术。要实现发动机宽马赫数范围内的工作,进气系统的设计是 TB-CC 的关键技术之一。TBCC 进气道应设计为变几何结构,以满足不同发动机工作时的流量需求及模态转换过程。模态转换过程是一个典型的非定常动态过程,对模态转换中的燃烧室与压气机的匹配,模态转换对进气道性能的影响都需要进行详细的研究。

(3)飞行器与发动机的设计优化。TBCC 发动机流道共用较少,飞行器的容积降低,结构重量增加,如何优化 TBCC 发动机的结构,降低发动机的结构重量,提高飞行器的容积利用率是 TBCC 设计研制面临的主要困难。此外,飞行器与推进系统存在强烈的耦合作用,揭示飞行过程中耦合作用的形成过程及耦合机理对飞行器的稳定控制具有重要的意义。

8.4.3 空气涡轮冲压发动机(ATR)

空气涡轮冲压发动机可以看作是 RBCC 和 TBCC 的组合,兼具有 RBCC 和 TBCC 的的双重特征。其结构主要由进气道、压气机、燃气发生器、涡轮、混合室、燃烧室和尾喷管组成,如图 8.13 所示。它的燃气发生器是一个独立的火箭发动机,燃气发生器产生的高温燃气驱动涡轮,带动压气机工作,压缩后的空气与燃气发生器产生的富燃燃气在涡轮后的混合室混合,然后进入燃烧室燃烧,燃烧后的高温燃气通过尾喷管产生推力。

在低马赫数的情况下,ATR 发动机的增压主要来自压气机,此时,其更接近燃气涡轮发动机,当马赫数较高时,ATR 发动机的增压主要来自速度增压,此时其更接近一个冲压发动机。与涡轮发动相比,ATR 发动机驱动涡轮的是火箭发动机产生的高温燃气,无需涡轮发动机所需的起动机,且涡轮前的温度与进入发动机的气流温度无关,ATR 的推力和最高飞行速度均大于相同外形尺寸的涡轮发动机;与火箭发动机相比,ATR 发动机拥有更高的比冲,且只需要携带少量的氧化剂;大大节约了飞行器的空间;与冲压发动机相比,ATR 可在静止状态下工作,且由于压气机的主动抽吸作用,使得 ATR 发动机对飞行器的飞行姿态不敏感,相应的工作包线也比冲压发动机宽。ATR 发动机与涡轮发动机和冲压发动机的工作包线对比如图 8.14所示。总之,ATR 具有工作包线宽广、比推力大、能够在静止状态下启动、易于实现,且固体和液体燃料均可使用等优点,美国、日本等许多国家相继开展了相关研究工作。近年来,国内也在逐渐开展相应的研究工作。

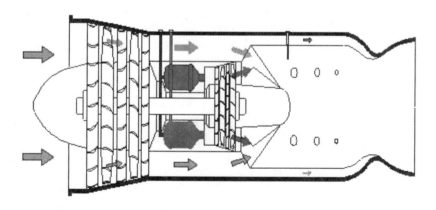

图 8.13 空气涡轮冲压发动机结构示意图

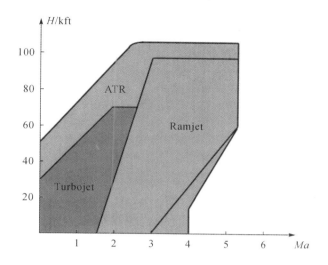

图 8.14　ATR 发动机、涡轮发动机、冲压发动机的工作包线对比

　　ATR 发动机的概念是 20 世纪 30 年代由美国火箭专家戈达德提出的。但直到 20 世纪 80 年代,随着远程打击武器、吸气式高超声速飞行器、单级入轨动力系统的蓬勃发展,人们才开始大量进行 ATR 的研究。Aerojet 公司是最早开始 ATR 发动机研究的单位之一,其研究的内容主要包括概念设计、性能计算、液体推进剂 ATR 和固体推进剂 ATR 的试验研究。在美国海军的支持下,Aerojet 公司在 1981 年开始开发 ATR 设计点和非设计点性能计算程序,并于 1982 年完成了首个肼燃料 ATR 的安装和试验。随后,Aerojet 对可用于高速巡航导弹的 ATR 发动机进行了概念研究,并于 1987 年对几种固体燃料 ATR 进行了测试,主要包括固体燃料燃气发生器测试、使用单固体燃料燃气发生器的 ATR 测试和使用双固体燃料燃气发生器的 ATR 测试。20 世纪 90 年代,Aerojet 为美国导弹司令部研制了单组元肼燃料 ATR 发动机,并利用该发动机进行了多次点火试验,主要验证了不同的喷管喉部面积、燃油空气混合比、冷却孔、燃油控制结构以及冷却空气量对 ATR 发动机性能的影响。试验结果表明,该 ATR 发动机的地面最大比冲可达 704 s,远高于固体火箭发动机和液体火箭发动机的比冲。在此基础上,莱特实验室和 CFD RC 公司对 ATR 系统方案和总体应用进行了全方位研究。首先对 ATR 的关键部件如进气道、涡轮、压气机、燃气发生器、节流阀、混流器、燃烧室等进行了深入研究,然后做出了直径 76 mm 的缩尺样机和固体 ATR 试验件,在完成地面试验后,CFD RC 公司于 1999 年进行了飞行试验,验证了 ATR 发动机的飞行性能。研究结果表明,ATR 发动机作为导弹的动力系统,相比于固体火箭发动机,可显著提高射程,增加任务的灵活性。除美国外,日本于 20 世纪 80 年代开始 ATR 发动机的研究,主要作为 TSTO 往返式空天飞机的第一级推进系统。1990 年,日本空间和宇航研究中心开始对 ATR 发动机进行地面点火试验,并对 ATR 发动机的涡轮、混合室、内部热交换、预冷器及燃烧室冷却进行了全面研究。截至 2003 年,日本共完成了 63 次热试车试验,总试车时间 3 600 s。除此之外,德国、瑞典、丹麦、印度等也先后进行了 ATR 发动机的研究和试验。

8.5 脉冲爆震发动机技术

8.5.1 脉冲爆震发动机的工作原理与特点

脉冲爆震发动机(PDE)是利用周期式脉冲爆震波所产生的高温、高压燃气来产生推力的全新概念发动机。爆震是一种激波与燃烧波相互耦合并以超声速传播的燃烧形式,与传统涡轮发动机等压燃烧的循环方式相比,脉冲爆震发动机中由于爆震波的传播速度很快,燃烧波后的产物传播很快,燃烧过程接近于等容过程,因此具有热循环效率高、燃料消耗率低的特点,加上没有压气机、涡轮等旋转部件,具有结构简单、可靠性高、重量轻、推重比高、比冲大等特点。另外其工作范围广,且推力可调。PDE 的这些特点与优势使其在军用和民用动力装置领域均有着广泛的应用前景,可作为导弹、直升机、超声速战斗机、民用客机、无人机等飞行器的动力装置,还可与超燃冲压发动机组合,形成高超声速飞行器的组合动力装置。

脉冲爆震发动机主要由起爆辅助电源系统、进气装置、燃烧室、尾喷管、推力壁、爆震起爆及频率控制系统、燃料供给和喷射系统及控制系统组成,其工作过程如图 8.15 所示,主要分为以下几个分过程:

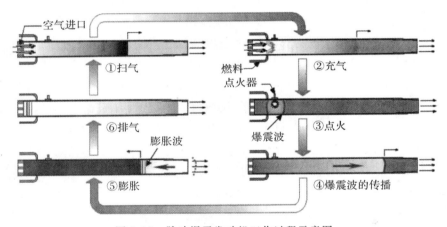

图 8.15 脉冲爆震发动机工作过程示意图

(1)填充隔离气。其主要作用是防止新鲜可燃混合气体与燃烧产物直接接触而过早燃烧。

(2)可燃混合物填充。爆震室前端阀门打开,可燃混合气体填充爆震室,直到充满爆震室,隔离气体被推向爆震管出口,关闭爆震室封闭端阀门。

(3)在爆震室封闭端点火。

(4)爆燃波转变成爆震波并向开口端传播。点燃的混合气体开始以爆燃的形式燃烧,从封闭端反射回来的一系列压缩波与向开口端传播的压缩波相遇后,压缩波的强度不断增强并最终发展成稳定的爆震波。

(5)爆震波从开口端传出,膨胀波传入爆震室。爆震波离开管口时,爆震室内充满了高温、高压燃气并以很快的速度从开口排出,此时在管口不断产生膨胀波并向管内传播。

(6)爆震产物排出。在膨胀波的作用下爆震产生的燃气持续排出,经过一段时间后,爆震室内气体参数与外界达到平衡。

（7）当爆震室内的压力低于燃料与空气混合后的喷射压力时，封闭端阀门打开，隔离气体填充，开始下一个循环。

8.5.2　脉冲爆震发动机的分类

按照氧化剂供给方式的不同，脉冲爆震发动机可分为火箭式和吸气式两大类结构形式，吸气式又可以分为基本型脉冲爆震发动机和脉冲爆震涡轮发动机两种类型；根据爆震管数目的不同，脉冲爆震发动机又可分为单管脉冲爆震发动机和多管脉冲爆震发动机两种形式；根据燃料和氧化剂喷入时控制方式的不同，其又可以分为旋转阀控制脉冲爆震发动机、电磁阀控制脉冲爆震发动机和无阀自适应控制脉冲爆震发动机三种。还可以将脉冲爆震发动机与现有的脉动、涡喷或涡扇发动机组合形成组合循环发动机。下面主要介绍火箭式和吸气式脉冲爆震发动机的典型结构及其工作过程。

1. 火箭式脉冲爆震发动机

火箭式脉冲爆震发动机是脉冲爆震发动机的一种，它自带燃烧剂和氧化剂，主要由推力壁、爆燃室、燃料和氧化剂供给系统、喷射系统、点火器和尾喷管组成。

单管火箭式脉冲爆震发动机结构简单，但是其具有可调工作频率范围窄、推力小等缺点。为了克服这些缺陷，可以将多个爆震管并联组成多管脉冲爆震发动机。多个爆震管沿周向均布，沿轴向互相平行，每个爆震管都有一个进口端和一个出口端，出口端与喷管相连，各爆震管共用一个尾喷管。工作时，燃料供应系统按照一定的次序为爆震管提供燃料，依次对爆震管进行点火，以实现对发动机工作频率的限制。多管脉冲爆震发动机并不一定每个爆震管都工作，也可以通过一定的组合方式，使其中的若干个工作，达到调节推力的目的。虽然与单管脉冲爆震发动机相比，多管脉冲爆震发动机有很多优点，但它的结构比较复杂，由于体积和质量的限制也限制了爆震管的数目，同时需要多个高频循环的起爆装置和结构复杂、快速循环的阀门来控制燃料。

2. 吸气式脉冲爆震发动机

吸气式脉冲爆震发动机一般由进气道、起爆器、进气阀、爆震室、尾喷管、燃料供应系统、点火系统和控制系统等组成，如图 8.16 所示。其中，进气阀的主要作用是控制爆震循环填充过程中进入爆震室的空气流量，同时在爆震循环的燃烧过程中作为推力壁，爆震室的主要作用是使燃料以爆震方式进行燃烧，尾喷管作用是使燃烧产物进行爆燃以产生推力。

按照其实现自吸气方式的不同，吸气式脉冲爆震发动机又可以分为引射模态和速度冲压模态两种工作模态：①引射模态。引射模态的吸气式脉冲爆震发动机可以使飞行器从地面直接启动，适用于速度较低的飞行器。其主要由进气道、起爆管、进气阀、尾喷管、燃料供应系统、点火系统和控制系统等组成。其中，进气道的作用是吸入爆震燃烧所需的空气，根据来流的速度又可分为亚声速进气道和超声速进气道。起爆管相当于一个小型的火箭式脉冲爆震发动机，利用其产生的高温、高压燃气可以为主爆震室引射空气，解决自吸气的问题，还可以利用其产生的爆震波引爆主爆震室中的可爆混合物。其主要的工作过程如下：燃料和空气在进入爆震管的同时，打开进气阀使空气进入爆燃室，延迟一段时间后，从喷油环向来流喷入一定量的燃油，之所以延迟一段时间，是为了形成一个薄层的隔离气体，以便隔离上一循环的残留废气与新鲜的可燃混合气体。然后关闭进气阀和进油阀，点火器点火，在起爆管内产生爆燃波并最终转变为爆震波,爆震波传递到爆震室并维持爆震燃烧,最后高温高压燃气通过尾喷管高速排出,产生推力。②速度冲压模态。飞行器高速飞行时,单靠速度冲压,进气量即可满足发动机的需要,此时,吸气时脉冲爆震发动机可以在冲压模态下工作。

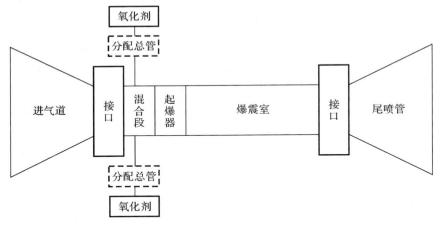

图 8.16　吸气式脉冲爆震发动机结构示意图

考虑到脉冲爆震循环具有循环效率高、燃烧过程自增压等特性,可以将脉冲爆震燃烧室替代传统涡轮发动机中的等压燃烧室,从而将传统涡轮发动机中的等压循环转化为脉冲爆震循环,这种发动机称为脉冲爆震涡轮发动机。根据脉冲爆震燃烧室位置的不同,可以将脉冲爆震涡轮发动机大致分为以下四个类型,如图 8.17 所示:①用脉冲爆震燃烧室替代涡喷/涡扇发动机的主燃烧室,形成以脉冲爆震燃烧室为主燃烧室的涡喷/涡扇发动机;②用脉冲爆震燃烧室替代涡喷/涡扇发动机的加力燃烧室,形成以脉冲爆震燃烧室为加力燃烧室的涡喷/涡扇发动机;③用脉冲爆震燃烧室代替涡轮轴/螺旋桨发动机的主燃烧室,形成以脉冲爆震燃烧室为主燃烧室的涡轮轴/螺旋桨发动机,此时,脉冲爆震产物的能力主要用来输出轴功;④用脉冲爆震燃烧室替代涡扇发动机的外涵加力燃烧室,形成带脉冲爆震外涵加力燃烧室的涡轮风扇发动机。

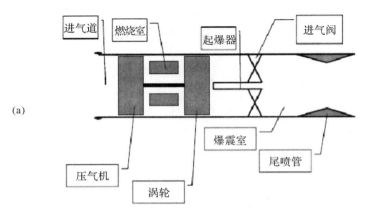

图 8.17　不同类型的脉冲爆震涡轮发动机
(a)以脉冲爆震燃烧室为主燃烧室的涡喷发动机;

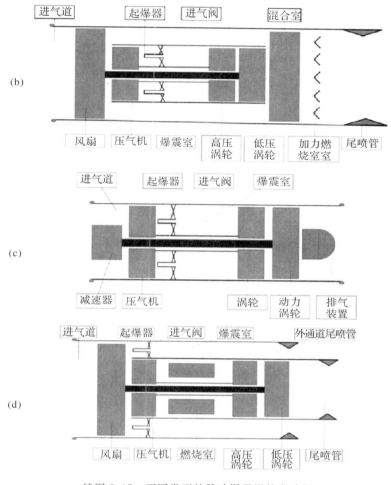

续图 8.17 不同类型的脉冲爆震涡轮发动机

(b)以脉冲爆震燃烧室为加力燃烧室的涡扇发动机;

(c)以脉冲爆震燃烧室为主燃烧室的涡轮轴/螺旋桨发动机;

(d)带脉冲爆震外涵加力燃烧室的涡轮风扇发动机

由于爆震燃烧接近于等容燃烧,其燃烧过程熵增小,采用脉冲爆震燃烧室的涡喷发动机具有热循环效率高、单位推力大,耗油率低等特点。且由于爆震燃烧的自增压特性,使用脉冲爆震燃烧室代替涡喷发动机的主燃烧室后,在增压比一定的条件下,所需压气机的增压比可显著减小,从而可以减轻发动机的重量,提高发动机的推重比。同时,脉冲爆震涡轮发动机的工作马赫数范围更宽,使其兼具脉冲爆震燃烧与涡轮发动机的优点,在宽广的速度范围内均有良好的性能。

8.5.3 脉冲爆震发动机发展历史与现状

人们对爆震燃烧的研究可追溯到 20 世纪 40 年代。1940 年,德国的 Hoffman 以氧—乙炔和氧—苯为氧化剂和燃料开展了间歇式爆震的试验研究。1957 年,美国的 Nicholls 对脉冲爆震发动机作为推力发动机的可行性进行了大量试验研究,结果表明,当以氢气为燃料时,爆震频率为 35 Hz,比冲达到了 21 000 m/s,单位推力为 1 088 kg。1962 年,Krzycki 等人采用丙烷—空气进行了与 Nicholls 类似的试验,由于试验中采用的点火能量较小,未形成爆震波,试验得到的推力很小甚至为负推力。在此之后很长的一段时间内,脉冲爆震发动机作为推力装置陷入停滞。直到 20 世纪 80 年代,美国 Helman 等人提出采用较小内径的预爆管来起爆主震室的方法,解决了小能量的起爆问题。通过试验,他们认为脉冲爆震发动机的频率可达到 150 Hz,比冲可达 10 000～14 000 m/s。Helman 的研究引发了人们对脉冲爆震发动机的兴趣,美国、法国、加拿大、俄罗斯等都先后制定并实施了多项脉冲爆震发动机计划,开展了大量关于爆震波及其控制约束的研究。1999 年,美国的 ASI 公司、普惠公司和波音公司在美国海军的支持下,开展了一个为期三年的脉冲爆震发动机风险减小计划项目,目的是通过关键技术的研究提高脉冲爆震发动机的技术成熟度等级。研究的内容包括高性能旋转空气阀门、爆震起爆系统、热管理系统以及液态燃料起爆系统等。该项目取得了多项成果,尤其是通过旋转阀技术高效解决了爆震室与上游非稳态进气道的匹配问题。在此基础上,他们于 2004 年推出了一飞行马赫数为 2.5 的导弹为应用平台的脉冲爆震发动机样机 ITR-2。ITR-2 是第一台在飞行尺度、飞行条件、飞行频率下进行系统集成试验的脉冲爆震发动机,集成了脉冲爆震发动机几乎全部的子系统,包括进气系统、燃烧室、喷管以及控制系统等。ITR-2 采用乙烯为燃料,单管爆震室最高频率达 80 Hz,实际测量净推力达 2 023～2 669 N。

为了测试脉冲爆震发动机在飞行条件下的工作可靠性,波音和 NASA 分别进行了高空试验台研究。2004 年,美国在 N90EZ 飞机上成功完成了世界上第一架以脉冲发动机为动力的有人驾驶飞机的地面声学和振动试验。2008 年,美国空军以 Long-EZ 飞机为载体,首次进行了以四管脉冲爆震发动机为动力的飞行演示验证试验,飞行时间约为 10 s,发动机产生推力超过 890 N。试验结果表明,在 195～200 dB 的情况下飞行器和发动机能够协调工作,不存在结构方面的问题。2005—2006 年,GE 全球研究中心对 8 管的脉冲爆震燃烧室驱动轴流涡轮进行了试验研究,采用乙烯为燃料,最高点火频率达到 30 Hz,在试验过程中,涡轮经受了 100 万次的爆震波冲击后仍完好无损。2009 年,美国 DAPRA 开展了为期 5 年的火神发动机计划,并于 2009 年 9 月完成了火神发动机系统和 CVC 发动机的概念设计和关键技术开发。

除美国外,其他国家也进行了大量研究。日本广岛大学研制了 4 管的原理样机,采用氢气作为燃料,用高速电磁阀进行控制,爆震燃烧室共用一个尾喷管,工作频率为 120 Hz 左右;筑波大学等多家单位于 2004 年进行了脉冲爆震火箭发动机的发射试验,工作频率为 10～12.5 Hz。2004 年,法国进行了一项无阀吸气式脉冲爆震发动机的研究,在半自由流场中模拟了马赫数 0.3～0.75 的亚声速飞行条件,实现了多循环稳定工作。俄罗斯在脉冲爆震发动机基础研究领域进行了大量的研究,并举办了爆震试验与计算国际研讨会。俄罗斯中央航空发动机研究院曾计划把脉冲爆震发动机作为航空航天组合动力装置和脉冲引射器。

我国在脉冲爆震发动机研究方面起步较晚,始于 20 世纪 90 年代。西北工业大学建有专门的脉冲爆震实验室,其在脉冲爆震发动机工作过程、性能数值模拟以及诊断技术等方面进行了深入地研究,并在 2009 年研制成功直径为 120 mm 的气动阀式脉冲爆震发动机,但由于爆震管长度过长,使得工作频率较低。同时还进行了火箭式脉冲爆震发动机爆震波特性和性能研究,并设计出了原理样机。南京航空航天大学自 1996 年开始开展了爆震波形成机理与结构、爆震波特性等方面的研究,并成功研制了三管旋转阀控制的两相吸气式脉冲爆震发动机样机、带有加力室的脉冲爆震发动机样机、大管径两相气动阀式脉冲爆震发动机样机以及小管径两相气动阀式脉冲爆震发动机样机四台样机。其中,大管径的脉冲爆震发动机样机推力已可达 100 kg,小管径的脉冲爆震发动机工作频率可达 80 Hz。此外,南京理工大学、中科院力学所、中国科学技术大学在脉冲爆震发动机的试验与数值模拟、爆震波的触发等方面进行了大量的研究工作。

8.5.4　脉冲爆震发动机的关键技术

虽然对脉冲爆震发动机的研究已进行了数十年,也取得了许多突破和进展,但要使脉冲爆震发动机应用于实际,还有许多关键技术需要突破和解决,这些技术包括但不限于:

(1)稳定的爆震起爆和控制。快速可靠地起爆是脉冲爆震发动机研究的关键问题。爆震起爆一般有两种方式:直接起爆和爆燃向爆震的转变。由于直接起爆所需的能量和功率都很大,由爆燃向爆震转变是目前人们认为的最佳方式。虽然已进行了大量的爆燃向爆震转变的试验研究,但多为静止气体长爆震管的单次试验,与实际动态气体、短爆震管且多次爆震的情况有很大的区别。因此,要发展实用的脉冲爆震发动机,还必须进行大量的试验与理论研究,包括起爆能量的确定、爆燃向爆震的强化、爆震波从受限环境向非受限环境的过渡等。

(2)燃料的混合、雾化与喷射设计。在实际应用中,受质量和体积的限制,脉冲爆震发动机一般需使用液体燃料,因此,需要考虑液体燃料的雾化、蒸发及其与空气的混合。为满足脉冲爆震发动机的高频爆震,要求喷射系统具有快速反应、高质量流量和高度的可控性,同时要满足重量、功率和体积方面的要求。同时,液滴的尺寸对成功起爆以及脉冲爆震发动机的工作性能紧密相关,还需对这方面的机理以及相应的雾化方法进行深入地研究。

(3)爆震现象理论分析、数值模拟与试验技术。在理论分析方面,Chapman 和 Jouguet 建立起来的 C‐J 模型仍在广泛使用,Zeldovich,Von Neumann 和 Doring 等人对 C‐J 模型进行了推广,提出了 ZND 模型。这两种模型均假设爆震波为一维结构的强激波,而实际的爆震波含有非常复杂的流动结构,因此,还需大量数值模拟和试验深入研究爆震波的机理,发展更为成熟的理论模型。数值模拟作为一种强大的工具,可以补充试验难以开展的复杂工况,但由于对爆震物理过程的认识尚未研究充分,数值模拟方法仍需要随着研究的深入而不断改进。

(4)脉冲爆震发动机的结构优化技术。结构的优化设计在脉冲爆震发动机的研究中占有重要地位,通过结构优化设计,可以显著提高脉冲爆震发动机的性能。具体包括进气道设计、尾喷管设计以及辅助系统设计等。进气道的设计对减少推力损失非常重要,其研究的重点是反压振荡对进气道工作性能的影响以及爆震室与进气道的一体化设计方法。脉冲爆震发动机属于非定常推进系统,喷管以非稳态的模式工作,多次爆震产生的激波波系非常复杂,需要设计适合多方向爆震波传播的喷管形状,但目前尚未建立起喷管设计的成熟理论。实际应用的脉冲爆震发动机采用多管结构,为使多个爆震室共用进气道和尾喷管,需要进行相关辅助系统的设计,包括燃料加注系统、起爆系统、燃烧控制系统、流动控制系统以及相关的辅助动力系统等。

(5)多管热固动力学耦合问题。脉冲爆震发动机采用高频多管结构,各管爆震燃烧时存在动力学耦合问题,且在爆震循环过程中,爆震管的壁面温度会经历升高和下降过程,存在热疲劳问题。要综合解决这些问题,需要对脉冲爆震发动机工作过程的流场变化规律有着深入的研究,但现阶段无论是数值模拟还是试验技术,均不能做到对流场变化规律的精确刻画。

(6)发动机的冷却、减振与降噪技术。爆震波后的燃气可引起爆震管温度的瞬时升高,必须采取高效的冷却措施。脉冲爆震发动机的工作特性决定了其会产生较大的振动和噪声问题,高强度的循环爆震会对发动机产生循环的冲击力,引起发动机结构的震动,高温高压的燃气从尾喷管排出,会产生很大的冲击噪声和湍流噪声。但目前对这些方面的研究还处于起步阶段。

8.6 吸气式发动机的数值模拟技术

8.6.1 CFD 在吸气式发动机研究中的作用

20 世纪 60 年代以来,随着计算数学、计算机技术的快速发展,计算流体力学(Computational Fluid Dynamics,CFD)作为一门新兴学科,成为流体力学中发展最为迅速的学科分支。随着计算流体力学的发展,其在吸气式发动机的设计研制中得到了广泛的应用,并逐步成为吸气式发动机设计和流动分析不可或缺的手段。CFD 得到的是在某些特定条件下、特定流场区域内流动的精确分布情况,从这一点来说,具有与流体实验的相似性,因此,利用 CFD 对流动的研究也称为数值实验。与理论研究相比,CFD 研究的范围更为宽广,对于难以利用理论分析得出结论的工程实际问题,可以通过数值实验找出满足工程设计需要的数值解;与实验相比,数值模拟可以大量节省人力、物力和经费,并且能够给出完整的流场图谱,特别是它不受物理模型和实验条件的限制,容易实现那些在实际实验中无法测量的复杂流动问题。

在吸气式发动机的设计研制中,CFD 之所以发挥越来越重要的作用,主要是因为:①CFD可以作为真实试验的预处理技术,进行各种模型参数的分析计算与优化,利用 CFD 的数值模拟结果,可以减少试验周期,减少试验内容,降低试验费用;②与试验只能测量有限的参数相比,CFD 可以呈现完整的流场图谱,揭示试验中未测量到或者难以测量的流场结构,更便于对流场细节的分析;③CFD 的计算结果还可以与试验结果相互印证,确保试验的正确性。

先进吸气式发动机的设计水平在很大程度上依赖 CFD 的发展水平,以及它与理论分析和试验研究的紧密结合。

8.6.2 气相控制方程及湍流模式

在连续介质假说的条件下,将自然界中的守恒定律(质量守恒定律、动量守恒定律和能量守恒定律)应用于流体微团,即可得到流体力学的基本方程组,在 CFD 中通常称为流体力学的控制方程。在吸气式发动机的数值模拟中,还经常需要各组分的化学反应,直角坐标系下,考虑质量、动量、能量和组分的三维守恒型控制方程写为向量形式为

$$\frac{\partial \boldsymbol{Q}}{\partial t} + \frac{\partial \boldsymbol{F}}{\partial x} + \frac{\partial \boldsymbol{G}}{\partial y} + \frac{\partial \boldsymbol{H}}{\partial z} = \frac{\partial \boldsymbol{F}_v}{\partial x} + \frac{\partial \boldsymbol{G}_v}{\partial y} + \frac{\partial \boldsymbol{H}_v}{\partial z} + \boldsymbol{S}_g + \boldsymbol{S}_l \qquad (8.1)$$

式中,$\boldsymbol{Q}$ 为守恒变量;$\boldsymbol{F}, \boldsymbol{G}, \boldsymbol{H}, \boldsymbol{F}_v, \boldsymbol{G}_v, \boldsymbol{H}_v$ 分别为三方向的无黏通量和黏性通量,它们的具体形式为

$$\boldsymbol{Q} = \begin{bmatrix} \rho \\ \rho u \\ \rho v \\ \rho w \\ \rho E \\ \rho Y_i \end{bmatrix}, \quad \boldsymbol{F} = \begin{bmatrix} \rho u \\ \rho u^2 + p \\ \rho v u \\ \rho w u \\ (\rho E + p)u \\ \rho Y_i u \end{bmatrix}, \quad \boldsymbol{G} = \begin{bmatrix} \rho v \\ \rho u v \\ \rho v^2 + p \\ \rho w v \\ (\rho E + p)v \\ \rho Y_i v \end{bmatrix}, \quad \boldsymbol{H} = \begin{bmatrix} \rho w \\ \rho u w \\ \rho v w \\ \rho w^2 + p \\ (\rho E + p)w \\ \rho Y_i w \end{bmatrix} \quad (8.2)$$

$$\boldsymbol{F}_{\text{v}} = \begin{bmatrix} 0 \\ \tau_{xx} \\ \tau_{yx} \\ \tau_{zx} \\ \beta_x \\ \rho D_{im}\dfrac{\partial Y_i}{\partial x} \end{bmatrix}, \quad \boldsymbol{G}_{\text{v}} = \begin{bmatrix} 0 \\ \tau_{xy} \\ \tau_{yy} \\ \tau_{zy} \\ \beta_y \\ \rho D_{im}\dfrac{\partial Y_i}{\partial y} \end{bmatrix}, \quad \boldsymbol{H}_{\text{v}} = \begin{bmatrix} 0 \\ \tau_{xz} \\ \tau_{yz} \\ \tau_{zz} \\ \beta_z \\ \rho D_{im}\dfrac{\partial Y_i}{\partial z} \end{bmatrix} \quad (8.3)$$

式(8.3)中,有

$$\beta_x = u\tau_{xx} + v\tau_{yx} + w\tau_{zx} - q_x + \sum_{i=1}^{ns} \rho D_{im} h_i \frac{\partial Y_i}{\partial x}$$

$$\beta_y = u\tau_{xy} + v\tau_{yy} + w\tau_{zy} - q_y + \sum_{i=1}^{ns} \rho D_{im} h_i \frac{\partial Y_i}{\partial y} \quad (8.4)$$

$$\beta_z = u\tau_{xz} + v\tau_{yz} + w\tau_{zz} - q_z + \sum_{i=1}^{ns} \rho D_{im} h_i \frac{\partial Y_i}{\partial z}$$

$\tau_{xx}, \tau_{xy}, \tau_{xz}, \tau_{yx}, \tau_{yy}, \tau_{yz}, \tau_{zx}, \tau_{zy}, \tau_{zz}$ 为黏性应力张量 $\boldsymbol{\tau}$ 的分量,它们的具体表达式为

$$\tau_{xx} = 2\mu \frac{\partial u}{\partial x} + \lambda\left(\frac{\partial u}{\partial x} + \frac{\partial v}{\partial y} + \frac{\partial w}{\partial z}\right), \quad \tau_{xy} = \tau_{yx} = \mu\left(\frac{\partial u}{\partial y} + \frac{\partial v}{\partial x}\right)$$

$$\tau_{yy} = 2\mu \frac{\partial v}{\partial y} + \lambda\left(\frac{\partial u}{\partial x} + \frac{\partial v}{\partial y} + \frac{\partial w}{\partial z}\right), \quad \tau_{xz} = \tau_{zx} = \mu\left(\frac{\partial u}{\partial z} + \frac{\partial w}{\partial x}\right) \quad (8.5)$$

$$\tau_{zz} = 2\mu \frac{\partial w}{\partial z} + \lambda\left(\frac{\partial u}{\partial x} + \frac{\partial v}{\partial y} + \frac{\partial w}{\partial z}\right), \quad \tau_{yz} = \tau_{zy} = \mu\left(\frac{\partial v}{\partial z} + \frac{\partial w}{\partial y}\right)$$

热传导遵循 Fourier 传导定律,即

$$\boldsymbol{q} = q_x \mathbf{i} + q_y \mathbf{j} + q_z \mathbf{k} = -\kappa \nabla T \quad (8.6)$$

式中,热传导系数 $\kappa = \mu c_P / Pr$。c_P 为定压比热容,Pr 为普朗特数,对于标准状况下的空气,取 $Pr = 0.72$。

$\boldsymbol{S_g}$ 表示气相化学反应源项,$\boldsymbol{S_l}$ 表示气液耦合源项,具体表达式为

$$\left.\begin{aligned} \boldsymbol{S_g} &= \begin{bmatrix} 0 & 0 & 0 & 0 & 0 & \dot{\omega}_i \end{bmatrix}^{\text{T}} \\ \boldsymbol{S_l} &= \begin{bmatrix} S_m & S_{M,u} & S_{M,v} & S_{M,w} & S_h & S_{m,i} \end{bmatrix}^{\text{T}} \end{aligned}\right\} \quad (8.7)$$

式中,$\dot{\omega}_i$ 为第 i 种组分的生成率。

标准的有限差分方法需要均匀网格,但在计算具有复杂外形的流场时,通常会生成非均匀网格,此时,需要将它们变换成均匀分布的网格。同时,偏微分方程也需要重新改写,以适应这种网格变换。这种变换后的方程称为一般曲线坐标系下的 N-S 方程。一般曲线坐标系下,控制方程(8.1)可写成

$$\frac{\partial \tilde{Q}}{\partial t}+\frac{\partial \tilde{F}}{\partial \xi}+\frac{\partial \tilde{G}}{\partial \eta}+\frac{\partial \tilde{H}}{\partial \zeta}=\frac{\partial \tilde{F}_v}{\partial \xi}+\frac{\partial \tilde{G}_v}{\partial \eta}+\frac{\partial \tilde{H}_v}{\partial \zeta}+\tilde{S}_g+\tilde{S}_1 \tag{8.8}$$

式中

$$\tilde{Q}=\frac{1}{J}Q$$

$$\tilde{F}=\frac{\xi_t}{J}Q+\frac{\xi_x}{J}F+\frac{\xi_y}{J}G+\frac{\xi_z}{J}H,\quad \tilde{F}_v=\frac{\xi_x}{J}F_v+\frac{\xi_y}{J}G_v+\frac{\xi_z}{J}H_v$$

$$\tilde{G}=\frac{\eta_t}{J}Q+\frac{\eta_x}{J}F+\frac{\eta_y}{J}G+\frac{\eta_z}{J}H,\quad \tilde{G}_v=\frac{\eta_x}{J}F_v+\frac{\eta_y}{J}G_v+\frac{\eta_z}{J}H_v \tag{8.9}$$

$$\tilde{H}=\frac{\zeta_t}{J}Q+\frac{\zeta_x}{J}F+\frac{\zeta_y}{J}G+\frac{\zeta_z}{J}H,\quad \tilde{H}_v=\frac{\zeta_x}{J}F_v+\frac{\zeta_y}{J}G_v+\frac{\zeta_z}{J}H_v$$

$$\tilde{S}_g=\frac{1}{J}S_g,\qquad\qquad \tilde{S}_1=\frac{1}{J}S_1$$

雅克比矩阵 $1/J$ 及相关几何量的表示式为

$$1/J=\frac{\partial(x,y,z)}{\partial(\xi,\eta,\zeta)}=x_\xi y_\eta z_\zeta-x_\eta y_\xi z_\zeta+x_\zeta y_\xi z_\eta-x_\xi y_\zeta z_\eta+x_\eta y_\zeta z_\xi-x_\zeta y_\eta z_\xi$$

$$\xi_x/J=y_\eta z_\zeta-y_\zeta z_\eta,\quad \xi_y/J=x_\zeta z_\eta-x_\eta z_\zeta,\quad \xi_z/J=x_\eta y_\zeta-x_\zeta y_\eta$$

$$\eta_x/J=y_\zeta z_\xi-y_\xi z_\zeta,\quad \eta_y/J=x_\xi z_\zeta-x_\zeta z_\xi,\quad \eta_z/J=x_\zeta y_\xi-x_\xi y_\zeta \tag{8.10}$$

$$\zeta_x/J=y_\xi z_\eta-y_\eta z_\xi,\quad \zeta_y/J=x_\eta z_\xi-x_\xi z_\eta,\quad \zeta_z/J=x_\xi y_\eta-x_\eta y_\xi$$

吸气式发动机内的流场是一个高雷诺数的湍流流场,燃料的燃烧与混合是一个复杂的湍流过程,其中会出现许多大尺度的湍流结构以及复杂的流动现象。对湍流的数值模拟一般有三个层次:直接数值模拟、大涡模拟和求解雷诺平均方程。直接数值模拟不引入任何的湍流模型,直接求解完整的三维非定常 N-S 方程,并结合所求解问题的边界条件,对所有的湍流尺度进行数值模拟。直接数值模拟能够获得比实验更多的三维湍流场的信息,包括湍流场的时间演化。但是,直接数值模拟的网格分辨率需要达到 Kolmogorov 尺度,在现有计算机的水平下,对高雷诺数湍流的直接数值模拟还难以实现。大涡模拟的基本思想是,采用滤波的方法将湍流场中的脉动分解为大尺度脉动和小尺度脉动,大尺度的脉动直接求解,而把小尺度脉动对大尺度脉动的作用做模型假设。LES 是一种介于 DNS 和 RANS 之间的方法,其理论依据是小尺度脉动具有局部平衡的性质,有可能存在某种普适的统计规律,可以通过模型进行模化。虽然大涡模拟的滤波过程能把高波数的小尺度脉动过滤掉,但大涡模拟仍然需要流动细节的刻画,因此,对数值格式仍然有着较高的要求。同时,大涡模拟的计算量工程上仍难以满足。在工程实用上,如果只关心湍流的平均流动信息,而对湍流脉动的时空变化细节不感兴趣时,可以直接从雷诺平均方程出发,求解工程湍流问题,这一层次上的湍流数值模拟方法称为雷诺平均方法。这种方法的主要优点是需要的计算量小,能够对复杂的湍流行为进行快速的预测。因此,这种方法也就成了解决工程湍流问题的常用方法。但是,雷诺平均方程是不封闭的,必须提出合理的湍流模式封闭雷诺应力,才能求解出平均流场。下面介绍工程上常用的两方程湍流模式:$k-\varepsilon$ 湍流模式和 $k-\omega$ 湍流模式。

1. $k-\varepsilon$ 湍流模式

$k-\varepsilon$ 湍流模式是工程上应用最广泛的湍流模式,其基本表达式的张量形式为

$$\frac{\partial(\rho k)}{\partial t} + \frac{\partial(\rho k u_i)}{\partial x_i} = \frac{\partial}{\partial x_i}\left[\left(\mu + \frac{\mu_t}{\sigma_k}\right)\frac{\partial k}{\partial x_i}\right] + P_k - \rho\left[1 + F(M_t)\varepsilon + L_k\right]$$

$$\frac{\partial(\rho\varepsilon)}{\partial t} + \frac{\partial(\rho\varepsilon u_i)}{\partial x_i} = \frac{\partial}{\partial x_i}\left[\left(\mu + \frac{\mu_t}{\sigma_\varepsilon}\right)\frac{\partial\varepsilon}{\partial x_i}\right] + c_1 f_1 \frac{\varepsilon}{k}P_k - c_2 f_2 \frac{\rho\varepsilon^2}{k} + L_\varepsilon \tag{8.11}$$

$$\mu_t = c_\mu\rho k^2/\varepsilon$$

式中，L_k 和 L_ε 是低雷诺数项，P_k 是湍流生成项，$F(M_t)$ 是可压缩性修正函数。其中的常数为

$$c_\mu = 0.09, \quad \sigma_k = 1.0, \quad \sigma_\varepsilon = 1.3 \tag{8.12}$$

一般采用两种方法进行可压缩修正：①Sarkar 的可压缩修正；②Wilcox 的可压缩修正。修正函数 $F(M_t)$ 的表达式为

$$F(M_t) = \alpha_k \max(M_t^2 - M_{t,0}^2, \quad 0)$$

$$M_t^2 = \frac{2k}{a^2} \tag{8.13}$$

对于 Sarkar 的可压缩修正，$\alpha_k = 1.0$，$M_{t,0} = 0.0$；对于 Wilcox 的可压缩修正，$\alpha_k = 1.5$，$M_{t,0} = 0.25$。

2. k-ω 湍流模式

k-ω 湍流模式广泛应用于受壁面约束的流动，其不需要用到壁面的距离，且计算公式相对简单，适用于多块网格的计算，k-ω 湍流模式的张量表示形式为

$$\frac{\partial(\rho k)}{\partial t} + \frac{\partial(\rho k u_i)}{\partial x_i} = \frac{\partial}{\partial x_i}\left(\mu_k \frac{\partial k}{\partial x_i}\right) + P_k - D_k$$

$$\frac{\partial(\rho\omega)}{\partial t} + \frac{\partial(\rho\omega u_i)}{\partial x_i} = \frac{\partial}{\partial x_i}\left(\mu_\omega \frac{\partial\omega}{\partial x_i}\right) + P_\omega - D_\omega + D_c \tag{8.14}$$

式中，P_k 和 $P_\omega = \alpha_\omega(\omega/k)P_k$ 为生成项，$D_k = \beta_k\rho\omega k$ 和 $D_\omega = \beta_\omega\rho\omega^2$ 称为破坏项，$D_c = \sigma_d\rho/\omega\max(\nabla k \cdot \nabla\omega, 0)$ 为交叉耗散项，$\mu_k = (\mu + \sigma_k\mu_t)$，$\mu_\omega = (\mu + \sigma_\omega\mu_t)$。

8.6.3　数值离散方法

在基本方程组建立以后，需要解决的问题是寻求高精度、高效率的基本方程组的求解方法。其中，主要包含两部分的工作：①微分方程组的离散化。即将微分方程组转化为代数方程组，常用的数值离散方法包括有限差分法、有限体积法、有限元方法、谱方法等。②代数方程组的求解，即建立各种数值算法快速求解代数方程组，包括松弛迭代法、多重网格法、共轭梯度法等。其中，微分方程组的离散是核心与关键，下面对 CFD 中常用的几种离散方法进行简要介绍。

1. 有限差分方法

有限差分方法（Finite Difference Method，FDM）是最古老的一种偏微分方程求解方法。该方法首先将连续的求解域划分为离散的差分网格，用有限个网格节点代替连续的求解域，然后将偏微分方程中的连续偏导数用网格节点函数值的代数差商近似代替，从而将连续函数的偏微分方程转化为离散网格点上的代数差分方程，最后通过代数差分方程的求解，得到原微分方程的近似解。有限差分方法发展较为成熟，从格式的精度来看，有一阶精度格式、二阶精度格式和高阶精度格式；从空间离散方法来看，可分为中心差分格式和迎风格式；从时间推进方法来看，可分为显式格式、隐式格式、显隐交替格式等。有限差分方法数学概念直观，表达简单，在规则区域的结构化网格上，具有计算量小、构造高精度格式容易、易于并行等优点，其主要缺点是对不规则区域的适应性差，在含复杂几何外形问题的数值模拟中难以保证离散方程

的守恒性,进而会造成较大的计算误差,甚至造成计算的发散。关于有限差分方法在偏微分方程数值求解中的应用,可参考相关专著。

2. 有限体积方法

有限体积法(Finite Volume Method,FVM)又称为有限容积法或控制体积法,是 20 世纪七八十年代逐步发展起来的流体力学计算方法。其基本思路是首先将计算区域离散成有限个互不重叠的控制单元,然后从描述流体流动的守恒型控制方程出发,在控制单元上对方程积分,便得到了一组离散方程。为了求解这一离散方程,必须知道控制体界面上的数值通量。有限体积方法中,一般是通过假定变量在控制单元中的近似变化规律得到界面上的数值通量,根据变量在控制体内假定的规律的不同,可得到不同的数值格式。有限体积方法导出的数值格式可以自动保证守恒型,对区域形状的适应性也比有限差分格式要好。近年来,无论在算法研究合适工程应用方面,有限体积方法均得到了快速发展,是目前流体力学中应用最广泛的一种方法,大部分商用软件均采用有限体积方法作为内核。但有限体积方法也存在模板不够紧致的缺点,即高精度有限体积方法模板单元过大,给大规模并行计算带来了较大困难。关于有限体积方法的详细论述,可参考 Toro 的专著。

3. 有限元方法

有限元法(Finite Element Method,FEM)的核心思想是将连续的求解域划分为互不重叠的单元,在每个单元内,均假设一个插值函数(基函数),并通过单元中被求变量之值来表示该插值函数,然后将所假设的插值函数代入到控制方程,并将控制方程乘以一个选定的权函数后积分,要求在整个区域上控制方程余量的加权平均值为零,从而导出一组关于节点上被求变量的代数方程。根据所采用的插值函数和权函数的不同,有限元可以分为多种计算格式。从权函数的选取来说,有配点法、矩量法、最小二乘法和伽辽金法等;从插值函数的精度来划分,可以分为线性插值函数和高次插值函数等。有限元方法是以变分原理为基础发展起来的,早期主要应用于拉普拉斯和泊松方程(椭圆型方程)所描述的问题的求解,随着计算力学的发展,也逐步应用于双曲占优的流体力学问题的求解。特别是间断有限元(Discontinuous FEM)的出现,克服了一般 FEM 不适用于间断问题的缺点,使得有限元方法在流体力学问题的求解中得到了进一步发展。间断有限元方法被认为是下一代 CFD 求解器最具潜力的备选方法。

当前,大部分吸气式发动机数值模拟的核心离散方法均为有限体积方法,下面对结构网格上的有限体积方法进行简要介绍。三维结构网格的控制体 $\Omega_{i,j,k}$ 及其各节点的分布如图 8.18 所示。

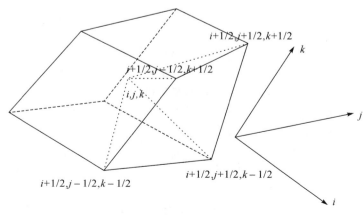

图 8.18　三维结构网格控制体示意图

将 Navier – Stokes 方程在控制体内的积分可得

$$\frac{\partial \overline{\boldsymbol{Q}}_{i,j,k}}{\partial t}\Omega_{i,j,k} + \oint_{\partial \Omega_{i,j,k}} \boldsymbol{I} \cdot \boldsymbol{n}\mathrm{d}S = 0 \tag{8.15}$$

式中,$\Omega_{i,j,k}$ 是控制体体积;$\boldsymbol{n}$ 是控制体面上的外法线方向;$\overline{\boldsymbol{Q}}_{i,j,k}$ 是守恒变量在控制体的平均值,则有

$$\overline{\boldsymbol{Q}}_{i,j,k} = \frac{\int_{\Omega_{i,j,k}} \boldsymbol{Q}\,\mathrm{d}x\mathrm{d}y\mathrm{d}z}{\Omega_{i,j,k}} \tag{8.16}$$

S 为控制体的的 6 个面,面积分项可以写为控制体各面积分的加和。f 是控制体的面标号,对于二阶精度的面积分,积分点选为面心,则有

$$\oint_{\partial \Omega_{i,j,k}} \boldsymbol{I} \cdot \boldsymbol{n}\mathrm{d}S = \sum_{f=1}^{6}\int_{\partial \Omega_{i,j,k}^f} \boldsymbol{I} \cdot \boldsymbol{n}\mathrm{d}S \approx \sum_{f=1}^{6}(\boldsymbol{I} \cdot \boldsymbol{n}S)_f \tag{8.17}$$

式中,$\boldsymbol{I}$ 是通量张量 $\boldsymbol{I} = (\boldsymbol{F} - \boldsymbol{F}_v, \boldsymbol{G} - \boldsymbol{G}_v, \boldsymbol{H} - \boldsymbol{H}_v)$。

有限体积的离散过程可分为无黏通量的离散、黏性通量和时间积分,下面分别进行介绍。

1.无粘通量的计算

单元界面左侧单元重构延拓到界面处得到界面的左状态 $Q_{j+1/2}^2$,同理单元界面右侧单元重构延拓到界面处得到界面的右状态 $Q_{j+1/2}^R$,通过求解黎曼问题计算单元界面处的数值通量 $F(Q_{j+1/2}^2, Q_{j+1/2}^R)$。在计算超声速和高超声速流场时,流场中存在较强的激波和间断,为避免计算出现奇偶失连或红斑现象,在求解黎曼问题时考虑多维效应,采用旋转黎曼求解器计算无粘通量。根据式(8.17)Navier – Stokes 方程在控制体内的积分形式,无粘通量的面积分形式可以写为

$$\oint_{\partial \Omega_{i,j,k}} \boldsymbol{I}_e \cdot \boldsymbol{n}\mathrm{d}S = \sum_{f=1}^{6}\int_{\partial \Omega_{i,j,k}^f} \boldsymbol{I}_e \cdot \boldsymbol{n}\mathrm{d}S \approx \sum_{f=1}^{6}(\boldsymbol{I}_e \cdot \boldsymbol{n}S)_f \tag{8.18}$$

式中,$\boldsymbol{I}_e$ 是无粘通量张量 $\boldsymbol{I}_e = (\boldsymbol{F}, \boldsymbol{G}, \boldsymbol{H})$。考虑到多维效应,将 $\boldsymbol{n}_f$ 分解为两个方向的向量,即

$$\boldsymbol{n}_f = \sum_{m=1}^{2} \alpha_f^m \boldsymbol{n}_f^m \tag{8.19}$$

并且满足 $\boldsymbol{n}_f^1 \cdot \boldsymbol{n}_f^2 = 0$,$\boldsymbol{n}_f^1$ 和 $\boldsymbol{n}_f^2$ 为单位向量,根据以下方法计算,有

$$\boldsymbol{n}_f^1 = \begin{cases} \boldsymbol{n}_f, & \sqrt{(\Delta u_f)^2 + (\Delta v_f)^2 + (\Delta w_f)^2} \leqslant \varepsilon \\ \mathrm{sign}(\tilde{\boldsymbol{n}}_f^1 \cdot \boldsymbol{n}_f)\tilde{\boldsymbol{n}}_f^1, & \text{其他} \end{cases} \tag{8.20}$$

$$\boldsymbol{n}_f^2 = \begin{cases} \dfrac{\tilde{\boldsymbol{n}}_f^2}{|\tilde{\boldsymbol{n}}_f^2|}, & \tilde{\boldsymbol{n}}_f^2 = \boldsymbol{n}_f - \boldsymbol{n}_f^1(\boldsymbol{n}_f^1 \cdot \boldsymbol{n}_f) \neq 0 \\ 0, & \text{其他} \end{cases} \tag{8.21}$$

式中

$$\tilde{\boldsymbol{n}}_f^1 = \frac{(\Delta u_f\mathbf{i} + \Delta v_f\mathbf{j} + \Delta w_f\mathbf{k})}{\sqrt{(\Delta u_f)^2 + (\Delta v_f)^2 + (\Delta w_f)^2}} \tag{8.22}$$

$$\Delta\varphi_f = \varphi_f^R - \varphi_f^L; \quad \varphi = (u,v,w) \tag{8.23}$$

$$\alpha_f^m = \boldsymbol{n}_f \cdot \boldsymbol{n}_f^m \quad (m=1,2) \tag{8.24}$$

可以看出,当速度各分量左右状态之差很小时 $\boldsymbol{n}_f^1 = \boldsymbol{n}_f$,$\boldsymbol{n}_f^2 = 0$。将 $\boldsymbol{n}_f$ 的两个方向的分量代入到通量表达式,并考虑到黎曼问题的坐标不变性,则有

$$I_e \cdot n_f = \sum_{m=1}^{2} \alpha_f^m (Fn_x^m + Gn_y^m + Hn_z^m)_f = \sum_{m=1}^{2} \alpha_f^m (T_f^m)^{-1} \widehat{F}(T_f^m Q_f) \tag{8.25}$$

其中,

$$\widehat{F}(T_f^m Q_f) = \frac{1}{2} [\widehat{F}(T_f^m Q_f^L) + \widehat{F}(T_f^m Q_f^R)] - \frac{1}{2} \sum_{l=1}^{5} (|\tilde{\lambda}_{l,f}^m| \widetilde{\Omega}_{l,f}^m \widetilde{R}_{l,f}^m) \tag{8.26}$$

$$\widetilde{\Omega}_f^m = \widetilde{L}_f^m \cdot [T_f^m (Q_f^R - Q_f^L)] \tag{8.27}$$

T_f^m 为坐标变换矩阵;$\widetilde{L}_f^m$ 和 $\widetilde{R}_f^m$ 为 $\dfrac{\partial(Fn_x^m + Gn_y^m + Hn_z^m)}{\partial(T_f^m Q)}$ 矩阵的左右特征矩阵,$\tilde{\lambda}_{l,f}^m$ 为

$\dfrac{\partial(Fn_x^m + Gn_y^m + Hn_z^m)}{\partial(T_f^m Q)}$ 矩阵的特征值。式(8.25)进一步整理得到

$$I_e \cdot n_f = \frac{1}{2} [(I_e \cdot n_f)(Q_f^L) + (I_e \cdot n_f)(Q_f^R)] - \frac{1}{2} \sum_{m=1}^{2} \alpha_f^m \sum_{l=1}^{5} [|\tilde{\lambda}_l^m| \widetilde{\Omega}_l^m (T_f^m)^{-1} \widetilde{R}_l^m]_f \tag{8.28}$$

2. 黏性通量的计算

黏性通量的计算需要界面两侧单元的物理量梯度加权得到界面处梯度值。该过程可能会出现奇偶失联现象,并且在非均匀网格上只有一阶精度。可以通过改进界面梯度值的计算方法,有效地消除奇偶失联现象并使黏性通量计算具有二阶精度,下面具体介绍。

首先控制体单元的梯度根据高斯积分公式计算,即

$$\overline{(\nabla \phi)}_{i,j,k} \Omega_{i,j,k} = \oint_{\partial \Omega_{i,j,k}} \phi n \, \mathrm{d}S \tag{8.29}$$

式中

$$\overline{(\nabla \phi)}_{i,j,k} = \int_{\Omega_{i,j,k}} (\nabla \phi) \, \mathrm{d}\Omega \tag{8.30}$$

以 i 方向为例,给出 $(i+1/2,j,k)$ 界面处梯度的计算方法。一般是采用几何量加权方法计算界面处梯度,即

$$\overline{\overline{(\nabla \phi)}}_{i+1/2,j,k} = \alpha_1 \overline{(\nabla \phi)}_{i,j,k} + \alpha_2 \overline{(\nabla \phi)}_{i+1,j,k} \tag{8.31}$$

式中

$$\alpha_1 = |l_2| / (|l_1| + |l_2|); \quad \alpha_2 = |l_1| / (|l_1| + |l_2|) \tag{8.32}$$

$l_1 = r_{i+1/2,j,k} - r_{i,j,k}$ 和 $l_2 = r_{i+1/2,j,k} - r_{i+1,j,k}$ 分别为 $(i+1/2,j,k)$ 面积形心到左右单元 (i,j,k) 和 $(i+1,j,k)$ 体积形心的向量。

式(8.32)中界面梯度的计算方法考虑了非均匀网格的作用,但仍然需要进一步改进以避免出现奇偶失联现象,具体如下:

$$(\nabla \phi)_{i+1/2,j,k} = -\frac{\alpha_1}{2} [((\overline{\nabla \phi})_{i,j,k} + \overline{\overline{(\nabla \phi)}}_{i+1/2,j,k}) \cdot n_1] n_1 -$$

$$\frac{\alpha_2}{2} [((\overline{\nabla \phi})_{i+1,j,k} + \overline{\overline{(\nabla \phi)}}_{i+1/2,j,k}) \cdot n_2] n_2 +$$

$$\alpha_1 \frac{(\phi_{i+1/2,j,k} - \overline{\phi}_{i,j,k})}{|l_1|} n_1 + \alpha_2 \frac{(\phi_{i+1/2,j,k} - \overline{\phi}_{i+1,j,k})}{|l_2|} n_2 + \overline{\overline{(\nabla \phi)}}_{i+1/2,j,k} \tag{8.33}$$

其中,$(\nabla \phi)_{i+1/2,j,k}$ 为修正后的界面梯度,n_1 和 n_2 分别为 l_1 和 l_2 的单位向量

$$\boldsymbol{n}_1 = \boldsymbol{l}_1 / |\boldsymbol{l}_1| ; \quad \boldsymbol{n}_2 = \boldsymbol{l}_2 / |\boldsymbol{l}_2| \tag{8.34}$$

3. 时间积分

对于式 (8.15) 的有限体积离散形式, 需要时间推进计算下一时间步的平均值。将式 (8.15) 写成半离散格式为

$$\Omega_{i,j,k} \frac{\partial \overline{\boldsymbol{Q}}_{i,j,k}}{\partial t} = R(\overline{\boldsymbol{Q}}) \tag{8.35}$$

其中右端项为

$$R(\overline{\boldsymbol{Q}}) = - \sum_{f=1}^{6} (\boldsymbol{I} \cdot \boldsymbol{n} S)_f \tag{8.36}$$

时间积分可分为显式推进和隐式推进两种。对于显式时间推进方案, 采用三阶具有 TVD 性质的 Runge – Kutta 方法, 即

$$
\begin{aligned}
\boldsymbol{Q}^{(0)} &= \overline{\boldsymbol{Q}}_{i,j,k}^{n} \\
\boldsymbol{Q}^{(1)} &= \boldsymbol{Q}^{(0)} + \frac{\Delta t}{\Omega_{i,j,k}} \cdot R(\boldsymbol{Q}^{(0)}) \\
\boldsymbol{Q}^{(2)} &= \frac{3}{4} \boldsymbol{Q}^{(0)} + \frac{1}{4} \left(\boldsymbol{Q}^{(1)} + \frac{\Delta t}{\Omega_{i,j,k}} \cdot R(\boldsymbol{Q}^{(1)}) \right) \\
\boldsymbol{Q}^{(3)} &= \frac{1}{3} \boldsymbol{Q}^{(0)} + \frac{2}{3} \left(\boldsymbol{Q}^{(2)} + \frac{\Delta t}{\Omega_{i,j,k}} \cdot R(\boldsymbol{Q}^{(2)}) \right) \\
\overline{\boldsymbol{Q}}_{i,j,k}^{n+1} &= \boldsymbol{Q}^{(3)}
\end{aligned}
\tag{8.37}
$$

考虑到黏性效应对稳定性的影响, 对于结构网格的某个控制体, 显式时间积分的时间步长 Δt 根据下面的公式计算, 有

$$\Delta t_{i,j,k} \leqslant CFL_{\max} \frac{\Omega_{i,j,k}}{(\lambda_{i,j,k}^i + \lambda_{i,j,k}^j + \lambda_{i,j,k}^k)} \tag{8.38}$$

式中

$$
\left.
\begin{aligned}
\lambda_{i,j,k}^i &= |\boldsymbol{V}_{i,j,k} \cdot \overline{\boldsymbol{S}}_{i,j,k}^i| + a_{i,j,k} |\overline{\boldsymbol{S}}_{i,j,k}^i| + 2 |\overline{\boldsymbol{S}}_{i,j,k}^i|^2 \max\left(\frac{4}{3}, \frac{\gamma}{Pr}\right) \left(\frac{\overline{\mu}_{i,j,k}}{\overline{\rho}_{i,j,k}}\right) \\
\lambda_{i,j,k}^j &= |\boldsymbol{V}_{i,j,k} \cdot \overline{\boldsymbol{S}}_{i,j,k}^j| + a_{i,j,k} |\overline{\boldsymbol{S}}_{i,j,k}^j| + 2 |\overline{\boldsymbol{S}}_{i,j,k}^j|^2 \max\left(\frac{4}{3}, \frac{\gamma}{Pr}\right) \left(\frac{\overline{\mu}_{i,j,k}}{\overline{\rho}_{i,j,k}}\right) \\
\lambda_{i,j,k}^k &= |\boldsymbol{V}_{i,j,k} \cdot \overline{\boldsymbol{S}}_{i,j,k}^k| + a_{i,j,k} |\overline{\boldsymbol{S}}_{i,j,k}^k| + 2 |\overline{\boldsymbol{S}}_{i,j,k}^k|^2 \max\left(\frac{4}{3}, \frac{\gamma}{Pr}\right) \left(\frac{\overline{\mu}_{i,j,k}}{\overline{\rho}_{i,j,k}}\right)
\end{aligned}
\right\}
\tag{8.39}
$$

$\overline{\boldsymbol{S}}_{i,j,k}^i, \overline{\boldsymbol{S}}_{i,j,k}^j$ 和 $\overline{\boldsymbol{S}}_{i,j,k}^k$ 分别为结构网格控制体 i,j,k 三个方向的平均面积矢量:

$$\overline{\boldsymbol{S}}_{i,j,k}^i = \frac{1}{2} (\boldsymbol{S}_{i-1/2,j,k} + \boldsymbol{S}_{i+1/2,j,k})$$

$$\overline{\boldsymbol{S}}_{i,j,k}^j = \frac{1}{2} (\boldsymbol{S}_{i,j-1/2,k} + \boldsymbol{S}_{i,j+1/2,k})$$

$$\overline{\boldsymbol{S}}_{i,j,k}^k = \frac{1}{2} (\boldsymbol{S}_{i,j,k-1/2} + \boldsymbol{S}_{i,j,k+1/2}) \tag{8.40}$$

显式时间推进的时间步长与控制体的几何量有关。在物理量梯度很大和剧烈变化的区域, 需要局部加密网格。对于显式时间推进, 加密网格使时间步长变小, 降低计算效率。隐式时间推进可以采用较大的物理时间步长, 提高计算效率。下面将介绍隐式双时间步二阶精度 LU – SGS(Lower – Upper Symmetric Gauss – Seidel)格式。对于(8.35)式中的半离散形式,

时间方向采用后差离散并引入虚拟时间项,有

$$\frac{\partial \bar{\boldsymbol{Q}}_{i,j,k}}{\partial \tau} + \frac{(1+\phi)(\bar{\boldsymbol{Q}}_{i,j,k}^{n+1} - \bar{\boldsymbol{Q}}_{i,j,k}^{n}) - \phi(\bar{\boldsymbol{Q}}_{i,j,k}^{n} - \bar{\boldsymbol{Q}}_{i,j,k}^{n-1})}{\Delta t} = R(\bar{\boldsymbol{Q}}^{n+1})/\Omega_{i,j,k} \tag{8.41}$$

其中虚拟时间项 $\dfrac{\partial \bar{\boldsymbol{Q}}_{i,j,k}}{\partial \tau}$ 写为一阶前差的形式为

$$\frac{\bar{\boldsymbol{Q}}_{i,j,k}^{m+1} - \bar{\boldsymbol{Q}}_{i,j,k}^{m}}{\Delta \tau} + \frac{(1+\phi)(\bar{\boldsymbol{Q}}_{i,j,k}^{m+1} - \bar{\boldsymbol{Q}}_{i,j,k}^{n}) - \varphi(\bar{\boldsymbol{Q}}_{i,j,k}^{n} - \bar{\boldsymbol{Q}}_{i,j,k}^{n-1})}{\Delta t} = R(\bar{\boldsymbol{Q}}^{m+1})/\Omega_{i,j,k} \tag{8.42}$$

在 $n \to n+1$ 的物理时间步内采用内迭代,m 为内迭代的时间步数。当内迭代收敛时虚拟时间项 $\dfrac{\bar{\boldsymbol{Q}}_{i,j,k}^{m+1} - \bar{\boldsymbol{Q}}_{i,j,k}^{m}}{\Delta \tau} \to 0$,迭代最终收敛值与虚拟时间项无关,此时 $\bar{\boldsymbol{Q}}_{i,j,k}^{m+1} \to \bar{\boldsymbol{Q}}_{i,j,k}^{n+1}$。半离散方程右端项 $R(\bar{\boldsymbol{Q}}^{m+1})$ 是非线性的,为简化计算将其进行线性化处理,即

$$R(\bar{\boldsymbol{Q}}^{m+1}) \cong R(\bar{\boldsymbol{Q}}^{m}) + \left(\frac{\partial R}{\partial \bar{\boldsymbol{Q}}}\right)^{m} \Delta \bar{\boldsymbol{Q}}^{m} \tag{8.43}$$

将线性化处理后的 $R(\bar{\boldsymbol{Q}}^{m+1})$ 代入到(8.42)式中,并整理有

$$\left(\frac{1}{\Delta \tau} + \frac{1+\varphi}{\Delta t}\right) \Omega_{i,j,k} \Delta \bar{\boldsymbol{Q}}_{i,j,k}^{m} - \left(\frac{\partial R}{\partial \bar{\boldsymbol{Q}}}\right)^{m} \Delta \bar{\boldsymbol{Q}}^{m} = R_t(\boldsymbol{Q}^{m}) \tag{8.44}$$

式中

$$R_t(\bar{\boldsymbol{Q}}^{m}) = -\left[\frac{(1+\varphi)(\bar{\boldsymbol{Q}}_{i,j,k}^{m} - \bar{\boldsymbol{Q}}_{i,j,k}^{n}) - \varphi(\bar{\boldsymbol{Q}}_{i,j,k}^{n} - \bar{\boldsymbol{Q}}_{i,j,k}^{n-1})}{\Delta t}\right] \Omega_{i,j,k} + R(\bar{\boldsymbol{Q}}^{m}) \tag{8.45}$$

$$\Delta \bar{\boldsymbol{Q}}_{i,j,k}^{m} = \bar{\boldsymbol{Q}}_{i,j,k}^{m+1} - \bar{\boldsymbol{Q}}_{i,j,k}^{m} \tag{8.46}$$

已知 $R(\bar{\boldsymbol{Q}}) = -\sum\limits_{f=1}^{6} (\overset{\leftrightarrow}{\boldsymbol{I}} \cdot \boldsymbol{n}S)_f$,则有

$$\left(\frac{\partial R}{\partial \bar{\boldsymbol{Q}}}\right) = -\sum_{f=1}^{6} \left[\frac{\partial(\boldsymbol{I} \cdot \boldsymbol{n}S)}{\partial \bar{\boldsymbol{Q}}}\right]_f \tag{8.47}$$

进一步计算,有

$$\left(\frac{\partial R}{\partial \bar{\boldsymbol{Q}}}\right) \Delta \bar{\boldsymbol{Q}}^{m} = -\sum_{f=1}^{6} \left[\frac{\partial(\boldsymbol{I} \cdot \boldsymbol{n}S)}{\partial \bar{\boldsymbol{Q}}} \Delta \bar{\boldsymbol{Q}}^{m}\right]_f \tag{8.48}$$

对于结构网格的控制体定义,有

$$A_{i\pm1/2,j,k} = \left[\frac{\partial(\boldsymbol{I} \cdot \pm \boldsymbol{n}S)}{\partial \bar{\boldsymbol{Q}}}\right]_{i\pm1/2,j,k}$$

$$A_{i,j\pm1/2,k} = \left[\frac{\partial(\boldsymbol{I} \cdot \pm \boldsymbol{n}S)}{\partial \bar{\boldsymbol{Q}}}\right]_{i,j\pm1/2,k} \tag{8.49}$$

$$A_{i,j,k\pm1/2} = \left[\frac{\partial(\boldsymbol{I} \cdot \pm \boldsymbol{n}S)}{\partial \bar{\boldsymbol{Q}}}\right]_{i,j,k\pm1/2}$$

因此 $\left(\dfrac{\partial R}{\partial \bar{\boldsymbol{Q}}}\right)^{m} \Delta \bar{\boldsymbol{Q}}^{m}$ 可以写为以下形式,有

$$\left(\frac{\partial R}{\partial \bar{\boldsymbol{Q}}}\right) \Delta \bar{\boldsymbol{Q}}^{m} = -\begin{bmatrix} (A\Delta \bar{\boldsymbol{Q}}^{m})_{i+1/2,j,k} + (A\Delta \bar{\boldsymbol{Q}}^{m})_{i,j+1/2,k} + (A\Delta \bar{\boldsymbol{Q}}^{m})_{i,j,k+1/2} + \\ (A\Delta \bar{\boldsymbol{Q}}^{m})_{i-1/2,j,k} + (A\Delta \bar{\boldsymbol{Q}}^{m})_{i,j-1/2,k} + (A\Delta \bar{\boldsymbol{Q}}^{m})_{i,j,k-1/2} \end{bmatrix} \tag{8.50}$$

以 i 方向为例,做如下近似

$$(A\Delta \bar{\boldsymbol{Q}}^{m})_{i+1/2,j,k} = \frac{1}{2}\left[(A_{i,j,k}^{i} + |\lambda_{i,j,k}^{i}|S_{i,j,k}^{i})\Delta \bar{\boldsymbol{Q}}_{i,j,k}^{m} + (A_{i+1,j,k}^{i} - |\lambda_{i+1,j,k}^{i}|S_{i+1,j,k}^{i})\Delta \bar{\boldsymbol{Q}}_{i+1,j,k}^{m}\right]$$

$$\tag{8.51}$$

$$(A\Delta\bar{\boldsymbol{Q}}^m)_{i-1/2,j,k}=-\frac{1}{2}\big[(A_{i-1,j,k}^i+|\lambda_{i-1,j,k}^i|S_{i-1,j,k}^i)\Delta\bar{\boldsymbol{Q}}_{i-1,j,k}^m+(A_{i,j,k}^i-|\lambda_{i,j,k}^i|S_{i,j,k}^i)\Delta\bar{\boldsymbol{Q}}_{i,j,k}^m\big]$$

(8.52)

式中，$\lambda_{i,j,k}^i$ 和 $\bar{\boldsymbol{S}}_{i,j,k}^i$ 的定义可以参阅式(8.39)和式(8.40)，并有

$$A_{i,j,k}^i=\Big\{\frac{\partial[\boldsymbol{I}\cdot\bar{\boldsymbol{S}}_{i,j,k}^i]}{\partial\bar{\boldsymbol{Q}}}\Big\}_{i,j,k};\quad S_{i,j,k}^i=|\bar{\boldsymbol{S}}_{i,j,k}^i|$$

(8.53)

其他方向做类似的近似，代入到式(8.44)中，得到以下方程，有

$$\Big(\frac{1}{\Delta\tau}+\frac{1+\phi}{\Delta t}\Big)\Omega_{i,j,k}\Delta\bar{\boldsymbol{Q}}_{i,j,k}^m+(|\lambda|_{i,j,k}^iS_{i,j,k}^i+|\lambda|_{i,j,k}^jS_{i,j,k}^j+|\lambda|_{i,j,k}^kS_{i,j,k}^k)\Delta\bar{\boldsymbol{Q}}_{i,j,k}^m+$$

$$\begin{bmatrix}\frac{1}{2}(A_{i+1,j,k}^i-|\lambda|_{i+1,j,k}^iS_{i+1,j,k}^i)\Delta\bar{\boldsymbol{Q}}_{i+1,j,k}^m+\\\frac{1}{2}(A_{i,j+1,k}^j-|\lambda|_{i,j+1,k}^jS_{i,j+1,k}^j)\Delta\bar{\boldsymbol{Q}}_{i,j+1,k}^m+\\\frac{1}{2}(A_{i,j,k+1}^k-|\lambda|_{i,j,k+1}^kS_{i,j,k+1}^k)\Delta\bar{\boldsymbol{Q}}_{i,j,k+1}^m\end{bmatrix}-\begin{bmatrix}\frac{1}{2}(A_{i-1,j,k}^i+|\lambda|_{i-1,j,k}^iS_{i-1,j,k}^i)\Delta\bar{\boldsymbol{Q}}_{i-1,j,k}^m+\\\frac{1}{2}(A_{i,j-1,k}^j+|\lambda|_{i,j-1,k}^jS_{i,j-1,k}^j)\Delta\bar{\boldsymbol{Q}}_{i,j-1,k}^m+\\\frac{1}{2}(A_{i,j,k-1}^k+|\lambda|_{i,j,k-1}^kS_{i,j,k-1}^k)\Delta\bar{\boldsymbol{Q}}_{i,j,k-1}^m\end{bmatrix}=R_t(\bar{\boldsymbol{Q}}^m)$$

(8.54)

式(8.54)为七对角线性方程组，需要全场联立求解，计算量较大，故采用迭代方法求解。本书采用 LU-SGS 迭代方法求解。引入 i,j,k 三个方向的移位算子分别为 $E_i^{\pm1}$，$E_j^{\pm1}$ 和 $E_k^{\pm1}$，将式(8.54)简化为

$$(N-M^++M^-)\Delta\bar{\boldsymbol{Q}}_{i,j,k}^m=\beta R_t(\bar{\boldsymbol{Q}}^m)$$

(8.55)

式中

$$\beta=1/\Big[\Big(\frac{1}{\Delta\tau}+\frac{1+\phi}{\Delta t}\Big)\Omega_{i,j,k}\Big]$$

(8.56)

$$N=(1+|\lambda|_{i,j,k}^iS_{i,j,k}^i\beta+|\lambda|_{i,j,k}^jS_{i,j,k}^j\beta+|\lambda|_{i,j,k}^kS_{i,j,k}^k\beta)I$$

(8.57)

$$M^+=\frac{\beta}{2}\big[E_i^{-1}(A_{i,j,k}^i+|\lambda|_{i,j,k}^iS_{i,j,k}^i)+E_j^{-1}(A_{i,j,k}^j+|\lambda|_{i,j,k}^jS_{i,j,k}^j)+E_k^{-1}(A_{i,j,k}^k+|\lambda|_{i,j,k}^kS_{i,j,k}^k)\big]$$

(8.58)

$$M^-=\frac{\beta}{2}\big[E_i^{+1}(A_{i,j,k}^i+|\lambda|_{i,j,k}^iS_{i,j,k}^i)+E_j^{+1}(A_{i,j,k}^j+|\lambda|_{i,j,k}^jS_{i,j,k}^j)+E_k^{+1}(A_{i,j,k}^k+|\lambda|_{i,j,k}^kS_{i,j,k}^k)\big]$$

(8.59)

对式(8.55)进行近似 LU 分解，有

$$(N-M^+)N^{-1}(N+M^-)\Delta\bar{\boldsymbol{Q}}_{i,j,k}^m=\beta R_t(\bar{\boldsymbol{Q}}^m)$$

(8.60)

经过 LU 分解后的式(8.60)可以分为以下两步进行求解，有

$$(N-M^+)\Delta\bar{\boldsymbol{Q}}_{i,j,k}^{m,*}=\beta N R_t(\bar{\boldsymbol{Q}}^m)$$

(8.61)

$$(N+M^-)\Delta\bar{\boldsymbol{Q}}_{i,j,k}^m=\Delta\bar{\boldsymbol{Q}}_{i,j,k}^{m,*}$$

(8.62)

第一步向前扫描，有

$$\Delta\bar{\boldsymbol{Q}}_{i,j,k}^{m,*}=N^{-1}\beta\begin{bmatrix}\frac{1}{2}(A_{i-1,j,k}^i+|\lambda|_{i-1,j,k}^iS_{i-1,j,k}^i)\Delta\bar{\boldsymbol{Q}}_{i-1,j,k}^{m,*}\\+\frac{1}{2}(A_{i,j-1,k}^j+|\lambda|_{i,j-1,k}^jS_{i,j-1,k}^j)\Delta\bar{\boldsymbol{Q}}_{i,j-1,k}^{m,*}+\\\frac{1}{2}(A_{i,j,k-1}^k+|\lambda|_{i,j,k-1}^kS_{i,j,k-1}^k)\Delta\bar{\boldsymbol{Q}}_{i,j,k-1}^{m,*}+N R_t(\bar{\boldsymbol{Q}}^m)\end{bmatrix}$$

(8.63)

第二步向后扫描,有

$$\Delta \bar{Q}^m_{i,j,k} = N^{-1}\beta \begin{bmatrix} \frac{1}{2}(A^i_{i+1,j,k} - |\lambda|^i_{i+1,j,k} S^i_{i+1,j,k})\Delta \bar{Q}^m_{i+1,j,k} + \\ \frac{1}{2}(A^j_{i,j+1,k} - |\lambda|^j_{i,j+1,k} S^j_{i,j+1,k})\Delta \bar{Q}^m_{i,j+1,k} + \\ \frac{1}{2}(A^k_{i,j,k+1} - |\lambda|^k_{i,j,k+1} S^k_{i,j,k+1})\Delta \bar{Q}^m_{i,j,k+1} + \beta^{-1}\Delta \bar{Q}^{m,*}_{i,j,k} \end{bmatrix} \qquad (8.64)$$

通过向前和向后的两次扫描,可以计算得到 $\Delta \bar{Q}^m_{i,j,k}$,进而得到第 $m+1$ 步内迭代的值 $\bar{Q}^{m+1}_{i,j,k}$,则有

$$\bar{Q}^{m+1}_{i,j,k} = \bar{Q}^m_{i,j,k} + \Delta \bar{Q}^m_{i,j,k} \qquad (8.65)$$

当内迭代收敛时 $\bar{Q}^{m+1}_{i,j,k} - \bar{Q}^m_{i,j,k} \to 0$,此时 $\bar{Q}^{m+1}_{i,j,k} \to \bar{Q}^{n+1}_{i,j,k}$,从而完成了 $n \to n+1$ 物理时间步的时间推进。

参 考 文 献

[1] 郑龙席,王占学,宋文艳.新型喷气发动机技术[M].西安:西北工业大学出版社,2015.

[2] 刘大响,陈光.航空发动机——飞机的心脏[M].北京:航空工业出版社,2015.

[3] 钱正在,钱坤.军事航空航天技术概论[M].北京:国防工业出版社,2014.

[4] 徐旭,陈兵,徐大军.冲压发动机原理及技术[M].北京:北京航空航天大学出版社,2014.

[5] 高双林,查柏林.航空发动机及其部件工作原理[M].北京:北京航空航天大学出版社,2019.

[6] 廉筱纯,吴虎.航空发动机原理[M].西安:西北工业大学出版社,2005.

[7] 王振国,梁剑寒,丁猛,等.高超声速飞行器动力系统研究进展[J].力学进展,2009,39(6):716-739.

[8] 刘大响,程荣辉.世界航空动力技术的现状及发展动向[J].北京航空航天大学学报,2002,28(5):490-496.

[9] 黄兴.超燃冲压发动机特性计算与一体化设计技术研究[D].西安:西北工业大学,2014.

[10] 董贤蒙.超燃冲压发动机建模与仿真研究[D].北京:国防科学技术大学,2011.

[11] 严岭峰.RBCC 飞行器前体/进气道一体化气动构型设计[D].南京:南京航空航天大学,2014.

[12] 黄国庆.火箭基组合循环发动机引射模态性能研究[D].北京:国防科学技术大学,2011.

[13] 赵钰琦.TBCC 发动机的建模与过渡段性能优化[D].哈尔滨:哈尔滨工业大学,2014.

[14] 程晓军.串联式 TBCC 超级燃烧室燃烧组织及性能研究[D].南京:南京航空航天大学,2015.

[15] 李成,蔡元虎,屠秋野.吸气式涡轮冲压发动机的过渡态性能[J].航空动力学报,2013,28(2):385-389.

[16] 胡勇.空气涡轮火箭组合发动机总体方案研究与优化设计[D].北京:国防科学技术大学,2013.

第4篇　特种推进先进技术

第9章　新型推进技术

9.1　核热推进技术

9.1.1　核热推进原理

核热推进又称核热火箭发动机,是利用核反应堆的裂变热能将工质加热到很高的温度,而后使高温高压工质经喷管排出,从而产生推进动力。核热推进的原理如图 9.1 所示。

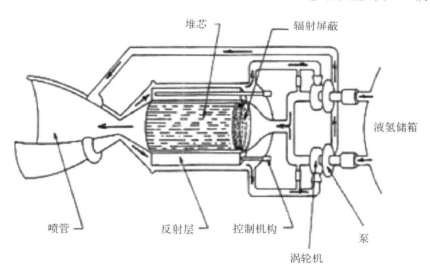

图 9.1　核热推进原理示意图

核热推进一般采用氢气作为工质,工质的流程如下:液氢泵将液氢从工质储箱中抽出,并通过管道将其送入喷管外部的环腔,氢气向上依次流过喷管环腔、反射层、堆顶环腔和辐射屏蔽层;然后进入涡轮机,驱动氢泵,从涡轮机排出后,向下通过反应堆堆芯;最后,经过堆芯加热的高温、高压氢气进入喷管加速喷出,产生推进动力。在流动过程中,作为工质的氢气依次冷却喷管壁、反射层和堆顶屏蔽等结构,带走堆芯产生的热量。同时,在这一过程中,由于不断受热,氢的温度上升很快,其物理状态也相应地从液氢泵出口时的低温液态迅速变成从反应堆出口时的高温气态(约 3 000 K)。

核热推进的能量传递和转换过程为:核燃料发生裂变反应产生的裂变能在堆芯内转换为热能,而后经传导、对流等方式传递给氢气工质,使工质温度升高,成为工质的内能。高温氢气从反应堆排出后,进入收缩扩张喷管,其内能大部分转换为定向动能,使氢气以很高的速度喷出,从而产生推力。

9.1.2 核热推进的特点

衡量火箭发动机的一个重要参数是比冲。比冲反映了火箭发动机利用工质的效率。对于热火箭而言,比冲与推力室工质温度的平方根成正比,与工质相对分子质量的平方根成反比。因此,如要提高比冲,要么提高推力室工质温度,要么降低工质相对分子质量。工质温度受到推力室材料的最高许可工作温度的限制。从目前各种材料的性能来看,最高许可工作温度约3 000 K,其基本没有进一步提升的空间。因此,很难通过提高推力室工质温度的方法来增大火箭发动机的比冲,那么可行的办法是减小工质的相对分子质量。

核热推进的能量来源于核燃料的裂变反应,而不是工质的燃烧,工质只是被核反应堆加热,不参与裂变能量的产生,因此核热推进仅需要一种工质即可,不像化学火箭那样既需要燃料又需要氧化剂,这就扩大了工质的选择范围。当核热推进选用相对分子质量最小的氢气(相对分子质量为2)作为工质时,在推力室工质温度与化学火箭发动机相差不多的情况下,其比冲可达1 000 m/s左右,约为液氧液氢火箭比冲的两倍。由于核燃料的能量密度极大,核热推进只需装载稍多于临界质量的核燃料就能实现长时间工作。核反应堆的热功率还可以做到很大,能够使核热推进产生与化学火箭发动机相当的推力。综上,核热推进具有比冲高、推力大、工作时间长的特点。

9.1.3 核热推进关键技术

按照构成和研制流程,核热推进可分为总体设计技术、燃料元件制备技术、工质输送技术、整机试验技术和运行控制技术等5大关键技术领域,如图9.2所示。其中,反应堆设计技术、核安全防护设计技术、燃料芯块制备技术、燃料元件成型技术、排气处理技术、发动机启动技术等属于核心关键技术。

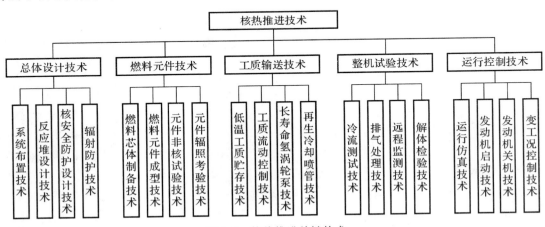

图9.2 核热推进关键技术

1.反应堆设计技术

反应堆是核热推进系统的核心部件,是产生能量的来源,反应堆设计的优劣,将直接影响到发动机系统的整体性能。核热推进的反应堆与一般反应堆显著不同。核热推进的反应堆要求结构紧凑、质量轻,并且在发射过程中出现一切事故的情况下,反应堆都不能临界。核热推进的反应堆要在较短的流程内把氢气加热到高温,要求燃料芯体的功率密度高(达到压水堆的 10 倍以上),燃料元件与工质之间的换热能力强,燃料元件结构形式复杂,工质温度变化范围大,核热推进反应堆的以上特点给设计带来了很大的难度。对于核热推进的反应堆设计,需综合考虑工质温度、功率、体积、质量、寿期、临界安全、反应性控制等方面的要求,合理确定燃料元件结构、燃料元件布置、流道排布、反应性控制方式、反射层结构等,并结合中子物理、热工水力和燃耗等方面的计算分析反馈,经反复迭代优化,最终确定反应堆结构完成设计。

2. 核安全防护设计技术

核安全是核热推进发展必须直面的问题,在核热推进能否应用上具有一票否决权。核热推进发动机需要由常规运载火箭将其送入工作轨道后再启动,之后工作于宇宙空间。与地面常规核设施相比,核热推进一直处于运动状态,且周围的环境也有所不同。因此核热推进在应用全过程所面临的安全问题、应遵循的安全原则、需要采取的安全措施等与地面核设施完全不同。核安全防护设计技术分析核热推进应用各阶段可能发生的事故,进行归纳分类,提出每个阶段对应的核安全要求,提出安全目标和安全原则;找出公众关注度高、发生概率大、后果严重的重点事故,如发射掉落事故、在轨失冷事故等,开展理论分析,提出应对措施,并反馈到核热推进的总体设计中,从而确保核热推进的安全在可控范围之内。

3. 燃料芯体制备技术

核热推进的燃料工作温度达到 3 000 K,因此需要选用耐高温的燃料材料,同时还要求燃料芯体不易与高温氢气发生反应,裂变气体释放量少。目前常用的 UO_2 燃料、氮化铀和碳化铀燃料都不适合单独作为核热推进的燃料芯体材料使用。从美国和俄罗斯的研究来看,他们多选用三元碳化物燃料($UC - ZrC - NbC$)、石墨基体燃料(将 UC_2 弥散在石墨中)、难熔金属陶瓷燃料(如把 UO_2 弥散在 W 或 Mo 中)等形式的燃料芯体。这些燃料芯体基本属于全新的燃料体系,需要对燃料芯体的成分配比、粉末制备工艺、烧结工艺等进行探索,逐步固化工艺,最终掌握燃料芯体制备技术。

4. 燃料元件成型技术

为强化与工质之间的换热,核热推进的燃料元件一般需要制成特殊形状,例如俄罗斯的燃料元件为扭转条状,美国燃料元件多制成带多个小孔的六棱柱状。除结构较复杂外,为降低燃料中心温度,减小工质与中心温差,核热推进的燃料元件尺寸也较小,为加工成型带来较大困难。此外,为避免高温氢气对燃料芯体的腐蚀,还需要在燃料元件的外表面沉积一层保护层,保护层与燃料芯体的热膨胀系数要尽量一致,以避免温度变化时保护层的破裂。燃料元件成型技术首先需要与工质强化换热一起确定合适的燃料元件形状,而后根据燃料芯体类型采用合适的加工成型工艺,最后采用化学方法在元件外表面沉积保护层,并通过非核试验、辐照考验等方法验证元件的成型工艺。

5. 排气处理技术

在 20 世纪五六十年代,对核热推进整机进行地面试验时,排出的氢气直接排放到大气中。随着人们环保意识和安全意识的增强,可能带有放射性的高温氢气将不能再直接排放到大气中,因此需要对排气进行处理。核热推进整机试验时,排出的氢气温度高,需要采取措施降低排气温度,避免高温氢气发生爆炸;需要对排气中的放射性物质进行捕集,经过滤达标后才能排放到大气中。排气处理可采用地表砂石过滤方式或对排气进行收集后处理等多种方式。

6.发动机启动技术

化学火箭的启动时间为毫秒量级,而一般的反应堆从零功率到满功率的启动时间至少需要数小时。对于核热推进的反应堆来说,长达数小时的启动时间是难以接受的,因此需开展快速启动技术研究。在反应堆启动过程中,需要选择合适的正反应性引入速率,考虑各种反应性效应的大小和反馈时间,要求既能实现快速启动,又要防止发生瞬发临界;需要考虑燃料和结构材料温度变化情况,避免温度快速变化出现过大的热应力;需要工质流动控制与反应堆功率上升相匹配,既要避免工质低效消耗,降低比冲,又要防止反应堆冷却不足导致燃料烧毁。

9.1.4 国内外发展现状及趋势

国外对核热推进技术的研究可追溯到 20 世纪 50 年代,在其后的半个多世纪中,美国和俄罗斯/苏联对核热推进技术开展了大量的研究工作,设计了多个核热推进方案,研制出耐高温的反应堆燃料元件,建成了地面专用试验设施,开展了发动机整机地面试验,取得了巨大的成就,但尚未进行飞行试验,与实际应用还有一定距离。近年来,随着载人探索火星和小行星任务的提出,美国核热推进技术研究正在迅速复兴,渐入高潮。

1.美国核热推进技术的发展

美国原子能委员会(United States Atomic Energy Commission,AEC)和美国国防部(United States Department of Defense,DOD)于 1955 年启动了致力于核热推进技术研究的"流浪者"(ROVER)计划,拟将核热推进应用于推进大型洲际弹道导弹。ROVER 计划初期由洛斯·阿拉莫斯实验室(Los Alamos National Laboratory,LANL)负责开展先期理论研究工作,劳伦·斯利弗莫尔国家实验室(Lawrence Livermore National Laboratory,LLNL)负责核燃料和反应堆的设计,洛克达因公司(Rocketdyne)负责工质输送系统和再生冷却喷管的设计;不久后,在内华达州的拉斯维加斯西北部建立了大型的核热推进试验基地。整个 ROVER 计划期间共进行了 14 个不同系列核热推进反应堆部件和发动机组件的热试车,如 KIWI 系列、Phoebus 系列、Peewee-1 及 Nuclear Furnace-1 等,取得了丰富的数据,为发动机整机研制奠定了基础。20 世纪 60 年代"阿波罗"载人航天计划启动后,AEC 和美国国家航空航天局(NASA)又以 ROVER 计划开发成果为基础,启动了 NERVA(Nuclear Engine for RocketVehicle Application)计划,设想将这项技术用于 20 世纪 80 年代初的火星、木星、土星及更遥远行星的载人探索任务。NERVA 计划对高比冲、大推力、可重复使用的核热推进系统进行示范论证,技术目标是将推力达到 334 kN、比冲达到化学火箭的两倍即 8 250 m/s,运行时间 600 min。NERVR 计划期间共进行了 6 次发动机的热试车(NRX 系统、XE-PRIME 发动机),考核了包括比冲、重复启动性、变推力能力、持续工作寿命等在内的多种性能。

ROVER/NERVA 计划取得了丰硕的成果,见表 9.1 在试验中取得的性能最优值。在 ROVER/NERVA 计划期间,通过多种地面试验反馈,发动机及其反应堆的设计不断得到完善,尤其是改进了核燃料元件的燃料类型从最初的二氧化铀(UO_2)弥散于石墨基体及热解石墨包覆的碳化铀颗粒弥散于石墨基体,最终发展为碳化铀/锆复合燃料弥散于石墨基体;元件外形从最初的板形、圆柱形,发展为带 19 个工质孔道的六棱柱形;工质通道包覆材料从碳化铌/钼,发展为碳化锆(ZrC)。随着设计的改进,燃料元件的耐高温、耐热氢腐蚀、功率密度等性能不断提高,并解决了元件与包覆材料的热膨胀系数不匹配问题,使得堆芯出口的工质温度提高到 2 550 K 以上。后期在反应堆内还加入了含有氢化锆的支撑元件,增强了中子慢化能力,进一步提高了堆芯的功率密度,从而提高了发动机的推重比,如图 9.3 所示。总体来说,ROVER/NERVA 计划达到了较高的技术成熟度(5～6 级),验证了多种推力水平(25,50,75 和 250 klbf,1 lbf＝4.448 N)、基于碳化物的高温核燃料、发动机持续运行能力和再启动能力,具备了开展飞行试验样机研制的技术条件。

表 9.1　ROVER/NERVA 计划试验中取得的性能最优值

参　数	值	装　置
功率/MW	4 082	Phoebus－2A
推力/kN	930	Phoebus－2A
氢流量/(kg・s^{-1})	120	Phoebus－2A
等效比冲/(m・s^{-1})	845	Pewee－1
反应堆最小比质量/(kg・MW^{-1})	2.3	Phoebus－2A
工质平均出口温度/K	2 550	Pewee－1
燃料最高温度/K	2 750	Pewee－1
堆芯平均功率密度/(MW・m^{-3})	2 340	Pewee－1
燃料最大功率密度/(MW・m^{-3})	5 200	Pewee－1
满功率累计运行时间/min	109	Nucler Fumace－1
启动次数/次	28	XE－Prime

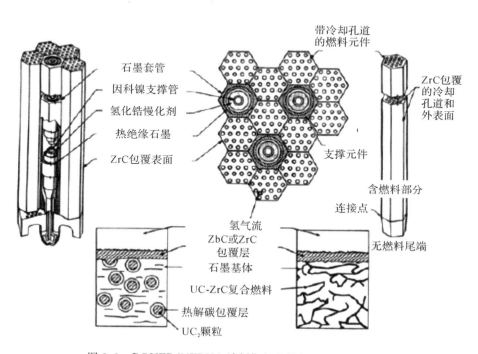

图 9.3　ROVER/NERVA 计划期间的燃料元件/支撑元件

在 ROVER/NERVA 计划进行的同时,AEC 发起 710 计划,委托通用电气公司开发一种可用于移动电源和推进的高性能、快中子谱的难熔金属反应堆。在 710 计划期间,通用电气公司成功开发出将 UO_2 弥散于难熔金属(钨(W)、钼(Mo)、钽(Ta)等)的金属陶瓷燃料元件,并进行了性能测试。在测试中,这种燃料元件表现出良好的耐高温性能、结构稳定性和裂变产物滞留能力,并且与高温氢气的相容性很好,具有较长的寿命和多次启动的潜力,成为了核热推进反应堆的候选燃料元件之一。基于这种燃料元件,美国阿贡国家实验室(Argonne National Laboratory,ANL)设计了 ANL2000 和 ANL200 核热推进发动机,反应堆热功率分别为 2 000 MW 和 200 MW,推力分别为 445 kN 和 44.5 kN,比冲为 8 210 m/s,运行时间可达 10 h,燃料峰值温度为 2 973 K。ANL2000 反应堆如图 9.4 所示。

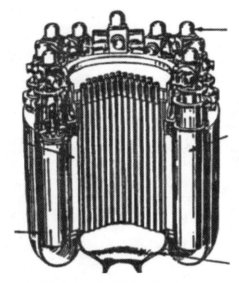

图 9.4　ANL2000 反应堆

20 世纪 80～90 年代初,美国开展了星球大战计划,DOD 和美国战略防御计划局设想使用核热推进作为拦截弹道导弹和进行空间轨道转移的动力,于 1987 年制定了 Timberwind 计划。后由于冷战结束,1992 年该计划改名为 SNTP(空间核热推进),并持续到 1994 年。在 Timberwind/SNTP 计划期间对颗粒床反应堆进行了深入研究。

颗粒床反应堆(PBR)由布鲁克海文国家实验室(Brookhaven National Laboratory,BNL)提出。PBR 采用类似于包覆燃料颗粒构成燃料床。包覆燃料颗粒的核心为碳化铀,内包覆层为热解碳,起包容裂变产物的作用,外包覆层为 ZrC,可阻止高温氢气侵蚀。燃料颗粒直径约 400 μm,运行温度可达 3 000K 以上。燃料床装于冷套管和热套管的同轴空间内。冷热套管和燃料床构成的燃料元件被装入六棱柱慢化剂块(7LiH)内。工质从慢化体与燃料元件的间隙进入,沿径向通过冷套管、燃料床和热套管,最后沿燃料元件中心孔轴向排出堆芯。PBR 的构成如图 9.5 所示。

PBR 的优点在于:选用了性能更好的慢化剂,减小了堆芯的体积和质量;采用包覆颗粒构成燃料床,增大了换热面积,使功率密度提高到 40 MW/L;冷却剂在燃料床内径向流动,缩短了流程,降低了流动阻力。据称基于 PBR 的核热推进发动机推重比可达 20 以上,但直至计划结束时,其可行性还没有得到完全验证,燃料的物理特性和热力学特性还需验证,工质在燃料床内的流动稳定性和是否会出现不可接受的热点还需要评估。

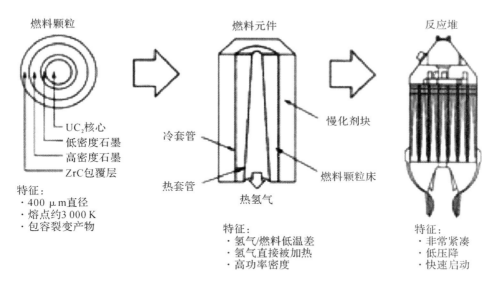

图 9.5　PBR 的构成示意图

1989 年,在纪念人类登陆月球 20 周年会议上,时任美国总统的乔治·布什(George W. Bush)发布了太空探索倡议(SEI),提出要重返月球并探索火星。在综合各方面信息后, NASA 认为核热推进是探索火星的比较理想的推进动力选择,提出了发展模块式的核热推进系统。模块式核热推进系统即每个核热推进发动机的大小、参数完全相同,使用不同数目发动机组合构成的核热推进系统可以完成登月、登陆火星等任务。模块式核热推进系统能够增强任务的灵活性和安全性,简化飞船设计和组装,并且通过使用大量标准化部件降低费用。

1990 年,DOD、美国能源部(United States Department of Energy)和 NASA 组织了一个联合专家小组,对各种核热推进方案进行了评价,最后认为 NDR(NERVA Derivative Reactor)、CERMET(Ceramic Metal)和 CIS(Common wealth of the Independent States)三种方案最有发展前景。

NDR 方案是 NERVA 的改进型,通过采用更加耐高温耐侵蚀的燃料,减少了燃料破裂,提高了工质温度。CERMET 方案采用来源于通用电气 710 项目的金属陶瓷燃料元件,该燃料元件对裂变产物有较强的包容能力,与高温氢气的相容性较好,有较长的寿命和多次启动的潜力。CIS 是与俄罗斯合作研究的方案,采用俄罗斯成熟的燃料元件技术。这 3 个方案所采用的燃料元件都经过了大量试验,技术相对比较成熟,预计研制费用较少。在 SEI 计划中,大多数研究工作都停留在纸面上,并没有进行有关试验。

在此之后,美国核热推进技术研发陷入低谷,仅一些研究结构维持着技术研究,提出了数个核热推进的设计方案,例如普惠公司(Pratt & Whitney)的 XNR 2000 方案、布鲁克海文实验室(Brookhaven National Laboratory,BNL)的 MITEE 方案、佛罗里达大学(University of Florida)的 SLHC 方案等。

2010 年美国政府发布新版《国家太空政策》,提出"在 2025 年以前启动月球以外的载人任务,包括把宇航员送到小行星上;到21世纪30年代中期,把宇航员送到火星轨道上并使之安全返回地球"。根据这一政策,NASA在探索技术开发与论证计划(ETDD)下重新启动了核热推进技术开发与论证工作。该工作包括两部分,首先进行基础技术开发,而后开展技术论证。基础技术开发的第一阶段为2012—2014年的核低温推进级项目(NCPS)。该项目包括5项关键任务:①重新掌握核燃料工艺技术,制造两种燃料元件样品,即NERVA衍生的石墨基体复合燃料和W-UO₂金属陶瓷燃料;②发动机概念设计;③任务分析和需求定义;④为地面测试找到经济可承受的方案;⑤拟定经济可承受、可持续发展的发展战略。

截至2014年,在燃料研究方面,橡树岭国家实验室(Oak Ridge National Laboratory)开展了石墨基体复合燃料的工艺处理、元件制造和元件包覆等工作;爱达荷国家实验室(Idaho National Laboratory,INL)和马歇尔飞行中心(George C. Marshall Space Flight Center)开展了W-UO₂金属陶瓷燃料的制造工艺开发。

在试验设施方面,完成了燃料元件环境模拟器(NTREES)的升级改造,改造后该设施的加热功率达1.2 MW,氢气流量可达200 g/s以上,氢气压力约7 MPa,温度接近3 000 K,可在接近原型反应堆功率密度的条件下测试燃料元件。在发动机概念设计方面,开展了基于两种燃料的核热推进发动机建模和设计。在地面测试方案方面,研究了发动机测试排放物的地面处理和地下处理两种手段。

2014年7月,独立评估委员会对两种燃料进行了评估选型。由于石墨基体复合燃料在压制和包覆上取得了较大进展,且基于该种燃料的核热推进发动机进行了大量的地面试验,拥有丰富试验数据,故该种燃料被确定为首选燃料,将集中资源重点开发,尽快提高成熟度并通过鉴定;而W-UO₂金属陶瓷燃料的制造工艺尚缺少充分研究,没有进行基于该种燃料的发动机建造和测试,且近期的热循环测试结果也并不令人满意,因此被作为后备燃料,继续进行基础研究开发。

2015年核低温推进级项目被重新命名为核热推进项目,进入了基础技术开发的第二阶段(2015—2017年)。该阶段将继续进行发动机的建模、概念设计和运行要求定义;重点对石墨基体复合燃料开展单项效应测试(包括在NTREES中进行测试、辐照考验以及辐照后检验),证明其可行性与性能;对地面测试候选方案进行评估,并选择一种首要方案开展概念验证。

对于核热推进的技术论证,主要包括地面测试论证和飞行测试论证。为缩短开发周期,降低成本,这两项论证都计划采用小型的小推力发动机(7.5 klbf或16.5 klbf),并采用通用的燃料元件。这样如有需要,可通过增加燃料元件数目和堆芯直径的方式,将小推力发动机放大为大型发动机(例如25 klbf)。目前计划建造测试1~2个地面测试装置和1个飞行测试装置。地面测试将在内华达试验场(Nevada Test Site,NTS)进行,而飞行测试设想采取简单的一次性月球飞掠任务。

2. 俄罗斯/苏联核热推进技术的发展

苏联于1958年正式开始了核热推进技术研究。与美国最初采用的均匀化反应堆技术路线并建造反应堆进行试验验证的思路不同,苏联采用了非均匀反应堆、堆芯模块化构成的技术路线和在试验台架上对反应堆的各部件(燃料组件、慢化剂、反射层等)尽最大可能进行逐个演练的原则。这种技术路线和试验原则为苏联核热推进技术的研发取得领先地位打下了基础,这一点也得到了美国专家的认可。

在非均匀反应堆中,慢化剂与燃料分开布置,相对于均匀堆具有以下优点:①工质在反应堆内的热工过程可在单个燃料组件内再现,这样可通过在实验堆内对单个或数个燃料组件进行测试而知晓反应堆性能,不必一开始就建造全尺寸反应堆进行试验,显著减少了试验费用,提高了安全性;②燃料与慢化剂分开,使得慢化剂可以单独冷却,选择慢化剂材料时可只考虑慢化性能,而不用过多考虑耐高温性能;③减少了暴露于高温环境下的结构部件,使得可用结构材料的种类显著增加。堆芯模块化构成是指在核热推进的具体参数尚不明确的情况下,研制标准的燃料元件和燃料组件,通过组合不同数量的燃料元件和燃料组件,可构建多种尺寸和功率水平的反应堆,从而实现不同的推力。这样就不必为每个具体的核热推进装置单独开发燃料元件和燃料组件。

对核热推进反应堆各个部件进行包括可靠性试验在内的充分试验研究,而反应堆作为一个整体只需要进行简单的检验测试,以确定各部件之间的影响,这样可以减少反应堆综合实验的内容,减低试验成本。俄罗斯/苏联在核热推进技术上取得的显著成就包括:建造了三座专用试验堆、研制出了耐高温的燃料元件、设计建造了多个核热推进装置、开展了双模式核热推进系统研究。

为了提供与核热推进实际运行工况相一致的试验条件,苏联建造了 IGR,IVG-1 和 IR-GIT 三座试验堆。IGR 反应堆是高中子通量密度的石墨脉冲堆,能够在短暂时间内产生极高通量密度的中子和伽马射线。IGR 反应堆的堆芯内没有金属结构,也没有冷却系统,因而可以达到更高的温度。反应堆脉冲持续时间仅受由石墨热稳定性决定的堆芯最高许可温度的限制。在该反应堆上检验了燃料元件及其包覆层在高中子通量密度和伽马射线环境下的可靠性,证明了燃料元件的适宜稳态运行温度,核实了燃料组件的结构及制造方法,获得了燃料组件的动态特性和理想控制模式,研究了燃料组件的运行特性。IVG-1 反应堆是非均匀气冷的水慢化反应堆,有独立的氢气供气装置向燃料组件供应氢气。IVG-1 反应堆堆芯组成结构可进行大范围调整,直至更换全部燃料组件、慢化剂和反射层,因此可对多种设计的燃料元件和燃料组件进行各种功率水平下的试验。在 IVG-1 反应堆上对核热推进反应堆的燃料组件开展了各种功率水平下的寿期试验和加速运行方式的试验,包括 10 多种设计的约 300 个燃料组件和 7 个堆芯方案。燃料元件释热密度达到 20 kW/cm³,氢气温度达到 3 100 K,加热速率达 150 K/s。IRGIT 反应堆是苏联 RD-0410 核热推进发动机的地面原型堆。该反应堆进行了从物理启动、功率运行直到试验后检验的全过程试验,试验最大功率 42 MW,堆芯出口工质平均温度超过 2 600 K。

在燃料方面,苏联重点开发了耐高温、耐腐蚀的三元碳化物燃料(UC-ZrC-NbC)。这种燃料制成扭转条状的元件(类似于钻头形状),并由多根元件构成燃料棒束,而 6～8 个棒束轴向排列构成燃料一个组件,如图 9.6 所示。这种燃料组件具有以下优点:①扭转条状的元件构型具有较高的表面积/体积比,改善了燃料和工质之间的传热;②UC-ZrC-NbC 燃料的熔点高、导热系数大、与高温氢气相容性较好,许可工作温度高;③可沿燃料组件轴向调整燃料棒束的富集度,以获得更好的轴向功率分布。在进行的燃料元件/燃料组件试验中,功率密度最高达到 35 MW/L,最高运行温度达到 3 200 K,在工质温度 3 100 K 条件下持续了 1 h,在工质温度 2 000 K 下持续了 4 000 h。俄罗斯在 21 世纪初期还开发了碳氮化物核燃料,并进行了 2 800 K 下 100 h 的试验,性能得到了验证。这种燃料也将成为核热推进反应堆的备选燃料之一。

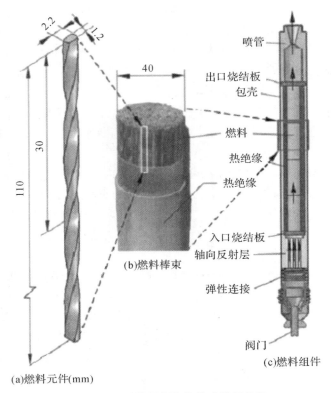

图 9.6　俄罗斯核热推进燃料组件

根据燃料元件/燃料组件的试验结果,俄罗斯/苏联设计了大量核热推进装置,其中开发程度最高的是 RD-0410 样机,如图 9.7 所示。

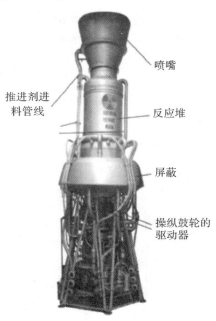

图 9.7　RD-0410 样机

RD-0410 样机在试验台架上开展了电加热试验,其地面原型堆(即 IRGIT 反应堆)进行了数次功率试验。这些试验证实了采用的结构方案、工艺方案和材料方案的正确性,证明了建造核热推进装置的可行性。

基于深厚的核热推进技术和空间核反应堆电源技术基础,21 世纪初俄罗斯参与了国际科学技术中心的第 2120 号项目,设计了具有数十千牛推力和数十千瓦电功率的双模式空间核动力系统,用于空间载人飞行,其主要参数见表 9.2。但由于投资规模的缩减,该双模式核动力系统的开发只能在科学研究的水平上开展,未进行有关实验研究。

2009 年,俄罗斯宣布计划研发核电推进方式的兆瓦级核动力飞船。针对兆瓦级核动力飞船的技术路线,俄专家指出,核热推进技术用途受到限制,开发成本高昂,而俄罗斯核电推进技术取得进步,使核电推进方案具有优势。因此,未来俄罗斯核热推进技术研究可能将退居次要位置。

表 9.2　双模式核动力系统的主要参数

参　数	值
推力/kN	68
工质流速/(kg·s^{-1})	7.1
真空比冲/(m·s^{-1})	9 200
反应堆出口温度/K	约 3 000
推力室压力/MPa	6
发电方式	布雷顿循环
发电功率/kW	50
发电回路工质	氦氙气体
推进模式热功率/MW	340
发电模式热功率/MW	0.098
推进模式工作寿期/h	5
发电模式工作寿期/a	10

3.发展趋势

美国和俄罗斯/苏联设计的核热推进方案参数见表 9.3。

表 9.3　各种核热推进方案主要参数对比

参　数	方案名称									
	NERVA	ANL 200	ANL 2000	PBR	NDR	CIS	XNR 2000	MITEE	SLHC	RD-0410
功率/MW	1 560	200	2 000	1 945	1 600	335	490	75	512	196
推力/kN	330	44.5	445	440	333.4	65.7~66.7	111	14	111.2	35.28

续 表

参　数	方案名称									
	NERVA	ANL 200	ANL 2000	PBR	NDR	CIS	XNR 2000	MITEE	SLHC	RD-0410
比冲 $\frac{}{m \cdot s^{-1}}$	8 250	8 210	8 320	9 500	9 250	9 400～9 550	8 830	10 000	9 500	9 000
堆芯出口温度 $\frac{}{K}$	2 360	2 400	2 428	3 000	2 700	2 900～3 075	2 669	3 000	2 800	3 000
腔室压力 $\frac{}{MPa}$	4	6.89	6.89	6.89	6.89	7	5.28	6.89	3.45	7
氢气流量 $\frac{}{kg \cdot s^{-1}}$	41.4	5.5	54.6	47.3	36.8	7.1	12.6	1.4	11.9	4
质量 $\frac{}{kg}$	15 700	1 268	9 091	1 700	8 816	2 224	2 155	200	2 270	2 000

从美俄的研发和技术演变历程来看,核热推进技术呈现出以下发展趋势:

(1)发展中等推力的核热推进发动机,通过"捆绑"构成大推力推进系统。早期设计的核热推进应用任务都采用一个大推力的发动机(如 970 kN、334 kN)。大推力核热推进发动机研发技术难度大,试验成本高,而且载人飞行任务应用单个发动机的安全可靠性较差,因此逐渐被放弃。而通过 3～4 个中等推力发动机"捆绑"实现大推力,一方面可增强推进系统的可靠性,另一方面也可以降低发动机研制的难度,目前已成为载人火星探测等任务的主流方案。

(2)开发通用燃料元件,采用模块化堆芯方案,使发动机推力水平可缩放。模块化堆芯由通用的燃料元件构成,可通过增减燃料元件的数量来达到不同的热功率,实现多种推力水平,从而能够满足各种任务需求。并在地面整机试验和飞行试验时,采用小型的小推力发动机,以缩短开发周期,降低成本。

(3)持续开发耐高温、耐氢蚀的燃料来提高核热推进的性能。燃料元件是提升核热推进性能的关键,也是研制难度最大的部件,因此始终是研发关注的焦点。在燃料研发方面,俄罗斯大力发展了三元碳化物燃料,并积极探索碳氮化物燃料;而美国则试图重新获取石墨基体燃料和钨(W)金属陶瓷燃料的制备技术和试验基础。

(4)注重采用非核试验方式来降低试验难度和费用。非核试验采用电加热模拟核加热,不产生放射性,没有辐射安全风险。对于核热推进的燃料元件试验,可先采用非核试验方式检验元件的热物理性能、与高温氢气的相容性和传热特性,而后再进行入堆辐照,考验核特性。目前美国的核热推进研发就采用了这种思路。

(5)发展多模式空间核动力系统满足飞行任务对能源动力的全面需求。把核热推进设计成既能推进又能发电的双模式系统,可在推进航天器的同时提供数十千瓦电力用于人员生命保障、数据传输通信和液态氢长期贮存等,从而可省去太阳能电池阵。核热推进系统还可设计成加力燃烧室方案,或称氧增强模式,即在喷管扩张段加入氧气,与高温氢气混合并发生超声速燃烧,释放氢气含有的化学能,从而在不改变反应堆功率的情况下获得更大的推力,并可通过调整氢氧混合比,使发动机在一定范围内调节推力和比冲。多种模式的核热推进系统如图

9.8 所示。

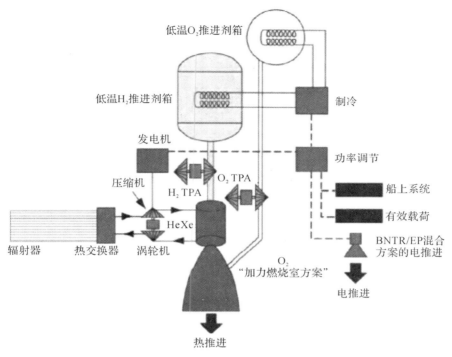

图 9.8　多种模式的核热推进

4. 中国核热推进技术的发展

早在 1949 年,钱学森就提出了发展核火箭的设想,1958 年在北京航空学院设立了核火箭发动机系,到 1962 年终止。其后,我国核热推进技术研究处于停滞状态。

在"十五"和"十一五"期间,中国原子能科学研究院开展了核热推进的工作原理和总体结构研究,重点对核热推进反应堆开展了方案研究,以载人火星探索任务为应用背景,完成了多个核热推进反应堆方案设计。中国航天科技集团第六研究院 11 所(北京)对核热推进的系统方案和系统仿真开展了一定的研究工作,对核热推进的氢涡轮泵和喷管开展了方案论证。

与美俄等国家相比,我国核热推进技术研究基础薄弱,仅处于起步阶段,理论分析方法有待验证,设计工具还需补充完善,核燃料研究和相关试验设施建设处于空白状态。但我国对高温气冷堆的性能已进行了多年研究,其技术已渐趋成熟。2000 年 12 月 21 日由清华大学实施的国内第一座高温气冷堆(HTR - 10 堆)建成并达临界,这将为核热推进在反应堆设计方面提供有力的支持。

9.2　电　推　进

9.2.1　电推进原理及分类

电推进系统,也称电火箭发动机,是一种不依赖化学燃烧就能产生推力的设备。它的优点是不再需要使用固体或液体燃料,省去了复杂的储罐、管道、发动机燃烧室、喷管、相应冷却机构等,能大幅减少航天器的燃料携带量。电推进系统利用太阳能转化为电能,然后电能转化为机械能。传统的化学推进系统则是通过化学反应将化学能转化为机械能。电推进系统一般由三个部分组成:电源处理单元、推进剂工质贮存与供应单元、电推力器。

按照工质加速的方式,电推进一般可分为电热式、电磁式和静电式三种类型。每一类还可分为多种型式,其分类如表9.4所示。

电热式推力器是用利用电能加热工质并使其气化,经喷管膨胀加速喷出产生推力。一般可分为电阻加热式、电弧加热式和微波加热式。目前在用的是电阻加热式和电弧加热式两种。电阻加热的原理是利用电阻加热器加热工质,常用工质为肼,其结构简图如图9.9所示。电弧加热推力器,在其相对简单的结构中蕴含着十分复杂的物理现象,其结构简图如图9.10所示。电弧加热克服了电弧加热推力器对气体温度的限制,它利用电弧直接加热推进剂至超过推力式壁的温度。在中心阴极和阳极顶尖之间实现放电,阳极是加速高温推进剂的共轴喷管的一部分。

表 9.4 电推进分类

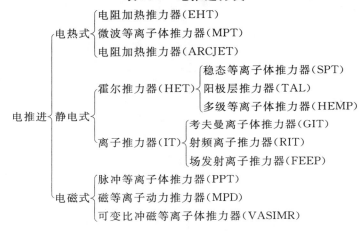

电推进
- 电热式
  - 电阻加热推力器(EHT)
  - 微波等离子体推力器(MPT)
  - 电阻加热推力器(ARCJET)
- 静电式
  - 霍尔推力器(HET)
    - 稳态等离子体推力器(SPT)
    - 阳极层推力器(TAL)
    - 多级等离子体推力器(HEMP)
  - 离子推力器(IT)
    - 考夫曼离子体推力器(GIT)
    - 射频离子推力器(RIT)
    - 场发射离子推力器(FEEP)
- 电磁式
  - 脉冲等离子体推力器(PPT)
  - 磁等离子动力推力器(MPD)
  - 可变比冲磁等离子体推力器(VASIMR)

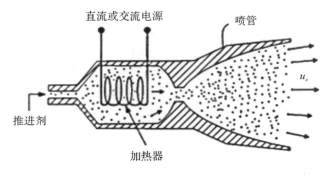

图 9.9 电阻加热式

电磁式推力器是电能使工质形成等离子体,在外加电磁场洛伦兹力作用下加速从喷管喷出。霍尔推进系统是电磁式推进系统的一种,也是当前热门的两种电推进之一。电磁式推力器有脉冲等离子体推力器、霍尔推力器(包括静态等离子体推力器与阳极层推力器)和磁等离子体动力推力器等。霍尔推力器的原理是将电子约束在磁场中,并利用电子电离推进剂,加速离子产生推力,并中和羽流中的离子。霍尔推力器的电离区和加速区在同一处,和离子推力器相比,技术简单但比冲低。

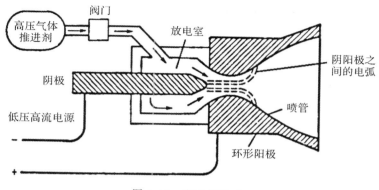

图 9.10　电弧加热式

静电式推力器是电能在静电场中离解工质,形成电子和离子,并使离子在静电场作用下加速排出。静电式推力器又称离子推力器,和霍尔推力器是当前热门的两种电推进系统。静电式推力器有电子轰击式离子推力器、射频离子推力器、微波离子推力器、场发射离子推力器和铯接触式离子推力器等。

离子推力器电离区和加速区分开,比冲高但技术复杂。

9.2.2　电推进的特点

(1)比冲高。比冲是单位质量的推进剂所产生的冲量,是评价火箭推进剂性能优劣的技术参数,量纲是 km/s,也可以是 s。化学推进剂的比冲一般为 2~4 km/s,氢氧推进剂的比冲一般为 4~5.5 km/s,而电推进系统中的电磁式和静电式推进剂一般为 10~100 km/s。

(2)寿命长。由于比冲高,效率高,省去化学系统中复杂的推进设备,可以携带更多的有效载荷或减少携带的燃料,可以延长推进系统和卫星的寿命。

(3)小推力。由于电推进能源来源于太阳能,功率有限,产生的速度大,推力小,但是可以长时间航行。推进系统引起的振动小,控制精度高,但工作时间要比大推力的化学推进系统更长,因此要求电推进系统长寿命、高可靠,电推进系统特别是高性能的静电式和电磁式推进系统,技术难度很大。这就是为什么它没有化学推进系统发展那样快的主要原因。

9.2.3　电推进关键技术

1. 阴极技术

阴极技术是在高度节流调节下性能提高和寿命延长的关键。对于电推进的阴极研究在于寻求减少需要的推进剂流量和推进剂清洁度要求。国际空间站等离子体收集研究(ISSPC)极其振奋人心,空间太阳能探测研究与技术(SSPER&T)计划正支持用于高功率 Hall 和离子发动机的高电流(100A 量级)中空阴极研究。研究正扩展到零流动阴极概念。

2. 先进高功率推进概念

为了缩短飞行时间,更好地完成深空探测、探测火星任务中实现有人驾驶等要求,出现了脉冲感应发动机(PIT)、高能磁等离子体动力学发动机(MPD)、VASIMR 等先进高功率推进概念的研究。

PIT 是高功率电磁推进系统，它在很宽的比冲范围内具有高的推进效率。其基本构型是由一个薄的电介体金属板覆盖的平坦螺旋物组成。脉冲气体注射喷嘴将一薄层气体推进剂喷到金属表面，同时脉冲高放电电流送达线圈。变强的电流产生一个时变的磁场，并因此在线圈上产生一个强方位电场。电场使气体推进剂电离并在所产生的等离子区内激发一组方位电流。等离子区与线圈中的电流向相反的方向流动，产生的斥力迅速将电离的推进剂从板上吹走产生推进力。推力及比冲的调整可通过改变放电功率、脉冲频率、推进剂流量来完成。TRW 公司已经应用直径为 1 m 的 PIT 进行了单击试验，表明比冲值在 2 000~8 000 s 之间，用氨推进剂的发动机效率超过了 50%。与其他高功率电推进系统不同，PIT 为无电极设备，等离子体不和材料表面直接接触，从而减小了腐蚀，增加了发动机寿命。比冲可调节以满足任务要求，允许优化间隔时间和减少推进剂质量。而且，单发动机设计可用于多种任务，如轨道转移，甚至在能量允许的情况下可用于深空探测。NASA GRC 与 TRW 和 NASA 马歇尔太空飞行中心合作设法了解这种通用发动机的工作物理机理，以使该技术用于高功率、多次重复工作的 NASA 和国防部(DOD)任务。

MPD 是 NASA GRC 和空军(AF)在 20 世纪 60 年代研究高功率电弧推进时的副产品。20 世纪 60 年代和 70 年代早期，在 NASA 和 AF 支持下，可工作于包括氢、锂等多种推进剂的 30 kW 级 MPD 系列表现出了不俗的性能。在美国学术界的反对下，MPD 研究在美国曾一度停止，直到 20 世纪 80 年代末期才在 NASA 太空探测倡议(SEI)下得以恢复。GRC 又开始了一个雄心勃勃的计划并在兆瓦级 MPD 的研究中得到了 JPL 的帮助。SEI 终止后，又受到 JPL 支持的莫斯科航空学院的反对，NASA 在 MPD 方面的努力再次停止。JPL 继续致力于过去俄罗斯所投资的锂 MPD 的研究，在这方面与普林斯顿大学进行了合作。随着 NASA 重新对兆瓦级电推进发动机感兴趣和国家关于继续 MAI 工作政策的颁布，NASA GRC 从最初寻求能达到 0.1~10 MW 的气体燃料驱动的发动机，到最后恢复了其 MPD 计划。设计能力得到提高并且 0.1~1 MW 稳态试验型发动机和 1~10 MW 脉冲发动机设计接近了尾声。研究工作包括制造和试验稳态概念，性能和寿命极限测试包括温度抑制、电源管理与分配、大电流情况下的电极腐蚀及在比冲超过 20 000 m/s 情况下发动机效率的提高。

可变比冲等离子体推进(VASIMR)的概念构想来源于可控核聚变，但不包括核聚变反应。基本原理是：将等离子体温度加热到高达 1 000 万摄氏度(实验室水平)甚至更高。尽管等离子体温度很高，但采用磁管道，磁场使炽热的等离子体与附近的材料表面隔开。这样高的温度下，再加上一个形状合适的管道和磁喷嘴，可以把等离子体的能量转变为火箭的推力，离子(占等离子体的大头)的运动速度可达到 300 000 m/s。

可变比冲磁等离子体火箭(见图 9.11)由位于前部的螺旋波等离子体源(使中性气体电离)、位于中央的离子回旋共振加热级(使用等离子体温度达到更高)及后部的磁喷嘴(把等离子体最终喷射到空间中，等离子体能量转化为推力)组成。

螺旋波等离子体源的主要功用是使中性气体电离。主要有以下几部分组成：天线、放电管、磁场线圈、射频源及传输系统等(见图 9.12)。射频源的频率 2~70 MHz。放电管采用耐热的石英或派热克斯玻璃，直径 2~10 cm。磁场线圈提供均匀的轴向磁场，起着约束电子的作用，同时也是螺旋波得以传播的必要条件。由导线绕制成的 Boswell 型(或其他类型)天线紧绕在放电管上，天线与磁化等离子体中的右旋极化螺旋波共振，有效地通过朗道吸收加热电子,产生高密度等离子体。

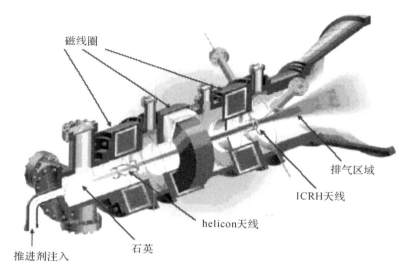

图 9.11　可变比冲磁等离子体火箭组成示意图

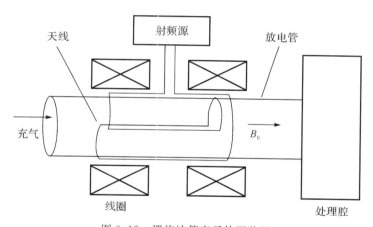

图 9.12　螺旋波等离子体源装置

　　VASIMR 最初是 20 世纪 80 年代美国麻省理工学院最早提出并进行了早期的实验。1993 年后研究计划移到 NASA Johnson 空间中心。其核心装置是 VX - 10(功率 10kW)样机。为配合 Johnson 空间中心进行的研究,还在橡树岭国家实验室和德克萨斯大学部署了两项规模较小的实验计划,同时还进行了大量的理论研究。NASA 还计划对 VASIMR 进行空间试验,将 VASIMR(比冲 100 000 m/s,推力 0.1 N,不带比冲调节功能)安装在一艘功率 10 kW 的太阳能供电飞船上。另一项试验则是用 VASIMR 发动机抵消大气对国际空间站的阻力。NASA 发展 VASIMR 发动机最终的目的是实施以其为动力的载人火星飞行计划。VA-SIMR 的关键技术包括磁场设计及其实现、高性能的螺旋波等离子体源、提高 ICRH 系统的效率、等离子体诊断技术。

　　此外,聚变推进技术由于其巨大比冲(300 000~3 000 000 m/s),远高于行星任务所需,从原理上讲具有其他类型发动机所无法比拟的优点,所以积极进行磁喷管、稠密等离子体聚焦(DPF)、气动镜(GDM)、反物质引发聚变等研究工作,推进技术的革命性进展具有巨大的推动作用。

3. 羽流污染效应

羽流污染问题在航天器应用当中一直是十分重要的课题,不管是化学推进系统的羽流还是电推进系统的羽流,必须清楚的是,除了发动机壁面剥离物喷出后的沉积,等离子体羽流本身就足以使航天器毁于其周围电势。所以,解决羽流污染问题是航天器能否正常工作的基本要素之一,绝不能忽视。在电推进中,羽流污染在 Hall 发动机中显得极为重要,通常情况下,与中心线成 22°的地方等离子体密度下降到原来的 $1/e$,成 45°的地方则为原来的 $1/10$。其中约含 $80\%\sim85\%$ 的单原子离子,$5\%\sim10\%$ 的中性粒子,$10\%\sim15\%$ 的双原子离子。在出口下游 1 倍直径的地方等离子体密度在 $2\times10^{17}/m^3$ 的量级上(这是对 SPT 类型的发动机而言的,TAL 发动机要比这个数量高出 $2\sim3$ 倍)。由于粒子密度相对较高,且离子和中性粒子的速度不等,故由电量交换碰撞(CEX)产生的低速粒子比率较高。这导致了主要发生在距出口 $1\sim2$ 个直径范围内约占等离子体流 $0.1\%\sim0.2\%$ 的电量交换碰撞流。这些低速离子易于从粒子束中排出,做径向运动。它的电势比周围环境高 $5\sim20$ V。一项数值计算研究发现,由于电量交换碰撞离子云存在互相一致的双极性场,一些离子速度矢量与轴向夹角可能超过 90°而形成倒流。如果保护层较薄(如在 LEO 轨道上),这些离子并不是被直接吸引到航天器呈负极性的表面,但如果它们到达了保护层的边缘便会从中获取能量,并产生一些飞溅物,如太阳能电池阵负极性残片的粉末。目前采取对这些负极性区域涂上防护层,或使其远离发动机可解决这个问题。此外,Hall 发动机也存在发动机壁面上剥离物喷出后的沉积问题。由于存在喷出物质的重叠,上面提到的非工质喷出物的分布仍不清楚。但通过使用准直管来分离这些由发动机产生的非工质喷出物,有研究报道发现这些物质在与中心线呈 70°~85°夹角的范围内最易沉积,靠近轴线的表面由于粒子束的腐蚀而变干净。

离子发动机也存在与此相似的等离子体羽流污染问题,在出口平面附近其等离子体密度大约比 Hall 发动机低一个数量级,即 $2\times10^{16}/m^3$;但中性粒子密度较高,为 $5\times10^{17}/m^3$。因此最后产生的电量交换碰撞离子流并不是很低。加速间隙中发生的电量交换碰撞可能导致高能离子以大角度飞向中心线。然而,目前这种效应很少见诸于文献。在离子发动机羽流中电量交换碰撞离子能量较低($2\sim5$ eV),但在加速栅格附近发生的离子/中性粒子碰撞可能会产生另外的电量交换碰撞离子,这些离子以很高的能量撞击栅格,引起栅格腐蚀。离子发动机中也存在发动机剥离物喷出后的沉积问题,所采取的防护措施也类似。当其用于地球同步卫星的南北位置保持时,因为卫星的太阳能电池阵是从航天器的南北方向展开的,而这也正是希望发动机羽流所具有的方向,因此这就发生了冲突。折中方案是使发动机与南北直线方向有 1 个 40°(Hall 发动机)或 30°的夹角(离子发动机),但这会使发动机丧失一部分有效比冲。

人们对其他类型的电发动机羽流效应知之甚少,PPT 羽流中可能存在碳或含碳物质的沉积,这已引起人们的关注。总之,羽流影响已成为研制、应用电推进系统必须面对的重要问题之一,由于实验研究往往受到航天器、真空环境及测试设备等条件的限制,难以得到足够有效的数据。所以科研院所之间加强合作,结合一定的实验数据,从机理出发,采用计算机数值模拟的方法来研究航天器的羽流污染已成大势所趋。

4. 热效应

发动机或是其电源处理器效率低下会产生可能影响航天器运作的热负载。在地球同步卫星中,发动机电源处理单元上会安装一个散热器(通常在南北面上),并且与有效载荷散热器分开,以便在工作时不与有效负载热平衡相互干扰。发动机本身产生的热量可通过辐射的形式直接散发到太空中,在未来先进的电推进发动机中可由工质以回热的形式加以利用,但总有一部分热量,要么通过发动机体或羽流辐射,要么通过热传导,或是羽流撞击而返回到航天器上。如果发动机工作时温度很高(喷管外壁面温度高于 $1\,000 \sim 1\,500$ K),那么设计时需着重使用直接辐射冷却以及涂吸热层来增加散热率,在这种情况下,航天器必须有相应的防护措施,因为航天器表面所接受的辐射量可能相当大,而且靠近羽流的表面也可能被直接撞击加热,当与轴线夹角小于 $80°$ 时这种直接撞击加热就会超过辐射加热而占据主导地位。所以实现航天器与电推进系统的一体化设计,综合研究热防护措施,对于航天器长寿命、可靠运作是十分重要的课题。

5. 场效应

电磁相互作用可能由各种不稳定和波动引起的等离子体噪声引起,也可能由于离子化羽流的分布或状态发生变化引起的无线电干扰引起。Hall 发动机可能提出了一个独一无二的问题,因为在一些体系结构中会发生深度(最高达 100%)离子流振动,频率为 $20 \sim 60$ kHz,同时伴有其他高频振动。Dickens 等人观测到当一个 6.2 GHz 的无线电信号穿越 SPT 和 TAL 发动机的羽流流场后周相改变了 $5° \sim 20°$。此外,电源处理系统(PPU)的质量、所能提供的功率及可靠性也是决定着 EPS 能否被采用的关键之一,而发展小型化、质量轻、低功耗的供应系统将对离子发动机和 Hall 发动机的应用具有重要意义。

NASA 近 6 年计划除了为 10 年后任务设计新一代离子发动机及为推动重的有效载荷而开发高功率 Hall 发动机外,精力将主要投入在高功率 MPD、PIT、VASIMR 发动机。另外,将改善 HALL 及离子发动机的集群技术,继续研究先进高功率电推进在将来的应用前景。

9.2.4　国内外发展现状

电推进的理论始于 20 世纪初期。1906 年美国科学家戈达德(R. H. Goddard)提出了用电能加速带电粒子产生推力的思想。1916 年他和他的学生还进行了初步试验。1911 年俄国科学家康斯坦丁·齐奥尔科夫斯基(Konstantin Tsiolkovski)也设想利用带电粒子作空间喷气推进。1929 年德国科学家奥伯特(H. Oberth)出版了研究利用电推进的书。1929—1931 年间,苏联列宁格勒建立了专门研究电火箭发动机的机构,气体动力学实验室的格鲁什柯(Валентин Петрович Глушко)还演示试验了世界上第一台电推力器,用高电流放电使液体推进剂汽化、膨胀,再从喷嘴喷出。1946—1957 年间,美国和苏联科学家提出了多种类型电推力器的方案和理论,论证了空间电推进的可行性。

电推力器的工程研究从 20 世纪 50 年代末才开始。早在 1955—1957 年,苏联就已经开始试验道轨式和同轴式脉冲等离子体推力器。1958 年 8 月美国的福雷斯特(A. T. Forrest)在火箭达因公司运行了第一台铯接触式离子推力器。同年,苏联也试验了这种推力器。1960 年美国宇航局的考夫曼(H. R. Kaufuman)运行了第一台电子轰击式离子推力器。同年,德国吉森大学的勒布(H. R. Löb)试验了第一台射频离子推力器。苏联库哈托夫原子能研究所的 Morozov 教授在 1966 年试验了第一台静态等离子体推力器。此后,各类电推力器的研究和应用得到了迅速发展。至今,全世界约有 200 多颗地球轨道卫星和深空探测器,使用过近 500 台电推进系统。电推进技术的发展方兴未艾。

1. 苏联/俄国发展与应用概况

1964 年,苏联在自动行星际站宇宙探测器—2 上,使用 6 台同轴式脉冲等离子体推力器控制太阳电池帆板对太阳定向,这是世界上电推进系统最早在航天器上的成功应用。该推力器的推进剂采用聚四氟乙烯,平均推力为 3.5 mN,总冲量 1 000 N·s,系统电效率 5%,推进系统质量 11.5 kg。1974 年,苏联还在高空探测器(BA3)上,用同轴式脉冲等离子体推力器进行了推力验证和无线电干扰试验。结果表明,空间工作时的推力略高于地面试验值,合理布置天线或在推力器放电哑区进行通信,可以避免无线电的干扰。后来,苏联曾发展了放电能量为30 J、100 J、1 000 J、2 000 J 和 10 000 J 的脉冲等离子体推力器,其中 30 J 推力器已用于量子号飞船作姿态控制。近几年,俄罗斯的 RIAME MAI 与 Keldysh 研究中心合作,对 100 J 脉冲等离子体推力器进行了改进,已将总效率从原来的 10%～12%提高到了 22%～24%。

静态等离子体推力器(SPT)是由苏联库哈托夫原子能研究所的 Morizov A 教授发明的,属于霍尔推力器的一种。它经过法克尔设计局(DB Fakel)、莫斯科航空学院等单位长期深入研究和改进,已先后发展了 SPT-25,SPT-30,SPT-35,SPT-50/60,SPT-70,SPT-100,SPT-140,SPT-160,SPT-180,SPT-200,SPT-240,SPT-290 等不同规格,同时克尔特什(Keldysh)研究中心,也发展了 KM-37、KM-45、KM-85M 等规格。1972 年 2 月,苏联在流星号(Mereop)气象卫星上,首次使用 2 台静态等离子体推力器(SPT-60),进行了轨道调整试验。该推力器的推力为 21 mN,比冲为 7 840 m/s,输入功率为 400 W,推进剂用氙,推进系统质量为 66.3 kg(其中推力器 32.5 kg,推进剂储存与管理子系统 17 kg),共工作了 170 h,轨道提升了 17 km,实测推力与地面试验数据接近。1978 年,苏联又在卫星 Meteor - Priroda 上采用 SPT-50 作轨道转移试验,推力器工作了 230 h。据不完全统计,从 1982 年 SPT-70 和 1994 年 SPT-100 分别在卫星上首次应用到 2001 年间,大约 68 台 SPT-70 和 48 台 SPT-100 用在 30 多颗气象卫星、资源卫星和通信卫星上,作位置保持或轨道转移。这种推力器已成为卫星的一种定型产品,也是迄今在空间用得最多的电推力器之一。据报道,仅 2004 年一年,就有 30 多台静态等离子体推力器在卫星上应用。1991—1992 年,美国和法国先后从俄罗斯引进这种推力器。SPT-70 推力器的典型性能是:推力 40 mN,比冲 14 800 m/s,输入功率 650 W,系统电效率 46%,推力器质量 1.5 kg。SPT-100 推力器的典型性能是推力 83 mN,比冲 15 700 m/s,输入功率 1 350 W,系统电效率 48%,推力器质量 3.5 kg。为了适应未来航天器发展的需要,从 1996 年起俄罗斯发展第二代 SPT,在原来基础上通过改进放电室的结构布局和空心阴极,可将比冲提高到约 26 000 m/s,束发散角则降低到 25°以下,系统电效率相应提高,并可多模式工作。

阳极层推力器(Thruster of Anode Layer,TAL)也是在 20 世纪 60 年代初开发的,由 Askold Zharinov 教授首先提出,它属于另一种霍尔推力器。早期主要研究双级推力器,到了 70 年代,研究重点转向中、小功率(1～10 kW)的单级推力器,现在又开始研究双级推力器了。俄罗斯的 TsIIMASH 曾发展了 D-27、D-38、D-55、D-80、D-100-Ⅱ、D-150、TM-50 等规格,其中 D-80 和 TM-50 为双级推力器。D-80 的推力、比冲和输入功率可变范围分别为50～270 mN、12 800～33 000 m/s 和 0.7～6.5 kW。鉴于这种推力器有特色,美国 NASA 从俄罗斯购置了 2 台对 D-55 阳极层推力器,进行深入研究和再开发。1988 年 10 月,美国研制的小功率阳极层推力器在 STEX 卫星上成功地进行了首次空间飞行试验。D-55 的推力为 30.7 mN,输入功率为 650 W。推力器一直正常工作到 1999 年 3 月卫星任务结束为止。

1975 年,苏联在宇宙-728 上,还试验了稳态磁等离子体动力推力器。输入功率为 kW, 等离子体喷射速度达 30 000 m/s,检测到在空间的粒子射流长达几百米。

1966—1971 年,苏联先后在 4 枚琥珀号电离层自动探测器上,各用 1 台电子轰击式离子推力器,成功地进行了 4 次空间弹道飞行试验,并检测了离子束与电离层等离子体的相互作用及离子束的中和效果。这些推力器分别采用氩、氮和空气作推进剂。1969 年又在离子号地球物理探空火箭上,试验了铯接触式离子推力器,重点是考察热丝型和等离子体桥型中和器的中和效果。结果表明,等离子体桥中和器能使飞行器表面电位接近零;用热丝中和器时,飞行器表面电位则达到-150～-200 V;当不加中和器时,其电位可高达-1 700 V。后来,这类推力器的研制工作停了很长时间,直到 1992 年,克尔特什研究中心又开始研制束直径为 5 cm 和 10 cm 的电子轰击式离子推力器 IT-50 和 IT-100。新推力器的加速器栅极采用特殊结构, 屏栅极和加速栅极均采用几十根平行排列的钨丝构成。IT-50 的推力为 2～5 mN,比冲为 22 500～34 300 m/s,输入功率为 50～140 W,总效率为 50%～60%。IT-100 的推力为 7～ 18 mN,比冲为 18 600～32 300 m/s,输入功率为 150～500 W,总效率为 45%～55%。目前, 克尔特什研究中心还在发展直径为 30 cm 的电子轰击式离子推力器。

苏联还发展了电阻加热和电弧加热推力器。其中,数十台电阻加热推力器已在气象卫星、资源卫星和通信卫星上得到了应用,用作动量轮卸载、东西位置保持或轨道修正。电弧加热推力器曾用于静止气象卫星作姿态控制。

2.美国的发展与应用概况

1962—1964 年间,美国的铯接触式离子推力器曾在侦察兵火箭上,进行过 3 次弹道飞行试验。1964 年 7 月,美国用 1 台铯接触式离子推力器和 1 台电子轰击式汞离子推力器,在空间电火箭试验-1(SERT-1)火箭上,进行了弹道飞行试验,其中电子轰击式汞离子推力器的试验获得成功,推力器工作了 31 min。1965 年,在 SNAP-10A 卫星上安装了 1 台铯接触式离子推力器进行试验,由于遥测装置失效,试验被迫中断。1968 年,在应用技术卫星-4(ATS -4)上,用 2 台铯接触式离子推力器进行了姿态控制试验,获得了成功。1969 年,在应用技术卫星-5(ATS-5)上,又安装了这种推力器,结果卫星未能正常运行。由于铯接触式离子推力器的多孔钨离化器的热损严重,电效率太低,从 20 世纪 70 年代以后,这种推力器便停止发展了。

美国发展的重点是电子轰击式离子推力器。继空间电火箭试验-1 之后,1970 年 2 月发射空间电火箭试验-2(SERT-2)极轨卫星,它使用 2 台 15 cm 直径的电子轰击式离子推力器,首次进行长时间的轨道提升主推进试验。每台推力器的推力为 27.6 mN,比冲为 44 600 m/s,输入功率为 980 W,系统电效率达到 70%,推进剂用汞,推进系统质量(不包括一次电源和推进剂)为 16.56 kg。长达 11 年的试验表明,1 号推力器累计工作了 7 937 h,240 次开关循环;2 号推力器累计工作了 6 665 h,300 次开关循环;期间曾因离子加速器栅极被溅射碎片短路而多次停止过工作,但采用反复启动加热和卫星加快自旋等措施,故障一次次地被排除。试验已经证实,整个电推进系统工作寿命可以很长,在空间断断续续试验 11 年后性能无明显变化,且与卫星能够相容。1974 年,美国又在应用技术卫星-6(ATS-6)上,使用 2 台 8 cm 直径的电子轰击式铯离子推力器,进行了南北位置保持试验。从 20 世纪 60 年代至今,美国曾研制了一系列不同尺寸的这种离子推力器,束直径分别为 2.5 cm,5 cm,8 cm,10 cm,12 cm,13 cm,15 cm,17 cm,20 cm,25 cm,30 cm,40 cm,50 cm,76 cm,150 cm 等。从 20 世纪 90 年代末开始,美国的电子轰击式离子推力器进入了应用阶段,至此已有 30 多颗卫星应用,使用 13 cm 直径离子推力器就有 60 多台,使用 25 cm 直径的有 30 多台,主要用于通信卫星作南北与东西位置保持及轨道转移。比较突出的例子有:1977 年,休斯空间与通信公司在泛美卫星－5(PAS－5)和银河 8－i(Galaxy－i)卫星上,各使用了 4 台 13 cm 直径的离子推力器作南北位置保持;1999 年 12 月,又在 HS702 大型通信卫星上,使用 4 台 25 cm 直径的离子推力器作南北位置保持;2002 年,波音卫星系统公司的 3 颗 BSS－601HP 和 3 颗 BSS－720 卫星,都采用了 13 cm 或 25 cm 直径的离子推力器;1998 年 10 月 24 日发射 NASA 新盛世计划的第一个探测器——深空－1(DS－1),它使用 1 台 30 cm 直径的离子推力器作主推进。11 月 10 日推力器首次工作,仅工作了 4.5 min,因加速器栅极间被污染短路而停止了工作。两周后,可能是热循环的影响,消除了栅极间的污染,推力器又开始正常工作,直到 2001 年 12 月探测器完成了与 Borrelly 彗星交会等全部飞行任务为止,离子推力器共工作了 16 265 h,创造了各种类型火箭推进系统在空间运行时间最长的记录,这也是世界航天史上首次使用电推进作主推进的星际飞行。另一台正样备份 30 cm 直径离子推力器,一直在地面进行寿命试验,截至 2003 年,推力器工作了 30 300h,氙气消耗了 230 kg。13 cm 直径离子推力器性能是:推力 18 mN,比冲 29 400 m/s,输入功率 2 560 W;25 cm 直径离子推力器的性能是:推力 64 mN,比冲为 29 400 m/s,输入功率 1.4 kW;30 cm 直径离子推力器的性能是:推力器质量为 8.2 kg,电源变换器与控制子系统质量为 11.9 kg,它在输入功率为 2.3 kW 时,推力为 92 mN,31 400 m/s,系统电效率 76%;在最低输入功率为 525 W 时,推力为 19 mN,比冲为 18 600 m/s。

早先,电子轰击式离子推力器的推进剂常用汞和铯,后来发现它对航天器有污染,且有毒,20 世纪 70 年代末开始改用氙,也有用氪的,但此时推力器的性能不如用氙。氙原子量是 131.3,一次电离电位为 12.13 V,最大电离截面为 5.3×10^{-20} m^2。它是惰性气体,无毒,不会沉积污染航天器,推力器的性能与用汞时的相近。1985 年,英国人 H. W. Kroto 和美国人 R. Smallery 首次发现碳的同素异构体 ^{60}C,1991 年 S. Leifer 等就建议将它用作推进剂。^{60}C 的原子量是 720.11,一次电离电位为 7.61 V,最大电离截面为 68.2×10^{-20} m^2,用于电子轰击式离子推力器时,推力密度可比氙时提高 30 倍,而放电损耗约为用氙时的 18%。目前,正在对用 ^{60}C 的电子轰击式离子推力器进行可行性研究。

电阻加热推力器可能是航天器用得最多的一种电推力器,已有 100 多颗卫星使用。1965 年在维拉－5(Vela－5)卫星上首次使用电阻加热推力器作姿态控制,推进剂用氮,推力为 200 mN,比冲为 1 210 m/s,输入功率为 90 W,推力器质量为 0.26 kg。此后,在维拉－7(Vela －7)卫星(推进剂用氮)、应用技术卫星－3 号、4 号、5 号(ATS－3,4,5)(推进剂用氨)、海军研究实验卫星(NRL)(推进剂用氨)、国际通信卫星－5(Intelsat－5)(推进剂用肼)及天网(SPACENET))、吉星(GSTAR)和铱星(IRIDIUM)等系列卫星上(推进剂用肼),都采用这种推力器作位置保持或轨道提升。

电弧加热推力器于 1964 年就已经进行过试验,后因其比冲和效率不如离子推力器而停了下来,20 世纪 80 年代又重新得到了重视,美国 NASA 的 LeRC(现改名为 GRC－Glenn Reasearch Center)与 GE 公司和 Primex 宇航公司合作,开始发展低功率电弧加热推力器。经过 10 年努力,1993 年 10 月它首次在电信－401(Telestar－4)通信卫星上使用,作南北位置保持,推进剂用肼,推力为182~210 mN,比冲为4 900 m/s,输入功率为1.8 kW,推力器质量为1.36 kg,电源变换器与控制子系统质量为4.13 kg。此后,这种推力器又在国际通信卫星—8(Intelsat-8)、回声(Echostar)卫星、亚星—2(Asiasat-2)等10多颗卫星上使用。后来,NASA又对低功率电弧加热推力器加以改进,发展了第二代产品——MR-510电弧加热推力器,于1996年应用到地球静止轨道卫星GE-1和GE-2上。到2002年,有20多颗地球静止轨道卫星采用了这种推力器,作南北位置保持。美国空军与TRW、PAC公司合作,从1988年开始,研制大功率电弧加热推力器,并在1999年2月发射的"先进研究与地球观测"卫星(AR-GOS)上,进行了变轨试验,其目的是为把卫星从低轨道推进到地球静止轨道作演示验证试验。该电弧加热推力器的实测推力为1.93 N,输入功率为27.8 kW,比冲为7 700 m/s,系统电效率为27%。

美国研究和发展脉冲等离子体推力器始于1966年。1968年9月发射的林肯实验卫星—6(LES-6),使用64台脉冲等离子体推力器作东西位置保持,其中1台在5年中累计运行了8 900 h,另外3台各自运行了大约3 000 h,推进剂用聚四氟乙烯,平均推力为17.8 μN,平均比冲为3 060 m/s,总冲量为17.8 μN·s,输入功率为2.5 W,系统电效率为0.7%,推进系统质量(不包括一次电源)为1.4 kg。1975—1976年,美国海军的子午仪导航卫星TIP-2和TIP-3各装了2台这类推力器,作轨道扰动补偿。1981—1988年,美国海军的新一代子午仪导航卫星NOVA-1、NOVA-2和NOVA-3,也都利用它来补偿太阳辐射压力和大气阻力,实现轨道精确定位控制。1994年根据NASA小卫星的应用要求,美国开始研制新一代脉冲等离子体推力器,为地球观察—1(Earth Observer-1)、空军的强力星—2.1(Mightysat —2.1)、新盛世计划的深空—3(DS-3)探测器等作姿态控制、轨道转移和精确定位。2002年1月,这种推力器在地球观察者—1卫星上工作正常,控制精度优于10 rad/s,相当于或优于反作用飞轮的控制精度,卫星在拍摄"暗图像"时,该推力器可精确控制卫星的俯仰,防止了对仪器设备的干扰。

1991年,美国从俄罗斯引进了4台SPT-70和1台SPT-100静态等离子体推力器以后,1992年又与俄罗斯合作,成立了国际空间技术公司(ISTI),后来又增加了法国的欧洲推进协会,旨在向欧洲和美国经销这种推力器。该公司按照西方国家的航天标准,重点对SPT-100推力器进行再开发和测试评价,如研制新的轻型高效电源变换器,采用高可靠的空心阴极,开展与航天器的相容性研究等。到2000年,这种推力器完成了多项测试评价和6 000 h以上的寿命验证。试验表明,推力器放电室的陶瓷材料被严重刻蚀,但性能仍保持稳定;人们担心的射流发散引起的溅射刻蚀、对太阳电池的污染、对航天器的充电以及电磁干扰等问题,都不会妨碍它的应用。后来,美国又更换了放电室的陶瓷材料,从而使这种推力器成为卫星控制的一个基本系统。2001—2002年间,美国共生产了67台飞行样机,其中至少42台已应用或计划用于2003—2004年发射的卫星上,如2004年发射的MBSAT-1和IPSTAR卫星,各装有4台这样的推力器。美国在上述推力器的基础上,还在发展用于卫星轨道转移主推进的大推力静态等离子体推力器和用于小卫星控制的低功率静态等离子体推力器。例如,Busek公司在为美国空军"21世纪技术卫星"研制的BHT-200静态等离子体推力器(输入功率200 W)做寿命试验。该公司还采用铋作推进剂,发展高功率静态等离子体推力器,比冲为30 000 m/s,电效率为65%,输入功率为20 kW。Aerojet公司研制的BPT-400,静态等离子体推力器,有2种工作模式:放电电压为300 V时的高推力模式和放电电压为500 V时的高比冲模式,其性能指标:推力为168～294 mN,比冲为18 000～20 000 m/s,输入功率为3.0～4.5 kW,计划在2004年底完成飞行试验。

20世纪六七十年代,美国还开发了胶体离子推力器,后因推力器针尖的烧蚀和沉积污垢问题很难解决,停了很长时间,直到最近才重新发展这种推力器,作为NASA新盛世计划的一部分。新研制的胶体离子推力器,中和器采用碳纳米管场发射阴极,其推力为2～20 μN,计划2006年用于欧洲航天局的"智慧2号"(SMART-2)探测器上。

20世纪90年代初,美国开始发展微卫星、纳卫星和皮卫星,相应的开发了各种微型推力器,其中包括微型电推力器。目前,开发的微型电推力器有微型电阻加热推力器、微型场发射离子推力器、微型电子轰击式离子推力器和微型激光等离子体推力器等。1997年,美国展示了2种微型电阻加热推力器:固体升华式微推力器和液体汽化式微推力器。它们是在硅片上采用微机电系统(MEMS)技术制造的。1999年还研制了3层硅片结构的电阻加热微推力器。微型电子轰击式离子推力器采用尖端场发射冷阴极阵列和绝缘材料与金属膜复合的离子光学系统,也用微机电系统技术制造。这些微型电推力器尚处在研发阶段。

3.西欧发展与应用概况

德国吉森大学从1960年就开始独自发展射频离子推力器。20世纪七八十年代研制了束直径为4 cm、10 cm、15 cm、20 cm和35 cm的推力器样机RIT-4、RIT-10、RIT-15、RIT-20和RIT-35。其中,RIT-10的推力为15 mN,比冲为34 300 m/s,功率为552 W,推力器质量为1.5 kg,电源变换器与控制子系统质量为11.5 kg,推进剂用氙,并通过了19 000 h地面运行寿命考核。1992年7月,RIT-10推力器装在欧洲航天局的尤里卡(EURECA)可回收空间平台上,进行了飞行试验,结果,推力器在空间只工作了244 h便告失灵。2001年12月,欧洲航天局发射的阿蒂米斯卫星(ARTEMIS),采用2台RIT-10和2台英国的T5(10 cm直径电子轰击式离子推力器)作南北位置保持,可惜由于运载火箭末级发生故障,卫星未进入地球静止转移轨道。后来利用RIT-10D推力器,将卫星从31 000 km停泊轨道开始沿螺旋形路径推进,经过18个月的轨道转移,于2003年1月31日成功地进入了预定的地球静止轨道。1992年,在欧洲航天局计划与协调下,以德国为主,英国和意大利参加,开始研制25 cm直径射频离子推力器,计划用作主推进,它的推力为21～200 mN,比冲为19 600～44 100 m/s,输入功率为0.5～6.7 kW。1995年德国又开始研制第二代RIT-15推力器,典型性能是:推力为50 mN,比冲为42 100 m/s,输入功率为1.8 kW,系统电效率为62.3％。1988年还开始发展22 cm直径射频离子推力器。20世纪80年代中期以后,德国还研制了多种尺寸的电弧加热推力器,有低功率的(输入功率748 W),有中等功率的(输入功率5～12 kW),有大功率的(输入功率20～100 kW)。1964—1974年间,德国曾研制过电子轰击式离子推力器、霍尔推力器和磁等离子体动力推力器,但后来再没有发展下去。

英国从1963年开始研究电子轰击式离子推力器和脉冲等离子体推力器,不久就停了。1967年又陆续开展研究,包括电阻加热推力器、电弧加热推力器、电子轰击式离子推力器、胶体离子推力器、脉冲等离子体推力器和磁等离子体动力推力器等。1972年以后,脉冲等离子体推力器和磁等离子体动力推力器停止了发展,保留了电阻加热推力器和电子轰击式离子推力器,并将原来支持的胶体推力器改为支持发展场发射离子推力器,重点是发展10 cm直径电子轰击式离子推力器(简称 T5)。1977—1984 年间,10 cm 直径电子轰击式离子推力器再次被停止,直到 1985 年又恢复发展,并于 20 世纪 90 年代达到了飞行样机水平。其典型性能是:推力为 18 mN,比冲为 34 000 m/s,输入功率为 590 W,推进剂用氙。英国还在研制 22 cm 和 25 cm 直径的电子轰击式离子推力器。为了发展小卫星,1996 年萨瑞大学开始研制微型电阻加热推力器,一种是用水作推进剂,另一种是用 $N_2O/HTPB$ 作推进剂。

法国在 20 世纪 60 年代曾经发展多种类型的电推力器,到 70 年代改为重点发展 10 cm 直径电子轰击式铯离子推力器,不久就停了。从 1992 年起,法国飞机发动机制造商斯奈克码公司(Snecma)与俄罗斯法克尔设计局合作,在 SPT - 70 静态等离子体推力器基础上,加以改进,研制了 PPS - 1 350 静态等离子体推力器,2 台 PPS - 1350 和 SPT - 100(由俄罗斯法克尔提供)装在 2001 年 12 月发射的法国电信卫星上(STENTOR)进行了南北位置保持试验。2003 年 9 月 27 日,欧洲航天局发射了它的第一颗月球探测器"智慧 1 号"(SMART - 1)。探测器初始质量为 367 kg,太阳电池阵功率为 1.9 kW,采用法国 Snecma 公司的 PPS - 1350 静态等离子体推力器(推力为 70 mN)作主推进。探测器从地球赤道上空 3.6 万 km 高度开始缓慢提升,约花了 14 个月时间,于 2004 年 11 月 15 日进入近月点为 3 000 km、远月点为 10 000 km 的绕月轨道,消耗约 58 kg 氙推进剂(共携带推进剂 82 kg)。该探测器还采用 Laben - Proel 公司的诊断系统来监测推力器与探测器的相互作用。据悉,近几年将有 10 多颗欧洲商业卫星拟采用这种推力器。为了满足欧洲下一代高功率通信卫星位置保持的要求,现在已发展和试验评价具有比 PPS - 1350 的总冲能力更高的静态等离子体推力器—ROS - 2000 和 PPS - X000,其输入功率分别为 1.5 kW 和 5 kW。

意大利大约从 1970 年开始从事电推进研究,那时主要发展准稳态磁等离子体动力推力器,几年后就停了。直到 1992 年,在欧洲航天局支持下,FiatAvio - BDP 公司开始研制小功率电弧加热推力器,典型性能是:推力为 140 mN,比冲为 4 410 m/s,输入功率为 1 kW,推进剂用肼。在 1995 年,该公司还从美国购买了 MR - 508/509 推力器的专用权。1993 年,在欧洲航天局一项地球重力场测量卫星计划的支持下,意大利主承包研制射频离子推力器。该推力器束直径为 7.5 cm,在德国射频离子推力器基础上,放电室下游端外加了磁场,以改善放电特性。该推力器典型性能是:推力为 5 mN,比冲为 29 400 m/s,输入功率为 240 W,推力器质量为 1.6 kg。意大利还在研制不同尺寸的场发射离子推力器,推力从 μN 到 mN 数量级不等。

4. 日本发展与应用概况

日本从 20 世纪 60 年代初就开始发展电推力器。起先是发展铯接触式离子推力器和磁等离子体动力推力器,1969 年开始研制 5 cm 直径电子轰击式离子推力器。20 世纪 70 年代发展 12 cm 和 20 cm 直径电子轰击式离子推力器、脉冲等离子体推力器及准稳态磁等离子体动力推力器;80 年代开始发展微波离子推力器、电弧加热推力器和 35 cm 直径电子轰击式离子推力器;90 年代又开始研制 13 cm 直径电子轰击式离子推力器。主要几种类型电推力器,日本几乎都在发展。

1980 年,日本在宇宙科学研究所(ISAS)的试验卫星 MS - T4 上,首次试验了 Ishikawajima - Harima Heary Industries 公司的准稳态磁等离子体动力推力器。推进剂用氨,平均比冲为 24 500 m/s,总冲量为 0.7 $\mu N \cdot s$,平均输入功率为 15 W,系统电效率为 22%。在飞行试验中,推力器工作了 5 h,放电 400 多次。由于这次试验成功,所以该推力器被美国 NASA 选作粒子加速器空间实验的等离子体源，于 1983 年装在空间实验室－1(SpaceLab－1)上，成功地进行了空间表面带电试验。1995 年 3 月日本发射的空间飞行平台(SFU)，装有该公司的 1 台自感磁场加速的准稳态磁等离子体动力推力器，在空间脉冲工作了 4 万次，误点火率小于 0.3%。该平台于 1996 年 1 月由美国航天飞机回收，回收的推力器仍然能够正常工作，其性能保持不变。

1981 年 8 月，4 台脉冲等离子体推力器装在工程试验卫星－4(ETS－4)上进行飞行试验。在 3 年多飞行期间，推力器交替工作，累计放电 40 万次，其性能与地面测试结果一致，未发现对星上电子设备有严重的电磁干扰。推力器性能是：平均比冲为 2 940 m/s，总冲量为 29.4 μN·s，最大输入功率为 20 W，推进系统质量为 21 kg。

1982 年 9 月日本发射的工程试验卫星－3(ETS－3)，安装了 2 台宇宙科学研究所的 5 cm 直径电子轰击式汞离子推力器。推力器连续工作了 100 h 和 100 次启动循环(每次工作 10 min)，成功地完成了演示验证试验。1994 年 8 月日本发射的工程试验卫星－6(ETS－6)，安装了 4 台 12 cm 直径电子轰击式氙离子推力器，计划进行南北位置保持试验。卫星进入大椭圆转移轨道后，因远地点发动机发生故障而未能到达地球静止轨道，但在转移轨道上进行了推力器试验，初步验证了推力器的性能。1994 年 8 月，日本发射的通信和广播工程试验卫星(COMETS)，安装了 1 台东芝公司的电子轰击式离子推力器，推力为 23.3 mN，比冲为 28 500 m/s，消耗功率为 1 633 W，干质量为 98 kg。此推力器也由于运载发生故障因而卫星未进入地球静止轨道，但推力器在低轨道上试验工作了 2 349 h 和 626 次循环，系统的所有设备都工作得很好。日本计划于 2004 年发射的工程试验卫星－8(ETS－8)，将使用 2 台 13 cm 直径电子轰击式离子推力器作位置保持。另外，日本国家宇航实验室(NAL)近几年也在发展 14 cm 直径碳-碳复合栅极电子轰击式离子推力器，同时，国家宇航实验室、国家空间发展局和东芝公司(NAL/NASDA/Toshiba Corporation)在联合发展 35 cm 直径会切场电子轰击式离子推力器(BBM1－MK1)(推力为 150～180 mN，比冲为 34 500 m/s，消耗功率为 3.35～4.00 kW)，东京计量技术研究所(TMIT)在发展 30 cm 直径会切场电子轰击式离子推力器(推力为153 mN，比冲为 36 400 m/s，消耗功率为 3.45 kW)，还在研究用 ^{60}C 替代氙作推进剂的可行性。

日本宇宙科学研究所从 20 世纪 80 年代开始开发独具特色。2003 年 5 月，日本发射的小行星交会取样返回探测器(MUSES－C)，采用了 4 台 10 cm 直径微波离子推力器，其中 3 台工作，1 台作备份，在长达 4 年多的小行星来回航程中作主推进。每台推力器推力为 8.1 mN，比冲为 28 600 m/s，输入功率为 400 W。这种推力器在 1997—1999 年间的地面寿命试验中，共工作了 18 000 h。近几年，宇宙科学研究所还在发展 20 cm 直径微波离子推力器，最大推力为 30 mN，输入功率为 1 kW。

20 世纪 90 年代，日本宇宙科学研究所、大阪大学和东京大学等开始研究新一代电弧加热推力器，目的是取代现有的单组元肼和电阻加热肼推力器，为 1 000 kg 级地球静止卫星提供南北位置保持。为此，日本从美国通用动力空间推进系统公司引进了 MR－512 电弧加热推力器(输入功率为 1.8 kW)，在对输入电压修改后，2 台推力器用于 2002 年 9 月发射的数据中继试验卫星(DETS)上，作南北位置保持。另外，东京大学、大阪大学等近几年也在发展霍尔推力器。

5.中国发展概况

我国在 20 世纪 70 年代前后,也开展了电推进的研究,其中研制成功汞离子推力器实验样机并通过了评审,但随后由于没有适用对象,研究一度处于中断;90 年代以后,国内多家高校和研究院所根据自身的优势和特点,相继建立了不同规模的电推进研究手段和实验条件,开展了多种电推力器研究。

1967 年,中国科学院电工研究所开始研制汞离子推力器,曾研制出直径为 6 cm 和 12 cm 的试验样机。1970 年,该所又开始研制脉冲等离子体推力器,有 2 台推力器装在火箭上,于 1981 年 12 月 7 日成功地进行了高弹道飞行试验。推力器从 600 km 高空开始点火,经轨道最高 3 400 km,降到 400 km 时停止,共工作 37 min。这是中国电推力器的首次空间弹道飞行试验。该推力器的推进剂使用聚四氟乙烯,它的平均比冲为 2 740 m/s,总冲量为 63.7 μN·s,放电能量为 4 J,平均输入功率为 5 W,系统电效率为 2%,推进系统质量(不包括一次电源)为 2.75 kg。后来该所又研制了放电能量为 20 J 的脉冲等离子体推力器试验样机。1974 年,中国空间技术研究院兰州物理研究所开始研制 8 cm 直径电子轰击式汞离子推力器,到 1986 年完成了模样机。其性能是:推力为 5 mN,比冲为 27 400 m/s,输入功率为 240 W,推进系统质量(不包括一次电源)为 28 kg。1988 年,该所改为研制 9 cm 直径电子轰击式离子推力器,推进剂用氙,到 1993 年基本完成了试验样机。其推力为 10~15 mN,比冲为 29 400 m/s,输入功率为 400~450 W,推力器质量为 2.2 kg。此后研究工作停了下来,直到 1999 年再重新开始,研发 20 cm 直径的电子轰击式离子推力器,其推力为 40 mN,比冲为 30 000 m/s,输入功率约 1.2 kW。

目前,我国研究电推进的单位:

(1)中科院空间中心研究 PPT、Arcjet。PPT 已经经过短期的弹道飞行试验。

(2)北京航空航天大学研究 Arcjet。北航通过与中科院和航天 502 所合作,在 Arcjet 的理论分析和实验研究方面做了大量工作,取得重要研究成果。以 He 和 Ar 为推进工质的 Arcjet 试验样机基本具备了进行技术集成演示验证的条件。

(3)西北工业大学研究 MPT 和 ECRT。经过近十年努力,MPT 研究已取得重要进展,建成一套较为完整的实验研究系统,试验观测了影响 MPT 可靠启动与稳定工作的主要因素,突破了多项关键技术,试验样机达到了国内领先、国际先进水平。目前为研究 ECRT 正在做相关准备工作。

(4)上海航天 801 所和哈尔滨工业大学研究 SPT。上海 801 所研制成功的 SPT 样机达到了国内领先、国际先进水平,目前已完成系统总体设计、加工、组装和调试,并进行了大量集成演示验证和长寿命试验,这一技术将在新技术试验卫星进行飞行试验,进而向应用过渡。哈工大充分发挥高校优势,通过与俄罗斯密切合作,直接瞄准性能更先进的第二代 SPT,希望通过性能、寿命和可靠性等的优化技术集成验证和相关理论问题的研究,形成我国具有自主知识产全的第二代 SPT 设计技术体系,研制出具有国际领先水平的第二代 SPT 集成验证样机。

(5)兰州 510 所研究离子推力器。他们借鉴国内外先进成熟的技术和经验,先后在多项关键技术难点上取得突破,已经成功地研制出了我们自己的氙离子推力器,并做了大量环境、寿命和可靠性试验,计划在新技术试验卫星进行搭载试验。

(6)清华大学除发展小功率电弧加热推力器外,还发展用于微小卫星的微型电阻加热推力器和微型固体推力器等。

9.3 太阳能热推进

9.3.1 太阳能热推进原理

太阳能热推进即太阳能加热火箭发动机将辐射的太阳能转换为工质的热能,最终转换为动能来产生推力。其结构组成包括一个推进剂贮箱、一个太阳聚光器以及一个吸热推力室,如图9.13所示。聚光器是包括两面可以绕自身轴线转动的抛物线型面的大型镜面,它们不受航天器位置变化的影响,始终聚集阳光。聚光器把太阳光聚焦到吸热推力室,加热推进剂,然后高温推进剂经喷管膨胀加速。太阳热推进系统包括七大子系统:①液氢储存与供应子系统;②太阳能聚光器子系统;③吸热/推力室子系统;④结构子系统;⑤姿控子系统;⑥导航制导与电控子系统;⑦电源供应与处理子系统。

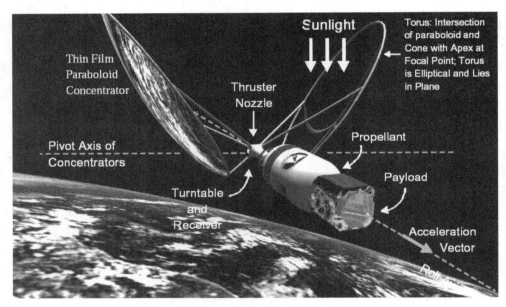

图9.13 STP典型结构

9.3.2 太阳能热推进的特点

(1)能量来自太阳能,无污染,可多次重复使用。

(2)理论比冲7 000～12 000 m/s(H_2工质)、推力0.4～100 N性能介于化学推进与电推进之间,弥补化学推进与电推进所具有的性能空白。

(3)STP与电推进技术相比较,不需要电能转换、管理分配系统,从而使系统简单可靠,能量利用率高。

(4)具有较高的比冲,范围宽阔适中的推力,对同样的星际探索任务,与化学能推进型发动机相比,其有效载荷质量比提高1.36～3.4倍。

9.3.3　太阳能热推进关键技术

1. 太阳能聚光器

太阳能聚光器的聚集效果除与尺寸有关外,还依赖于反射镜的型面(常用抛物线型)和表面反射率的大小。

对太阳能收集器的基本性能要求如下:①高聚焦准确度;②高反射率;③体积小、重量轻;④在太空中使用和废弃容易;⑤表面缺陷少等。

针对 STP,目前通常采用的是"低压充气膨胀成型式小扁豆状、抛物曲面、椭圆平面膜透镜-反射镜"太阳能收集器。聚光器的本基材料选择主要在聚酯、氟塑料、聚酰亚胺、硅树脂之间进行,反光材料主要有铝、银等。

2. 材料选择

铼由于其高温稳定性好被认为是制造 STP 吸热-推力室最理想的材料。但问题是铼与其他难熔金属相比价格昂贵,且生产工艺复杂。目前只有美国成功制造出铼吸热/推力室的 STP。

钼和钨等难熔金属具有高熔点、高导热、低膨胀以及良好的抗腐蚀性等特点,但其合金在高温下会发生再结晶使材料变得易损或在焊接高温中也会由于内部发生颗粒状变脆而导致延展性损失,加大事故风险,不适应直接应用于 STP。

单晶钼和单晶钨等单晶材料,具有高的强度和延展性,且价格较低,生产工艺简单,所以成为了 STP 的理想材料。目前日本在实验室中已成功地制造出单晶钼和单晶钨的 STP 推力器。

3. 能量贮存

当航天器飞入地球阴影区时,太阳能收集器将无法聚集到太阳光,因此需要热能贮存系统。可望用于 STP 的只有相变储热,因为只有相变储热能提供较高的温度,但储热材料是关键。相变储热材料主要有氟化锂(LiF)、氟化镁(MgF)和硼(B)等。但这些材料用于太阳能热推进系统时存在明显不足,主要是其相变温度还不够高,如 LiF 相变温度为 1 121 K,LiF - CaF$_2$ 为 1 040 K 等。

9.3.4　国内外发展现状

1956 年,K. A. Ehricke 在论文"太阳能空间飞船"中提出太阳能热推进的概念。由于当时条件缺乏,起步困难,20 世纪 60 年代主要在美国的 Phillips 实验室进行。随着轨道转移飞行器和更有效的上面级发动机的研究热潮,太阳能热推进技术在 Phillips 实验室的支持下重新开展。20 世纪 70 年代,随着开发空间的需要,这一概念重新引起人们的重视,并随之迅速发展;从 80 年代后期起,世界各国开始了太阳能热推进研究的热潮,以美国的 NASA 以及日本的 NAL 为代表,建立了规模宏大的地面实验室,进行了大量的研究工作,提出了多种"太阳能加热发动机"的方案。

目前美国 STP 的研制主要是针对冥王星的太阳系探测器,以替代半人马座上面级固体火箭发动机。美国对太阳能热推进的研究已从理论计算、方案分析、性能评估进入到了整机样机阶段,代表了 STP 的最新成果,其计划用于冥王星探测器的推进系统达到了整机样机定型的水平(代号:STPTS),是目前最有可能很快实际使用的热推进系统,其主要性能参数见表 9.5。

表 9.5　STPTS 主要性能参数

阶段推力/N	8.9	推进剂	LH$_2$
比冲/(m·s^{-1})	9 100	推进剂质量流率/(kg/s)	0.003
工作时间/d	14.4	吸收电源功率需求/kW	104
累计工作时间/s	1 260	电源功率需求/W	300
总质量/kg	141	聚光器直径/m	8.5

9.4　激光推进技术

9.4.1　激光推进的工作原理

激光推进的基本原理是将远距离激光能量导入推进器中的推进剂中,使其温度急剧升高,形成高温高压气体或等离子体,然后从喷管中喷射出来,从而产生推力。激光推进是利用高能激光与工质相互作用产生的反作用力推动飞行器前进的新概念推进技术。如图 9.14 所示,激光推进系统主要包括激光系统、光束发射与控制系统、光船三部分。激光推进器的性能主要取决于三个参数:所用工作物质的特性,加热室的压力和激光器的功率。激光推进利用地面上的激光装置经过长距离传输到火箭发动机中的推进剂,并加热推进剂形成核心温度为 10 000～20 000 K 甚至更高的高温等离子体,比冲可以高于 10 000 m/s。

图 9.14　激光推进系统的工作示意图

从是否消耗自身携带工质看,激光推进的驱动模式可分为大气呼吸模式和火箭烧蚀模式。大气呼吸模式是将经进气道吸入的空气作为工质,激光击穿空气,产生激光支持的等离子体爆轰波,推动光船前进的推进模式。这种模式不用消耗自身携带的推进剂(见图 9.15)。火箭烧蚀模式是指激光加热光船自身携带的工质产生高温高压等离子体,经喷管推动光船前进的推进模式。火箭烧蚀模式典型结构示意图如图 9.16 所示,前端是碗状的轴对称抛物形反射镜,尾部是膨胀喷口。镜面反射由地面射来的激光束,并形成环状聚焦,尾部装置接收并聚焦脉冲激光能量。激光击穿工作流体,形成热等离子体膨胀,推动飞行器。推进剂既可以是气体,也可以是液体和固体。两种激光推进模式都是通过激光与工质的相互作用,将激光能量转化为等离子体热能,最终转化为光船的动能。当飞行器位于大气层内时,可利用飞行器尾部抛物面反射镜聚焦地基激光器发出的激光能量,在焦点处点燃空气等离子体进行推进(大气模式),这时飞行器不消耗自身质量。当处于大气上层(30 km 以上)或外空间时转为采用自携工质(火箭烧蚀模式)。

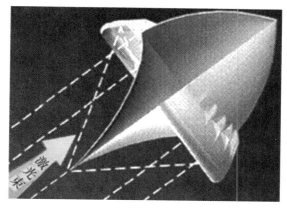

图 9.15　大气呼吸模式示意图

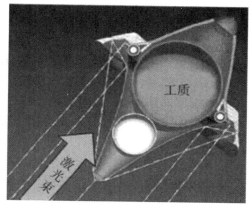

图 9.16　火箭烧蚀模式示意图

9.4.2　激光推进的特点

对照传统化学推进的局限,可清晰看出激光推进有以下特点:

(1)比冲远大于化学燃料火箭。可获得比化学火箭高几倍、几十倍的比冲,从而实现航天发射低成本、短周期、可重复的目标。

(2)成本低,载荷比更高。现有的化学推进火箭,载荷比普遍偏低,推进剂的重量占到火箭总重的 70%~90%,而有效运载能力却只占火箭总重量的 5% 左右。曾作为人类航天史上推力最大的"土星 5 号"运载火箭,总起飞质量达到 3 038 t,但仅推进剂就有 2 600 多吨,占到了86%。由此可以看出,化学推进的大部分推力其实都用在运输推进剂上了,而非"有效载荷"。得益于航天器与能源的分离,激光推进最突出的优点是不需携带大量的燃料,飞行器在大气层中飞行时,只需通过激光束对空气加热。穿越大气层后,少量工质即可工作,这样就可以把运载工具的有效载荷提高到 15% 以上,发射费用降低一至两个数量级。将一个 1 kg 的微型卫星推进到近地轨道仅需几百美元,远低于用运载火箭发射所需的几万美元的费用。

(3)安全可靠、发射周期短。通常,提供能量的激光装置固定在地面上,飞行器不必像现在的化学推进火箭,需携带易燃易爆、甚至有毒的推进剂,因此这种发射方式相对安全许多。与此同时,由于没有了传统复杂的能量发生子系统相关的部件,推进系统的设计可以得到相当程度的简化,相应地减少了发射的中间环节,缩短了发射前检测周期,有利于应急发射。

（4）可以突破单级化学推进火箭的速度上限。虽然化学推进火箭推力较大，但受到推进剂燃烧和推力室结构的限制，燃烧温度不能太高，燃烧室压力不能过大，单级化学推进火箭推动下的最终速度是有限的。根据齐奥尔科夫斯基公式，化学推进的每一级火箭的最大速度只能达到 10 km/s。而在激光束的照射下，高温等离子体的核心温度可达 10 000～20 000 K，其喷射速度可以轻松超过化学推进剂燃烧时的喷射速度。因此，激光推进具有突破单级化学推进最高速度限制的潜力。

（5）推力调节范围大、控制精度高。根据现有的实验研究，当使用不同能量级的激光和不同的推进剂时，激光推进器的推力可在非常大的范围内变动。因此，通过对地激光束能量的调节，便可以更加方便地改变推力大小，满足不同发射任务的要求和航天器的姿态调整等。

9.4.3 激光推进在实际应用中的关键问题

（1）强激光的大气传输问题。强激光在大气中传输，会受到大气光学效应的影响。如大气的吸收、折射、散射和湍流，热晕、受激喇曼散射和大气击穿等。这些效应会造成激光强度的衰减和激光束的偏折等。其解决方法为可扩大激光束的直径，降低单位面积上的激光强度。

（2）强激光技术的发展对激光推进的制约。简单的计算表明，1 MW 的激光大约可以产生 100～300 N 的推力，目前的激光功率距离实际应用还有一定的距离。一方面强激光技术发展迅速，激光的功率会不断提高，另一方面可采用多台激光器联合工作增大输出激光功率。

（3）对激光推进飞行器的跟踪问题。要使地面发射的光束能精确地照射在远距离的飞行器推进系统上，并实时地跟踪超音速运动的飞行器，就要保证适当的入射角度，目标跟踪与定位系统的指向精度要求相当高，且执行控制机构也要很灵敏。地面实验一般用光学望远镜很容易实现光束的近距离定位，但对远距离的高速目标，跟踪与定位系统还需继续研究。

（4）激光与推进剂的相互作用及能量转换关系。能量的转化与吸收效率是激光推进的关键性指标，关系到推进系统总体性能的优劣。推进剂接收入射激光，在不同条件下通过不同的吸收机制吸收激光能量，温度升高，同时发生复杂的相变。这一过程的时间很短，且发生在高速运动的流场中，所以推进剂能量的吸收伴随着相当复杂的动态过程。同时外界条件如推进剂特性、激光波长、聚焦尺寸等参数的变化也会对它产生影响。

9.4.4 国内外研究现状

1. 国外研究进展

自从 20 世纪 70 年代初，美国学者 Kantrowitz 等就首先提出利用激光烧蚀产生的等离子体来代替化学燃料推进空间飞行器的概念。随后，其他发达国家（如德国、苏联、日本等）也开始涉足这个领域，他们的主要目标就是大幅度减少卫星发射费用，近期的研究目标是驱动 1 kg 的载荷花费 1 000 美元，并且对于激光驱动的发射费用，研究者希望限定在每千克 100 美元的范围内，以便在将来的空间传输中发挥重要作用。利用激光等离子体来推进微型飞行器，因为没有传统意义上的发动机，只配备观察和通信装置，质量较小，可用于观察气候和火山。激光等离子体推进技术还可将卫星直接发射进入近地轨道，将近地轨道卫星转移到地球同步轨道，维持卫星参数和清理太空垃圾等，在航天运载火箭发射、卫星和飞行器空间发动机等方面有着广泛的应用前景。

由于激光推进技术有着巨大的潜在优势和广阔的应用前景，各个发达国家先后对该项技术进行了研究。美国是最早提出激光推进技术并开展相关研究的国家。20 世纪七八十年代对激光推进技术的研究取得了一系列有价值的研究成果,包括激光与物质相互作用机理、等离子体的形成及稳定以及激光能向热能的转化效率研究等。美国在这方面的研究进行得最多,美国空军、NASA、田纳西大学航天学院、伊利诺斯大学等单位都对之进行过研究,其他国家如俄罗斯、日本、以色列等也都开展了一定程度的研究。

1997 年,美国空军实验研究室的推进部与美国宇航局的马歇尔空间飞行中心利用 10 kW,10 Hz 的 CO_2 激光器,将直径为 15.3 cm、重量约为 42 g 的铝制模型在 3 s 内上升到了 22 m 的高度。这项研究起源于 20 世纪 80 年代末由战略防御倡议办公室激光推进计划所资助的“轻型飞行器技术验证器”概念项目,目标是用 100 MW 的 CO_2 激光器将净质量为 120 kg,直径 1.4 m 的飞行器送入轨道。1998 年,美国科学家使飞行器垂直自由高度升高 4.72 m,水平滑行 121.3 m。1999 年,他们又将直径为 11 cm 的光船发射到 39 m 的垂直高度。2000 年,美国光船技术公司则将直径为 12.2 cm、重约 50 g 的光船发射到 71 m 的高度,光船飞行 12.7 s,这是迄今为止飞行时间最长、飞行高度最高及飞船质量最重的记录,其意义不亚于当年莱特兄弟第一次驾驶飞机飞上蓝天。

1989 年,美国的 J. Black 等人开始设计并研制火箭激光发动机,进行了激光功率 10 kW 的测试,并在较宽的运行条件下测量了推力、有效冲力和效率。所设计的用氢做推进剂的推进器比冲范围 300~700 s、预计效率约 50%。1997 年,美国进行了两次以激光为动力的轻型航天器样机试验。第一次试验中达到了水平方向 4.2 m 的距离,第二次试验中达到了 121 m,飞行高度 15.25 m。1999 年,美国又进行了大量的实验研究,激光推进微型火箭高度达 39 m;并于 2000 年 10 月,发射了重 50 g、直径为 120 mm 的微型火箭,实现了持续飞行 12.7 s,飞行高度 71 m 的纪录。

美国现正设计可以把飞行器发射到 30 km 以上高度的 100 kW 二氧化碳脉冲激光器,下一步将用更大的系统把飞行器发射到大气层边缘。估计送 1 kg 载荷入轨需要约 1 MW 功率的激光器,目前可达到的最大激光功率是几兆瓦。

俄罗斯对激光推进技术的研究几乎是与美国同时进行的。苏联从 20 世纪 60 年代开始大量研究强激光与各种靶材相互作用产生的等离子体及其动力学过程,并提出了激光空气喷气发动机的概念。其后还进行了激光推进发动机喷管中等离子体的磁场问题研究。于 70 年代中后期相继报道激光空气发动机和大气中的激光推进等研究成果。到 20 世纪 80 年代进一步研究了激光喷管中等离子体的磁场问题。俄罗斯计划在最近 3 年内,实现在大气中进行轻飞行器的穿线式飞行实验,将光船推进到 40~50 m 的垂直高度。

德国空间中心从 20 世纪 90 年代开始进行激光推进技术的实验研究,他们提出了利用激光推进技术将 10 kg 的载荷发射到近地轨道的设想。此外,日本已于 90 年代研制了激光推进实验装置。1991 年,日本航空宇宙技术研究所流体力学部与大阪府立大学工学部联合进行的激光小船模型的实验获得成功。2002 年,东京技术研究所又成功地推进了纸飞机的飞行。2000 年 7 月在美国召开的“大功率激光烧蚀”国际会议,专门设置了“激光推进与微推进”专题。第 38 届 AIAA 联合推进会议也设立了“激光推进”专题。每年一次国际束能推进会议至 2005 年已举办 4 届,激光推进是重点讨论的问题之一,说明国际上对激光推进研究的重视。

日本依靠其在激光器研究方面的雄厚实力也积极开展了激光推进的研究。据公开的报告,他们进行了利用 Nd∶YAG 激光束在喷管中产生空气击穿推进模型船的实验研究。

2. 国内研究进展

国内关于激光推进的研究开展得较晚。2000 年以来,装备指挥技术学院、华中科技大学、中国科技大学和中科院物理研究所等单位在国内率先开展了一些激光远距离传输、激光与物质相互作用等方面的理论和实验研究,华中理工大学进行过高能激光与固体靶作用研究。哈尔滨工业大学在激光打靶产生等离子体方面进行了研究。2002 年,装备指挥技术学院激光推进技术实验室进行了国内首次空气呼吸模式激光推进试验。2001 年中国科技大学用单次脉冲激光把一个重 5.87 g 的模拟子弹发射到 1.48 m 的高度,并首次近距离比较清晰的拍摄到激光诱发的等离子体喷射时产生的火光烟柱以及子弹飞行的照片,计算该子弹飞行初速度为 5.39 m/s。2005 年中国科大利用高重复频率高功率 TEA－CO_2 脉冲激光器进行了抛物形飞行器的水平和垂直激光推进实验,实现了大气模式的激光垂直推进,飞行高度超过了 1 m。中科院物理研究所光物理重点实验室也在进行激光烧蚀推进方面的研究,分别从激光能量、脉宽以及靶的结构方面进行了研究。并发现相对于无约束的平面靶,坑靶将动量耦合系数提高了 5 倍,而约束的平面靶将动量耦合系数提高了 10 倍以上。

参 考 文 献

[1] 褚桂柏. 航天技术概论[M]. 北京:中国宇航出版社,2002.

[2] 萨顿,比布拉兹. 火箭发动机基础[M]. 北京:科学出版社,2003.

[3] ENRICH W J. Principle of nuclear rocket propulsion[M]. Oxford:Elsevier,2016.

[4] DONALD P M. Los Alamos nuclear rocket project ROVER[R]. Los Alamos,USA:University of California,1963.

[5] FINSETH J L. ROVER nuclear rocket engine program:overview of ROVER engine tests final report[R]. Huntsville,USA:Marshall Space Flight Center,1991.

[6] GARY L N. Nuclear thermal propulsion program overview[R]. Washington D C,USA:NASA,1992.

[7] 杭观荣,洪鑫,康小录. 国外空间推进技术现状和发展趋势[J]. 火箭推进,2013,39(5):7－15.

[8] 刘红军. 新概念推进技术及其应用前景[J]. 火箭推进,2004,30(4):36－40.

[9] 苏著亭,杨继材,柯国土. 空间核动力[M]. 上海:上海交通大学出版社,2016.

[10] POWELL J,LUDEWIG H,HORN F. The liquid annular reactor system propulsion,1991N22145[R]. New York,USA:Brookhaven National Laboratory,1991.

[11] ROBERT G. RAGSDALE. Status of open－cycle gas－core reactor project through 1970[R]. Cleveland,Ohio,USA:Lewis research center,1971.

[12] KOEHLINGER M W,BENNETT R G,MOTLOCH C G. Gas core nuclear thermal rocket engine research and development in the former USSR[J]. Rockets,1992(4):94.

[13] 斯科洛夫. 反应堆材料学[M]. 北京:原子能出版社,1989.

[14] 段小龙. 载人火星计划空间推进方案的任务性能[J]. 火箭推进,2002,28(6):42－47.

[15] HOFFMAN S J,KAPLAN D J. Human exploration of Mars:the reference mission of

the NASA Mars exploration study team，NASA – SP – 6107［R］. NASA：Johnson Space Center，1997.

［16］ DRAKE B G. Reference mission version 3. 0 addendum to the human exploration of Mars：the reference mission of the NASA Mars exploration study team［R］. NASA：Johnson Space Center，1998.

［17］ DRAKE B G. Human exploration of Mars design reference architechture5. 0［R］. NASA：Johnson Space Center，2009.

［18］ BOROWSKI S K，MCCURDY D R，PACKARD T W. Nuclear thermal rocket/vehicle characteristics and sensitivity trades for NASA's Mars design reference architecture (DRA)5. 0 study［C］//Nuclear and Emerging Technologies for Space 2009. Atlanta，USA：NASA，2009.

［19］ 洪刚，娄振，郑孟伟，等. 载人核热火箭登陆火星方案研究［J］. 载人航天，2015，21(6)：611 – 617.

［20］ ZHANG Z X，ZHENG B，ZHOU H，et al. Overall scheme of manned asteroid exploration mission［J］. Journal of Deep Space Exploration，2015，2(3)：229 – 235.

［21］ 王开强，张柏楠，王悦，等. 载人小行星探测的任务特点与实施途径探讨［J］. 航天器工程，2014，23(3)：105 – 111.

［22］ 李志海，张柏楠，杨宏，等. 载人小行星探测推进技术初步方案设想［J］. 国际太空，2013(7)：32 – 37.

［23］ 高朝辉，童科伟，时剑波，等. 载人火星和小行星探测任务初步分析［J］. 深空探测学报，2015，2(1)：10 – 19.

［24］ WANG L，HOU X B. Key technologies and some suggestions for the development of space solar power station［J］. Spacecraft Environment Engineering，2014，31(4)：343 – 350.

［25］ 张钧屏. 空间太阳能电站构想及其相关技术的发展［J］. 航天返回与遥感，2011，32(5)：10 – 18.

［26］ 高朝辉，王俊峰，童科伟，等. 重型运载火箭发射空间太阳能电站相关技术问题分析［J］. 导弹与航天运载技术，2016(3)：51 – 54.

［27］ 张楠，徐智君，朱晓农，等. 激光推进技术［J］. 红外与激光工程，2011，40(6)：1025 – 1037.

［28］ 洪延姬，李修乾，窦志国. 激光推进研究进展［J］. 航空学报，2009，30(11)：2003 – 2015.

［29］ 张纯良，高芳，张振鹏，等. 太阳能热推进技术的研究进展［J］. 推进技术，2004，25(2)：187 – 192.

［30］ QIU XIAOMING，TANG DELI，SUN AIPINGETAL. Role of on 2 Board Discharge in Shock Wave Drag Reduction and Plasma Cloaking. Chinese Physics，2007，16(7)：186 – 192.

第 10 章　新概念推进技术

10.1　空间帆类推进技术

空间帆类推进技术是深空探测领域一种新型的推进技术,它自身无需携带推进剂,仅依靠太阳光压或太阳风就可以获取动能,可以得到较高的速度增量,适用于推力要求低的特种深空探测任务。按照技术分类,可以分为太阳光帆、电帆、磁帆等类型。

10.1.1　太阳光帆推进

长期以来,人们不断地提出了进入空间和探测空间的新的推进方案与途径,并开展了不懈的探索性研究,部分研究已取得了可喜的成果,太阳光帆就是其中一种很有前景的推进技术。太阳光帆推进又称太阳帆,是使用巨大的薄膜材料,将太阳光以及太阳射出的高速气体粒子的辐射压通过动量转换的方式产生推力推动航天器进行太空飞行。在没有空气阻力的宇宙空间中,太阳光光子会连续撞击太阳帆,使太阳帆获得的动量逐渐递增,从而达到要求的加速度。太阳光实质上是电磁波辐射,主要由可见光和少量的红外光、紫外光组成。光具有波粒二象性,光对被照射物体所施的压力称为光压,光压的存在说明电磁波具有动量。太阳帆的动力来自于太阳粒子。尽管这些粒子的撞击力非常微弱,但它们却是持续不断的并且遍布宇宙空间,且不需要任何推进剂,所以可以利用它进行空间探测和太空旅游。

著名天文学家开普勒在 400 年前就曾设想不要携带任何能源,仅仅依靠太阳光能就可使宇宙帆船驰骋太空。但太阳帆飞船这一概念到 20 世纪 20 年代才明晰起来。1924 年,俄国航天事业的先驱康斯坦丁·齐奥尔科夫斯基和其同事弗里德里希·灿德尔明确提出"用照到很薄的巨大反射镜上的阳光所产生的推力获得宇宙速度"。正是灿德尔首先提出了太阳帆——一种包在硬质塑料上的超薄金属帆的设想,成为今天建造太阳帆的基础。

太阳帆推进主要的研究机构有:俄罗斯巴巴金空间研究中心、俄罗斯空间研究所、欧洲航天局(ESA)、DLR 和英国格拉斯哥大学(University of Glasgow)、美国行星学会以及 NASA等。俄罗斯在利用太阳光能作为航天动力技术上率先迈出了一步。莫斯科时间 2004 年 7 月 20 日 4 时 31 分,俄罗斯在巴伦支海成功进行了"宇宙-1"号太阳帆飞船的发射实验。它是人类历史上第一艘实验型太阳帆飞船,"宇宙-1"号太阳帆由国际行星协会与俄罗斯巴巴金科学研究中心共同研制。此次发射升空进行飞行试验的目的,主要是测试形如花瓣的两个太阳帆能否在太空中顺利打开并产生动力,检验现行方案的合理程度,并为更远距离的航行提供借鉴,探索将来进行星际旅行的可能性。弹头在液体燃料发动机的推动下,进入远地点约 1 200 km 的太空轨道后,飞船与弹头分离,并缓缓地张开了两个花瓣状、总直径约 26 m 的太阳帆。这艘太阳帆飞船在近地轨道飞行约 25 min 后,按预定计划返回了地球,并准确降落至俄堪察加半岛。俄罗斯、美国、德国和法国的专家在距离发射水域约 5.56 km 的考察船上,仔细观察了宇宙1号的此次出航,专家们认为,测试进行得非常成功。

　　德国航空航天研究院(DLR)于 1999 年 12 月进行了 20 m×20 m 的太阳帆地面演示试验。目前 DLR 正在和欧洲航天局(ESA)合作进行太阳帆飞船的下一步研究,他们制定了一个从 2002—2014 年的 12 年详细研究计划,主要研究内容包括:地面展开演示、轨道展开演示、自由飞行演示、深空科学探测等,总经费达 1 亿欧元。

　　当前,美国也在进行太阳帆航天器的研究,并为选择太阳帆的制造材料进行了大量测试工作,探讨了发射问题和太阳帆在太空展开问题。"宇宙一号"太阳帆飞船于 2005 年 6 月 22 号发射,由美国行星学会、俄罗斯科学院与莫斯科拉沃奇金太空工业设计所联合研制。但由于火箭推进器出现故障,"宇宙一号"发射失败。其发射示意图如图 10.1 所示。美国国家海洋和气候管理局也正在研究在地球极地上空的气象卫星上使用太阳帆的可行性。目前,美国专家正在俄罗斯科学家的协助下研制一种可能会用于今后载人火星飞行任务的太阳帆。

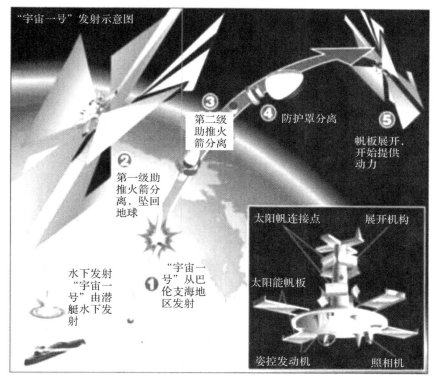

图 10.1　宇宙一号发射示意图

　　"伊卡洛斯号"(Ikaros)是由 JAXA 研制的太阳帆探测器,于 2010 年 5 月 21 日发射,是世界上首个用于深空探测的太阳帆航天器,用于开展金星探测。太阳帆为边长 14 m 的正方形,厚度仅为 7.5 μm,由能够承受太空环境的聚酰亚胺制成,质量约 15 kg。帆面边缘贴了液晶元件,用于改变光压分布,产生控制力矩。该探测器的展开效果图如图 10.2 所示。

　　"纳米帆-D"是由美国 NASA 研制的太阳帆航天器,于 2010 年 11 月 19 日发射,是首个进入地球近地轨道飞行的太阳帆航天器。"纳米帆"卫星是一颗小立方星,搭载在 FASTSAT 卫星上发射,展开后的太阳帆面积为 9.29 m^2。该探测器的展开效果图如图 10.3 所示。

图 10.2 "伊卡洛斯号"太阳帆展开效果图

图 10.3 "纳米帆-D"太阳帆展开效果图

太阳帆推进是直接利用光子的动量产生推力,无需推进剂。由于来自太阳的光线提供了无穷无尽的能源,因此,远距离的太空旅行使用太阳帆比使用传统的火箭推进器要更胜一筹。使用太阳帆可以实现长期太空飞行,可用于长期轨道驻留飞行器(如星球通讯与资源勘察卫星、星球空间站等)的姿态与轨道机动控制或者恒星系内长期飞行的太空探测器的主推进上。但要获得足够的推力需要超大面积的帆,这就需要解决超薄超轻的薄膜材料制备技术、超大面积薄膜的空间展开与结构支撑技术以及姿态控制技术等。从太空旅行成为现实的那一天起,人类通往宇宙一直以来只有一种方式,那就是依靠常规化学火箭推进器。科学技术的发展是人类不断探索、不断创新的结果。各国太阳帆飞船的发射成功使人们看到了人类使用太阳帆进行载人航行与深空探测的曙光。可以预期,人类使用太阳帆遨游太空的那一天已经为时不远了。

10.1.2　电磁帆推进

太阳除了发出太阳光,每天还可以抛射出重达 1.5 千亿吨的物质,形成太阳风并向空间持续扩散,这是一种充满太阳系内的无碰撞、低密度、高速度的等离子体,主要由质子和电子组成。典型的等离子体数密度和电压分别为 5 cm^{-3} 和 10 eV,在 1AU 处(地球轨道)的速度约为 300～900 km/s,因而太阳风也被称为太阳风等离子体。

与太阳帆利用太阳光在帆板上产生的光压获得推力类似,电磁帆正是利用其与太阳风等离子体之间的相互作用实现推进。由于太阳风中质子的质量远高于光子,因而同尺寸的电磁帆产生的推力远高于光帆。当前发展的主流电磁帆主要有三类,分别为电帆、纯磁帆及磁等离子体帆。

1.电帆推进

电帆的概念最早是由芬兰气象研究所的 PekkaJanhunen 于 2004 年提出,最初设计的结构如图 10.4(a)所示。电帆利用空间带正电导线的电场,使太阳风中的质子在电场发生偏转,通过动量交换的方式使航天器获得推力。由于电帆没有固定帆面,其质量比太阳帆又有大幅降低,特别适合深空探测任务。电帆推进系统由展开机构、导线、电源调节模块和电子枪四部分组成。2006 年,Janhunen 等人借鉴电动力绳系技术进一步对电帆的结构进行了改良,使得电帆简单化且易于工程实现,其结构如图 10.4(b)所示。帆面由多根(50～100 根)呈放射状分布且不断旋转的带电金属绳系和一个电子枪组成。2009 年,为了避免绳系之间的相互碰撞,Janhunen 等人又进一步改进了电帆结构,如图 10.4(c)所示。电帆在工作时,通过电子枪向外发射电子使得帆面保持在一个较高的正电位,从而在空间产生一定范围的电场,入射的太阳风等离子体中的质子被电场散射、偏转甚至反弹回去,质子的部分动量传递给电帆从而产生推力。

ESTCube - 1 卫星是由爱沙尼亚研制的电帆试验立方星,2013 年 5 月发射,运行轨道为 600～800 km 轨道,目的是测试地球低轨道下通过地球电离层的电帆效应。电帆长度为 10 m,通过自旋展开,自旋周期为 20 s,电子枪电压为 500 V。图 10.5 所示为该探测器的效果图。

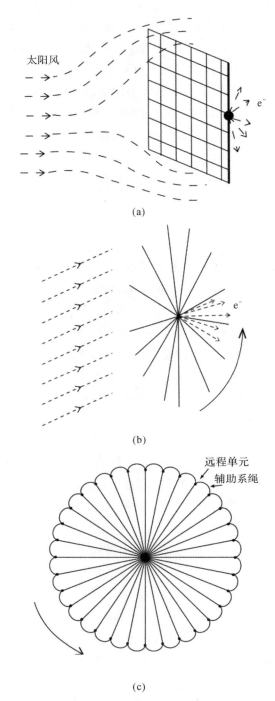

太阳风

(a)

(b)

远程单元
辅助系绳

(c)

图 10.4　电帆结构示意图

(a)最初结构；　(b)2006 年改进结构；　(c)2009 年最新结构

图 10.5　ESTCube-1 卫星效果图

2. 磁帆推进

纯磁帆的概念最早由美国 Boeing 公司的 D. G. Andrews 和 Martin Marietta 航天研究所的 R. M. Zubrin 于 1989 年提出,其基本工作原理如图 10.6 所示,太阳风等离子体中的质子在很宽的空间范围内被大型超导线圈产生的磁场反射,作用在线圈上的反作用力将推动航天器沿着太阳风方向加速运动。磁帆是利用太阳辐射出的带电粒子在固定磁场中偏转,而将部分动量传递给航天器以获得加速度的一种推进技术。磁帆需要使用超导材料产生巨大的磁场,所需超导线圈的直径极大,重量成本很高,工程应用难度大,国外的研究也只是停留在理论研究阶段,技术成熟度仅为 2 级。

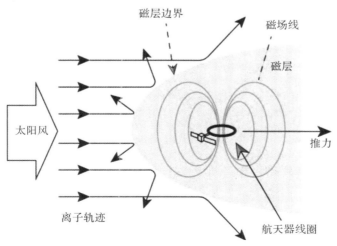

图 10.6　纯磁帆推力产生过程示意图

3. 磁等离子体帆技术

2000 年,美国华盛顿大学的 R. M. Winglee 等人在纯磁帆的基础上发展了磁等离子体帆 (Magneto Plasma Sail,MPS) 概念。等离子体帆技术即在航天器周围形成一个充满等离子体的人造磁场,将太阳风的动量传递给磁场,从而对航天器产生推力。与太阳帆的区别:采用人造电磁场形成一个稳定的面积与太阳风和太阳光子进行动量交换。等离子体帆技术优点:减少星际探测飞行时间、提供航天器辐射保护层、部件制造技术低成本。国内目前已经开展了有关理论数值模拟的工作。

该推进概念的最大优点在于从技术和材料上避免了使用大尺寸线圈的难题。MPS 基本工作原理如图 10.7 所示,小尺寸超导线圈(米量级)产生较小空间尺寸的磁腔,航天器自身携带的等离子体源通过向磁腔喷射等离子体使得磁场膨胀,形成相当于几十千米纯磁帆产生的磁腔,从而产生可观的推力。另外,MPS 产生 15～20 km 大小的磁场作用区域每天所消耗的工质仅约 0.5 kg,同时功耗小于 1 kW,是一种理想的少工质推进技术。在等离子体能量转换为磁能的效率达到 20% 时,推功比可达 250 mN/kW。

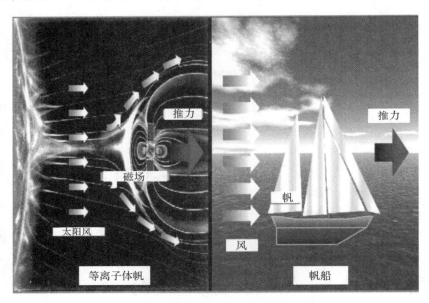

图 10.7   磁等离子体帆技术工作原理

10.2   磁悬浮助推发射技术

10.2.1   磁悬浮助推发射原理

磁悬浮助推发射是将磁悬浮轨道技术应用于航天发射,为水平或倾斜起飞的运载器提供高起飞速度,以便于提高运载器总体性能的一种新型航天发射技术。磁悬浮助推发射概念如图 10.8 所示。

图 10.8　磁悬浮助推发射概念

　　磁悬浮助推发射即采用磁悬浮系统悬浮搭载运载器的承载装置。通过直线电动机等加速方式为整套系统提供很高的地面助推加速度，以实现在很短时间内（10 s 左右）将运载器加速到 $0.8Ma$ 左右高起飞速度。然后运载器发动机点火，与磁悬浮助推发射地面装置完成分离后开始爬升入轨。本质上分析，磁悬浮助推发射类似于运载器的第一级。磁悬浮发射过程示意图如图 10.9 所示。

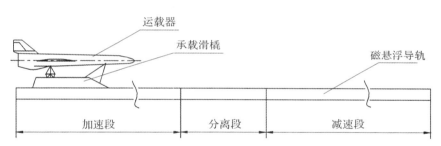

图 10.9　磁悬浮发射过程示意图

10.2.2　磁悬浮助推发射的特点

（1）助推起飞速度有利于减小运载器入轨的总速度变化量；

（2）高起飞速度有利于提高运载器起飞气动升力；

（3）起飞初速有利于改善运载器主发动机（火箭发动机或吸气式组合发动机）在低空低速时的工作性能，减少推进剂的消耗量；

（4）助推承载装置有利于简化运载器起落装置结构及质量，减小运载器结构总重；

（5）磁悬浮助推发射过程中地面摩擦损耗小，电能转化效率高，安全性好，无地面环境污染；

（6）磁悬浮助推发射方式可操作性好，可重复使用率高，有利于降低发射和维护成本。

10.2.3　磁悬浮助推发射关键技术

（1）磁悬浮技术。稳定悬浮磁悬浮推进承载装置，并保证在高速运行过程中磁悬浮装置动态稳定。

（2）直线电机加速技术。以一定加速水平将磁悬浮装置加速到需要的速度，主要包括直线电机、变频调速和大功率电能供给技术。

（3）磁悬浮推进空气动力影响。磁悬浮发射过程中空气动力基本特性，磁悬浮装置气动布局和气动控制。

（4）磁悬浮推进分离发射技术。运载器水平起飞气动分离发射。

10.2.4　国外发展现状

（1）美国 NASA 的 Maglifter 方案。助推加速段 4km，制动减速段为 0.65～1.6 km；分离发射技术参数：助推速度 260 m/s，起飞爬升角 45°，起飞海拔高度 3 000 m；助推加速过程发生在大型隧道中，隧道内环境为常态空气，接近隧道末端时，使用气氦提供低密度、低阻力的气体环境，以减小空气阻力的影响。如图 10.10 所示。

图 10.10　美国 NASA 的 Maglifter 方案

（2）美国的 Argus 方案。较为完整地完成了磁悬浮助推单级入轨运载器的分析及总体设计工作，主要包括气动分析、弹道分析、飞行器质量分析、热防护、推进系统、运载器外形设计和成本预算等；采用先进的气动外形、热防护系统及 RBCC 火箭基组合循环发动机推进系统；运载器总重 271 t，干重 34.2 t，有效载荷 9 t，翼型面积 262 m²。

（3）关键技术。磁悬浮技术、直线电机加速技术、磁悬浮推进空气动力影响、磁悬浮推进分离发射技术、运载器水平起飞气动分离发射。

10.3　其他推进方式介绍

10.3.1　电飘机推进

20 世纪 20 年代，Paul Bielfeld 和 T. Townsend Brown 在进行结构非对称的电容实验时便发现电飘机飘升效应。20 世纪 90 年代末以来，电飘机的制作和研究重新在 Internet 上得到广泛传播。Internet 上公布的目前载荷最大的电飘机其直径约为 2 m，载荷质量为 100 g，自身结构质量 85 g（不包括电源）。NASA 也资助 J. W. Campbell 进行电飘机的研究，并于 2002 年获得其中一种电飘机构型的专利。2004 年 M. Tajmar 设计了一个实验，在一个悬吊的封闭盒子里，对电飘机加高电压时通过测量盒子振荡振幅是否为对称的来判断是否有额外的力产生。结果发现盒子振荡振幅是对称的，间接地再次否定了电飘机能在真空中工作。

国内北航在创新项目的支持下开展研究，进行了矩形电飘机的飘升实验、电飘机的水平运动实验、电飘机在油中转动的实验。电飘机主要由细铜线、铝箔和轻木条组成。铜线、铝箔分别作为电极的两极，轻木条作为结构支撑件。在电极上加合适的电压（一般为几十千伏），便产生一种上升的力，当这种力超过装置的结构重量（不包括电源）时，便可以飘升起来。

应用前景分析：已有实验表明电飘机在真空中（无介质的情况下）不能飘升，电飘机的功率效率只有 1% 左右，而离子发动机可达 65%，因此应用于空间推进缺乏吸引力，应用在航空飞行器上需进一步提升推力的大小。

10.3.2　数字式固体微推进技术

数字式固体微推进技术工作原理如下：使用 MEMS 技术，将固体推进剂、微机械系统和微电子系统集成为一个芯片阵列，阵列中的每个单元都是一个"微小固体发动机"。微推力器按顺序排列，推进剂为固体（或液体）。每个微推力器包含一个电加热点火器，建立压力后隔膜打开，推进剂喷出产生微推力。根据位置的不同，星载计算机可控制每一个微推力器元素产生不同的力矩。微型推进器是利用微机电加工技术将推进剂供应贮箱、阀、推力室、控制电路等集中制造于硅片或其他基体材料上的一种推进系统。微推进器可以采用化学推进或者电推进。图 10.11 所示为一种化学微型推进器的推力室单元结构示意图。微型推进器的单个推进单元所提供的推力虽然很小，但通过集中数十万个乃至上百万个推进单元则可以得到可观的推力。

微推进在推进原理上并未突破常规化学推进或电推进的范畴，因此在比冲性能方面并无优势。由于微尺度效应的影响难以避免，微推进的比冲性能或者推进效率甚至低于常规化学推进或电推进。微型推进器最大的优点在于结构质量轻，可以使飞行器小型化。微型推进器主要的技术难点在于微机电加工技术。目前，随着微机电加工技术的发展，对微型推进器的研究已开始得到工业界的关注。微推进的应用价值主要在于可以使飞行器小型化，因而更适合于作为一些具有军事作用的微型或小型飞行器的动力系统。

10.3.3　引力定向推进

引力定向概念是一种全新的推进概念，其相比于传统推进方式和其他定向推进方式都具有显著的优势。如果能够应用于航天领域，则必将带动航天领域的划时代的飞跃。

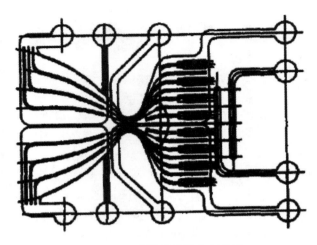

图 10.11　微推进器推力室单元

1992 年俄罗斯科学家 Evgeny Podkletnov 向英国物理学杂志提交了关于高速旋转的超导体上的物体失去 2％质量(称为 Podkletnov 效应)的报告。2002 年 Podkletnov 在俄罗斯化学科学研究中心又进行了"脉冲引力发生器"的研究。实验装置主要包括高压发生器、放电室、超导发生器(高温陶瓷基超导体)等。利用一个强充电源和超导发射器,这个装置可以产生"引力脉冲",对所有物质产生的是斥力。实验中产生的不规则力可以自由的通过不同的物理介质传播,并且与目标的质量成正比,与引力的性质很相近,因此称之为"引力"。

2002 年 NASA 的 Taylor 根据 Podkletnov(2001)的实验结果提出了引力定向推进的概念,对使用脉冲引力发生器进行空间推进的可行性进行了研究。NASA 也开始资助 Ning Li 课题组进行相应的实验研究。

10.3.4　反物质能推进

2010 年 11 月,欧洲核子研究中心的科学家通过大型强子对撞机,俘获了少量的"反物质"。人工制造的 38 个反氢原子存在了大约 0.17 s。虽然存在时间极短,但已经让科学界为之一振。

罗布·汤普森教授表示反物质的发现将会引领人类的变革,使得人类的星际旅行之梦将成为现实。在大量的科幻小说中,用于星际旅行的飞船都是以反物质作为燃料的。他认为,如果想把人类送上火星,那需要千万吨以上的化学原料,而如果是以反物质为燃料的话,仅需要数十毫克,同时时间也大为缩短,只需要 6 周的时间就可以到达。焦维新告诉《中国科学报》记者,反物质的能量确实非常巨大。它是带负电的质子,如果与正电质子发生接触就会产生湮灭反应,从而得到巨大的能量。1 kg 反物质可以产生 2 亿亿兆的能量,可供全球 26 min 的所有能量需求。"但目前,反物质还是一个理论,人类还没有找到带负电的质子,离实现非常遥远。"他说,"而且真正要收集到这么多的反物质也是难以实现的"。

反物质推进在性能上更具优势,反物质与物质湮灭产生的能量高于核聚变所产生能量的两个数量级以上。1 g 反氢原子与等量氢原子湮灭所产生的能量相当于 23 个美国航天飞机外挂贮箱所装液氢与液氧反应产生的能量。学者 Holzscheiter M 等设计出了一种利用反物质实现推进的方案(见图 10.12)。该方案是将反物质在超低温条件下制备成固态反氢分子储存于磁约束容器中,利用交变磁场将反氢物质运输到推力室与从贮箱供应的液氢发生泯灭,产生的能量加热液氢形成高温物质从而产生推力。通过控制反物质与推进剂的比例和利用磁约束喷管,理论上反物质推进系统的比冲性能可以达到 $108\ \text{m/s}$。如未来能在反物质的制备、储存和运输等技术上取得重大突破,则将带来推进系统的革命性变化。

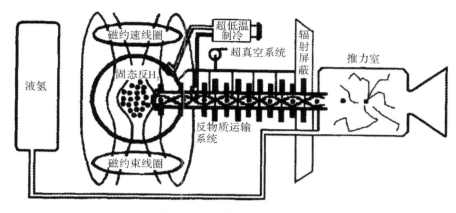

图 10.12　反物质推进系统

10.3.5　束能推进

束能推进是将能量聚焦成能量束,利用地基或空间站上的发射器远距离传输到飞行器上的接收器,接收器将能量转化为电能或热能从而产生推力的一种推进方式(见图 10.13)。能量束可以是激光束或微波束。束能推进最大的优点是能源与飞行器是分离的,结构质量较大的能源发射系统可以置于地面或大型空间站上。由于受激光器与微波发射器功率的限制,目前对束能推进的研究仅限于实验室,且所能推动的飞行器质量很小(几克至数十克)。

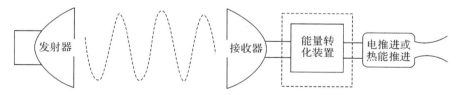

图 10.13　束能推进原理

束能推进的技术难点除大功率激光器或大功率微波发射器的研制之外,还存在激光或微波的超远距离传输与聚焦技术、飞行器精确跟踪和瞄准技术等。从目前看来,要实现有实用意义的轨道器推进难度很大。但如将来能大幅度提高微波和激光的发射功率,并建立庞大的地基或天基微波束和激光束发射网,则利用束能推进实现地球轨道飞行或太空飞行也是可能的。

10.3.6　绳系推进

绳系推进是利用大气层到轨道空间中游离的带电粒子与端头裸露的电缆线形成闭合回路,在电缆线中通电,则电缆线切割地球磁力线而产生推力,实现轨道上升;将飞行器上的离子传导体屏蔽,断开回路即可实现轨道保持;而当需要轨道下降时,只要取消屏蔽,则由于闭合回路上的电缆线切割地球磁力线而产生阻力,同时电缆线中产生的感应电流又可以给飞行器上的电池充电,实现轨道上升所需的电能则可以由飞行器上的太阳能电池阵提供。绳系推进的原理如图 10.14 所示。

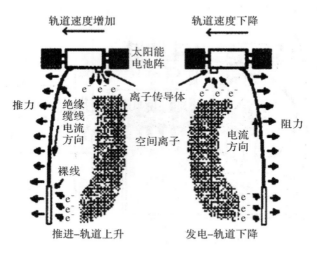

图 10.14　绳系推进系统原理

绳系推进具有结构简单、无需携带推进剂和可长期在轨运行等特点。绳系推进技术的可行性已得到了轨道飞行试验的初步验证。20 世纪以来人们进行的亚轨道和低地球轨道的绳系结构展开、电磁力学特性与结构动力学特性试验中,最长的绳系成功展开长度达到了 20 km(最终由于空间垃圾碎片碰撞而折断)。绳系推进的主要技术关键在于高强度轻质结构材料电缆线的研制、长电缆线的展开技术和结构稳定性控制技术。

10.3.7　无工质微波推进

无工质微波推进是一种全新的概念,即利用微波作为推进动力来源,具有无烧蚀、性能不受环境影响、推力功耗比宽的特点。在相应的推进装置中,微波通过波导被辐射进封闭的圆台型推力器腔体后作用在腔体表面上,并沿推力器轴线产生净推力。这种推进装置的特点是:①不需要工作介质就可以产生净推力,没有高温燃气流的烧蚀、冲刷和传热问题,同时能大幅度降低消极质量;②只要微波输出电功率稳定,推进装置的性能不受工作环境的影响;③已有的部分试验和理论分析表明采用不同的推进装置结构材料,在 1 kW 微波功率输出条件下,可以获得 0.1~31 500 N 范围的推力。由此可见这种推进装置可广泛地应用于卫星、深空探测器和近空间飞行器,所带来的效益是大幅度地提高有效载荷和寿命。无工质微波推进装置(见图 10.15)是由英国卫星推进研究有限公司(SPR L td)的 Roger Shawyer 发明,他已经开展了初步的理论分析和实验研究。Roger Shawyer 设计了 1 个品质因数为 50 000 的类似于横电波 TE 模的圆台型谐振腔,矩形波导把微波辐射进谐振腔中,利用无阻力试验转台,实际测量出谐振腔在 300 W 微波输出功率的直接作用下产生了 86.2 mN。无工质微波推进的研究还非常有限,仅仅针对类 TE 模的圆台谐振腔进行了净推力理论计算和实验测量。理论计算的途径是首先对腔内的微波场进行量子化,再根据量子和壁面相互作用后的动量变化计算净推力,而且仅仅考虑前后端面和量子相互作用对推力的贡献,很显然这样的理论非常粗糙。

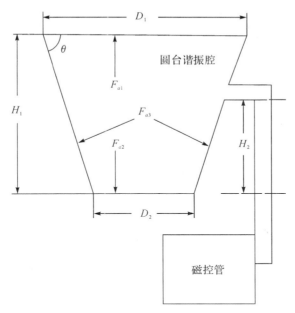

图 10.15　无工质微波推进装置示意图

核工业西南物理研究所邱晓明等人在研究电磁波和等离子相互作用时,采用电磁张力来处理微波在 1 个体积表面上所产生的作用力,为本研究工作提供了一种非常有效、实用的研究方法。为此本章首先引出无工质微波推进装置的发明思想,再从经典电动力学理论出发,分析无工质微波推进理论,给出推力计算的电磁张量计算途径。在无加载的不同微波模式条件下,从原始的 Maxwell 方程出发,采用有限元方法对不同结构理想圆台腔体的模态进行数值计算,由此获得腔体固有的谐振电磁场分布特征和空载品质因数。在 1 000 W 微波功率辐射条件下,采用有限元方法,对不同结构、不同微波模式、有微波耦合窗口的非理想圆台谐振腔内的电磁场分布进行数值计算,从而获得腔体表面的电场和磁场分布,再利用表面张量计算轴向净推力。相对于 Roger Shawyer 的理论计算方法,上述文章给出的电磁张量计算方法不受腔体结构限制,可以准确地分析推进装置的性能。

10.3.8　高能推进剂火箭发动机

提高推进剂的能量可以在现有常规推进技术的基础上提高推进系统的性能。在高能推进剂的研究方面,从能量的角度来看,远期可能最有潜力的要数自由原子氢。$Be-O_2/H_2$ 与 $Li-F_2/H_2$ 组合高能推进剂理论比冲只能达到 7 000 m/s 左右,且燃烧效率较低(85% ～ 90%)。自由原子氢的热值可以达到 2.19×10^5 kJ/kg(氢气的热值只有 1.34×10^4 kJ/kg),其理论比冲可以达到 2×10^4 m/s 以上。

根据只有外层电子旋向相反的氢原子才能结合成氢分子的原理,利用粒子轰击固态氢分子,使氢分子分解为氢原子,然后用超强磁场分离出外层电子旋向相同的氢原子的方法可以获得自由原子氢。自由原子氢则可以储存于矩阵排列的固态氢分子中或超流体液氢单分子膜中。

目前看来,自由原子氢制备与储存技术极为复杂,且长时间维持超低温极其困难,使用自由原子氢作为推进剂的高能推进剂火箭发动机技术离实际应用相距甚远。目前对自由原子氢的研究仅限于实验室中。使用高能推进剂作为推进系统的推进工质可以提高推进系统的推进效率,同时在技术上又具有较好的继承性,只要解决制备、储存和使用上的经济性和方便性,高能推进剂则可以广泛地应用于各种不同形式和不同推力大小的需要使用推进工质的推进系统中。

10.3.9 超空间推进

"超空间推进"由德国扎耳茨吉特市应用科学大学的物理学家威乔琛·郝瑟于 2002 年提出。"超空间推进"的理论基础,来自 20 世纪 50 年代德国物理学家巴克哈德·海姆提出的一个颇具争议的宇宙构造理论。该理论预示,引力子-光子场可加速物体或减轻其质量。

如果能由"超空间推进"创造一个足够强大的磁场或重力场,那么身处其间的物体就将"进入"另一个完全不同的"多维空间"。在"多维空间"中,光速将比目前的快许多倍,从而太空船也将以"难以置信的高速"飞行。当飞行结束、关掉"超空间发动机"所创造的磁场后,太空船将重新返回我们目前所处的三维空间。采用"超空间推进",由地球前往火星只需 3 h,由地球前往距离 11 光年的另一星球只需 80 天。如图 10.16 所示。

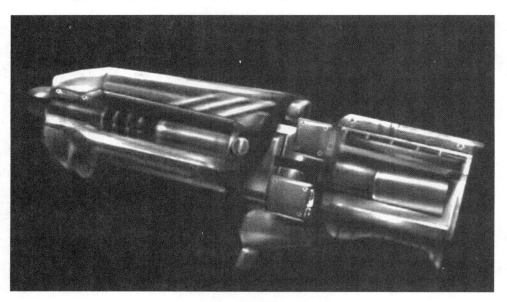

图 10.16　核聚变推进想象图

参 考 文 献

［1］　HOLZSCHEITERM，LEWISR，ROCHETJ，et al. Trapping Antimatter for Space Propulsion Applications［R］. AIAA 95 - 2891.

［2］　FFISBEERH，SARGENTM G，BLANDINOJJ，et al. Advanced Propulsion Options for the Mars Cargo Mission[R]. AIAA 90 – 1997.

[3]　FRISBEERH, BLANDINOJJ, LEIFERSD. Acomparison of Chemical Propulsion, Nuclear Thermal Propulsion and Mulfimegawatt Electric Propulsion for Mars' Missions [R]. AIAA91 – 2332.

[4]　SMI TH GA, ctal. Production and Trapping of Antimatter for Space Propulsion Applications[R]. AIAA96 – 2786.

[5]　LEIFERS D, FFISBEER H, BROPHYJR. The NASA Advanced Propulsion Concepts Program at the Jet PropulsionLaboratory[R]. AIAA 97 – 2792.

[6]　MUELLERJ. Thruster Options for Microspacecraft[R]. AIAA97 – 3058.

[7]　POWELL J, MAISE G, PANJAGUA J. Phase 1 – final report, lightweight high specific impulse space propulsion system[R]. New York, USA: Plus Ultra Technologies, 1999.

[8]　GOUW R R. Nuclear design analysis of square – lattice honeycomb space nuclear rocket engine[D]. Florida: University of Florida, 2000.

[9]　李虹琳. 美国的载人小行星和火星探测[J]. 中国航天, 2014(8): 45 – 50.

[10]　HOUTS M G, BOROWSKI S K, GEORGE J A, et al. Nuclear cryogenic propulsion stage[C]//Nuclear and Emerging Technologies for Space 2012. The Woodlands, USA: [s. n.], 2012.

[11]　TRAMMELL M P, JOLLY B C, MILLER J H, et al. Recapturing graphite – based fuel element technology for Nnuclear thermal propulsion[C]//AIAA/ASME/SAE/ASEE 49th Joint Propulsion Conference and Exhibit. San Jose, USA: AIAA, 2013.

[12]　HICKMAN R R, BROADWAY J W, MIRELES O R. Fabrication and testing of CERMET fuel materials for nuclear thermal propulsion[C]//AIAA/ASME/SAE/ASEE 48th Joint Propulsion Conference and Exhibit. Atlanta, USA: AIAA, 2012.

[13]　WILLIAM J, EMRICH J. Nuclear thermal rocket element environmental simulator (NTREES) upgrade activities[C]//Nuclear and Emerging Technologies for Space 2014. Slidell, USA: [s. n.], 2014.

[14]　GERRISH H P. Current ground test options for nuclear thermal propulsion[C]//Nuclear and Emerging Technologies for Space 2014. Slidell, USA: [s. n.], 2014.

[15]　STEWART M, SCHNITZLER B G. Multidisciplinary simulation of graphite? composite and cermet fuel elements for NTP point of departure designs[R]. Cleveland, USA: NASA Glenn research Center, 2015.

[16]　HOUTS M G, MITCHELL D P, KIM T, et al. NASA's nuclear thermal propulsion project[C]//SPACE Conference & amp. Pasadena, USA: [s. n.], 2015.

[17]　BOROWSKI S K, SEFCIK R J, FITTJE J E, et al. Affordable development and demonstration of a small NTR engine and stage: how small is big enough[C]//Space 2015

forum & Exposition. Pasadena, USA: [s. n.], 2015.

[18] BOROWSKI S K, SEFCIK R J, FITTJE J E, et al. Affordable development and demonstration of a small NTR engine and stage: A preliminary NASA, DOE and Industry assessment [C]//AIAA/SAE/ASEE 51st Joint Propulsion Conference. Orlando, USA: AIAA, 2015.

[19] NIKOLAI N P. Russian space nuclear power and nuclear thermal propulsion systems [J]. Nuclear News, 2000, 43(13): 37 - 46.

[20] HOLZSCHEITER M, LEWIS R, ROCHET J, et al. Trapping Antimatter for Space Propulsion Applications[R]. AIAA 95 - 2891.

[21] JOSSO A, JAMIN A. Spacebus new generation bi - propellant propulsion Subsystem: maiden flight and first operational data. AIAA 2005 - 4560, 41st AIAA/ASME/SAE/ASEE Joint Propulsion Conference & Exhibit . 2005.

[22] BENSON S W, PATTERSON M J. NASA's evolutionary xenon thruster(next)Phase 2 development status. AIAA 2005 - 4070, 41st AIAA/ASME/SAE/ASEE Joint Propulsion Conference & Exhibit . 2005.

[23] SCHARLEMANN C, TAJMAR M. Development of propulsion means for microsatellites. AIAA 2007 - 5184 . 2007.

[24] KREMIC T. An overview of NASA's in - space propulsion technology project. AIAA 2007 - 5432 . 2007.

[25] OLESON S R. Electric propulsion technology devel - opment for the Jupiter Icy moons orbiter project. NASA TM - 2004 - 213290 . 2004.

[26] ROY M YOUNG, EDWARD E. (Sandy) Montgomery, Charles L. Adams. TRL Assessment of Solar Sail Technology Development Following the 20 - Meter System Ground Demonstrator Hardware Testing. 48th AIAA/ASME/ASCE/AHS/ASC Structures, Structural Dynamics, and Materials Conference . 2007.

[27] LONG K F. Deep space propulsion: a roadmap to interstellar flight[M]. New York: Springer, 2011: 156.

[28] ASHIDA Y. Study on propulsive characteristics of magnetic sail and magneto plasma sail by plasma particle simulations[D]. Kyoto: Kyoto University, 2014: 3.

[29] 翟坤, 张瑾, 王天舒. 太阳帆航天器姿态机动的复合控制研究[J]. 中国空间科学技术, 2013, (6): 1 - 8.

[30] JANHUNEN P. Electric sail for spacecraft propulsion[J]. Journal of Propulsion, 2004, 20(4): 763 - 764.

[31] JANHUNEN P. Status report of the electric sail in 2009[J]. Acta Astronautica, 2011, 68(5/6): 567 - 570.

[32] JANHUNEN P,TOIVANEN P K,POLKKO J,et al. Invited article:electric solar wind sail:toward test missions [J]. Review of Scientific Instruments,2010,81 (11):111301.

[33] ANDREWS D,ZUBRIN R. Magnetic sails and interplanetary travel[J]. Journal of Spacecraft and Rockets,1991,28(2):197－203.

[34] FUNAKI I,YAMAKAWA H. Exploring the solar wind－solar wind sails[M]. Rijeka: InTech,2012:439－462.

[35] UENO K,KIMURA T,AYABE T. et al. Laboratory experiment of magnetoplasma sail,part 1:pure magnetic sail[C]. Florence:Proceedings of the 30th International Electric.